园 林 建 筑 设 计

华 南 工 学 院 建 筑 系

杜汝俭　李恩山　刘管平　主编

中国建筑工业出版社

图书在版编目（CIP）数据

园林建筑设计/杜汝俭，李恩山，刘管平主编．—北京：中国建筑工业出版社，1986（2022.1重印）
ISBN 978-7-112-01032-5

Ⅰ．园... Ⅱ．①杜...②李...③刘... Ⅲ．园林建筑-园林设计 Ⅳ．TU986.4

中国版本图书馆 CIP 数据核字（2005）第 016260 号

本书主要内容有：园林与园林建筑和园林发展的一般概述；园林建筑设计的方法与技巧；建筑庭园设计；园林建筑个体设计；园林建筑小品。最后还提出几个有关园林建筑设计问题：新时代的任务、地方特点、形式与格调、新技艺的影响、创新的道路等与广大的园林工作者共同商榷，以便探讨能反映我国社会主义建设精神、富有民族传统及地方特点而又符合时代要求的设计原则和依据。

本书除文字部分外计有附图和照片 700 余幅。为方便读者参考，还附录有 8 个具有典型性的古典园林与现代园林建筑实例。

本书可供园林工作者、建筑设计人员及大专院校园林建筑、城市规划、建筑学专业师生参考。

园 林 建 筑 设 计
华 南 工 学 院 建 筑 系
杜汝俭 李恩山 刘管平 主编

*

中国建筑工业出版社出版、发行（北京海淀三里河路 9 号）
各地新华书店、建筑书店经销
北京建筑工业印刷厂印刷

*

开本：787×1092毫米 1/16 印张：26¼ 字数：636千字
1986年5月第一版 2022年1月第四十九次印刷
定价：49.00元
ISBN 978-7-112-01032-5
（20290）

前　言

造园在我国有悠久的历史，造园论著亦负盛名。在保留下来的各种私家、皇家园林或名山古刹的故园遗址中，很多杰出的创作到今天仍不失为园林建筑的优秀典范。此外，在世界造园中，我国园林亦享有崇高的声誉，对海外如日本、朝鲜、东南亚以至欧美诸邦，都有不同程度的影响。

新中国成立以来，新的园林建设随着国民经济的发展，欣欣向荣，古典园林在适应现代社会生活的发展中，由于其服务对象已从少数统治阶级转变为广大人民群众，亦充满着新的生命力。各地著名的园林，每年不知吸引着多少海内外游客，成为现代旅游业中重要的景点。

在学习传统园林优秀创作的过程中，园林建筑工作者，一面继承其寓意深邃的意境和精湛的创作手法，一面又不断努力探索革新，在实践方面更把它应用到公共、居住，以至工业建筑中去，进一步展开了范围广泛的光明前景。近年来，在一些公园、旅游建筑、宾馆和文娱场所的设计中，把建筑和园林布局、环境绿化结合起来，使建筑空间与园林空间成为有机的整体，在这方面所取得的成果也是值得推广的。

本书内容以园林建筑为主，本着“古为今用”、“洋为中用”的原则，着重论述解放以来在园林建设事业中所取得的经验与成就，并适当介绍国外有关的资料，使之能成为园林工作者一本比较全面、系统和实用的科技参考书。

本书除供园林工作者参考外，另一目标是方便大专院校建筑学、园林建筑、城市规划等专业的学生，在有关园林建筑方面的基本知识、基本理论进行学习和进一步提高其设计能力。

在章节安排上，对园林的组成，园林建筑的特点、分类和作用作了基本的阐述，并扼要介绍国内外古典园林的发展史和解放后我国园林的建设概况。

在园林建筑设计的方法与技巧方面，主要就立意、选址、布局、借景、比例与尺度和色彩与质感几个问题结合我国优秀传统的设计手法在理论上加以阐释，俾能摸索出若干能反映我国社会主义建设精神，富有民族传统、地方特色而又能适应时代要求的设计原则和依据。

近年来，庭园建筑的优秀创作层出不穷，在园林建设事业中可称一枝独秀，本书所列建筑庭园设计一章对庭园类别与平面组合，庭园组景，室内景园以至水石与景栽，着重结合传统的造园法则和技巧进行论述，并选出有代表性的实例加以分析说明。

为适应风景游览区建筑设计的需要，对一些风景性建筑如亭、廊、榭、舫以及入口与园门；服务性建筑如接待室、展览馆(室)、饮食业建筑、小卖部、摄影部、游艇码头等的设计要点，组成内容和建筑与环境的关系等，结合实例进行剖析。

园林建筑小品是园林建筑的一项关系密切的组成部分，处理恰当与否，每成为设计手法高低的一个重要标志。为此，专列一章说明园林建筑小品在园林建筑中的地位和作用，并列举若干符合我国不同地区实际需要和建设条件并取得一定景观效果的小品项目，附有实例图片加以说明。

最后提出在园林建筑设计中经常碰到的几个问题，包括新时代的任务，地方特点，形式与格调，新技艺的影响及在创新上要走什么道路等与广大的园林工作者共同商榷，并以此作为本书的结束语。

本书力求文字简练，着重实例分析与图片说明，共分五章进行论述，并附录八个具有典型性的古典与现代园林建筑实例，图幅采用较大的比例尺以便参考。本书部分插图与资料系引自公开发表的书刊,谨向有关作者表示谢意。

园林建筑设计内容涉猎较广，作者因水平所限，疏漏与错误之处在所难免，恳切希望读者予以批评与指正，使我们的编写工作能够为园林建设事业与美化祖国河山添砖加瓦。

本书由华南工学院、清华大学、天津大学、重庆建筑工程学院建筑系共同编著,并由华南工学院担任主编工作。

北京工业大学的宛素春同志参加了本书的审稿会，并编绘了有关实录，还承上海工业建筑设计院的张耀曾同志编绘了上海龙柏饭店实录，其余为实录提供文字、照片等资料的同志在此一并致谢。

各章节编著者分工：

第一章　概论　周维权（清华大学）

第二章　园林建筑设计的手法和技巧　胡德君（天津大学）

第三章　建筑庭园设计　刘管平（华南工学院）

第四章　园林建筑个体设计

　第一、二、三节　冯钟平（清华大学）

　第四、五节　叶荣贵（华南工学院）

第五章　园林建筑小品　艾鸿镇　夏义民（重庆建筑工程学院）

结束语　杜汝俭　邓其生（华南工学院）园林建筑实例　叶荣贵汇编（华南工学院）

杜汝俭　于华南工学院

1984年5月

目 录

前　言

第一章　概论……………………………………………… 1

　　第一节　园林与园林建筑…………………………… 1

　　第二节　中外古典园林简介………………………… 4

　　第三节　解放后我国园林发展简介………………… 22

第二章　园林建筑设计的方法和技巧…………………… 25

　　第一节　立意………………………………………… 26

　　第二节　选址………………………………………… 35

　　第三节　布局………………………………………… 39

　　第四节　借景………………………………………… 71

　　第五节　尺度与比例………………………………… 76

　　第六节　色彩与质感………………………………… 86

第三章　建筑庭园设计…………………………………… 91

　　第一节　庭园类别及其平面布置…………………… 91

　　第二节　庭园组景…………………………………… 103

　　第三节　室内景园…………………………………… 119

　　第四节　水石与景栽………………………………… 132

第四章　园林建筑个体设计……………………………… 156

　　第一节　亭…………………………………………… 156

　　第二节　廊…………………………………………… 194

　　第三节　榭与舫……………………………………… 218

　　第四节　风景区入口与公园大门…………………… 233

　　第五节　服务性建筑………………………………… 270

第五章　园林建筑小品…………………………………… 321

　　第一节　园林建筑小品在园林建筑中的地位

　　　　　　及作用…………………………………… 321

　　第二节　园林建筑小品设计………………………… 325

结束语 ……………………………………………… 383

园林建筑实录 ……………………………………… 387

    北京颐和园谐趣园 ………………………… 389

    北京香山饭店庭园 ………………………… 391

    上海龙柏饭店庭园 ………………………… 395

    广州白云宾馆庭园 ………………………… 399

    广州东方宾馆屋顶花园 …………………… 403

    广州文化公园——园中院 ………………… 405

    广州白天鹅宾馆庭园 ……………………… 407

    广州芳华园(中国园) ……………………… 411

第一章 概　　论

第一节　园林与园林建筑

园林，在中国古籍里根据不同的性质也称作园、囿、苑、园亭、庭园、园池、山池、池馆、别业、山庄等，英美各国则称之为Garden、Park、Landscape Garden。它们的性质、规模虽不完全一样，但都具有一个共同的特点：即在一定的地段范围内，利用并改造天然山水地貌或者人为地开辟山水地貌、结合植物的栽植和建筑的布置，从而构成一个供人们观赏、游憩、居住的环境。创造这样一个环境的全过程（包括设计和施工在内）一般称之为"造园"，研究如何去创造这样一个环境的学科就是"造园学"。

"绿化"一词，源出于俄文的Озеление，是泛指除天然植被以外的，为改善环境而进行的树木花草的栽植。就广义而言，绿化可以归入园林的范畴。但本书所讨论的园林、造园则是就其狭义而言，并不包括"绿化"在内。

"景观营建"（Landscape Architecture）也有译作园林学或造园学的；它的内容非常广泛，除通常所谓造园、园林、绿化之外尚包含更大范围的区域性甚至国土性的景观、生态、土地利用的规划经营，是一门综合性的环境学科。本书讨论的对象仍以造园、园林为主，一般不涉及区域性的景观等问题。

园林的规模有大有小、内容有繁有简，但都包含着四种基本的要素：土地、水体、植物、建筑。

土地和水体是园林的地貌基础。土地包括平地、坡地、山地，水体包括河、湖、溪、涧、池、沼、瀑、泉等。天然的山水需要加工、修饰、整理，人工开辟的山水要讲究造型、要解决许多工程问题。因此，"筑山"（包括地表起伏的处理）和"理水"就逐渐发展成为造园的专门技艺。植物栽培起源于生产的目的，早先的人工栽植以提供生活资料的果园、菜畦、药圃为主，后来随着园艺科学的发达才有了大量供观赏之用的树木和花卉。现代园林的植物配置是以观赏树木和花卉为主，但也有辅以部分果树和药用植物而把园林与生产结合起来的情况。建筑包括屋宇、建筑小品以及各种工程设施，它们不仅在功能方面必须满足游人的游憩、居住、交通和供应的需要，同时还以其特殊的形象而成为园林景观的必不可少的一部分；建筑的有无也是区别园林与天然风景区的主要标志。

一座园林，可以多一些山水的成分，或者偏重于植物栽植，或者建筑的密度比较大，但在一般的情况下总是土地、水体、植物和建筑这四者的综合。因此，筑山、理水、植物配置、建筑营造便相应地成为造园的四项主要内容，或者说，四个主要的造园手段。这四项工作都牵涉到一系列的土木工事，需要投入一定的人力物力和资金，也反映了一个地区、一个时代的经济发展和科学技术的水平。所以说，园林是一种社会物质财富。把山、水、植物和建筑组合成为有机的整体从而创造丰富多采的园林景观，给予人们以赏心悦目的美

1

的享受。就这个意义而言，园林又是一种艺术创作。作为社会物质财富的园林，它的建设必然受到社会生产力和生产关系的制约。随着生产的发展，园林的内容由简单而复杂、由粗糙而精致，规模从较小的范围扩大到城镇甚至整个的区域，在人民的日常生活中发挥着越来越大的作用。而不同的社会制度下，园林的性质、内容和服务对象也有所不同。作为艺术创作的园林，它的风格必然与文化传统、历史条件、地理环境有着密切的关系，也带有一定的阶级烙印。因此，世界上的各地区、各民族、各历史时期大抵都相应地形成各自的园林风格，有的则发展成为独特的园林体系。这些都是劳动人民智慧和创造的结晶、是全人类文化遗产中弥足珍贵的组成部分。

古今中外的园林，尽管内容极其丰富多样，风格也各自不同；如果按照山、水、植物、建筑四者本身的经营和它们之间的组合关系来加以考查，则不外乎四种形式：

一、规整式园林　此种园林的规划讲究对称均齐的严整性，讲究几何形式的构图。建筑物的布局固然是对称均齐的，即使植物配置和筑山理水也按照中轴线左右均衡的几何对位关系来安排，着重于强调园林总体和局部的图案美。

二、风景式园林　此种园林的规划与前者相反，完全自由灵活而不拘一格。一种情况是利用天然的山水地貌并加以适当的改造和剪裁，在此基础上进行植物配置和建筑布局，着重于精炼而概括地表现天然风致之美。另一种情况是将天然山水缩移并模拟在一个小范围之内，通过"写意"式的再现手法而得到小中见大的园林景观效果。

三、混合式园林　即规整式与风景式相结合的园林。

四、庭园　以建筑物从四面或三面围合成一个庭院空间，在这个比较小而封闭的空间里面点缀山池，配置植物。庭院与建筑物特别是主要厅堂的关系很密切，可视为室内空间向室外的延伸。

古代的园林绝大部分都是属于统治阶级所私有：主要的类型为帝王的宫苑，贵族、官僚、地主、富商在城市里修建的宅园和郊外修建的别墅，寺院所属的园林，官署所属的园林等，公共游览性质的园林为数极少。十九世纪以后，在一些资本主义国家，由于大工业的发展，造成了城市人口过度集中、城市建筑密度增大的情况。资产阶级为避开城市的喧嚣而纷纷在郊野地带修建别墅；为了满足一般城市居民户外生活的需要，则于大规模建造集团式住宅的同时、辟出专门地段来建造适应于群众性游憩活动的公园、街心花园、林荫道等公共性质的园林。这些，构成了这一时期园林建设的主要内容。

从二十世纪六十年代开始，在工业高度发达的国家，人民生活水平不断提高、工作时间逐渐减少，对游憩环境的需要与日俱增。旅游观光事业以空前的规模蓬勃开展起来，对园林建设也相应地提出了新的要求。现代园林的概念已不仅是指那些局限在一定范围内的宅园、别墅、公园等而言，它的内容扩大了，几乎人们活动的绝大部分场所都和园林发生关系。举凡城市的居住区、商业区、中心区、文教区以及公共建筑、广场、等都加以园林化；郊野的风景名胜区、文物古迹也都结合园林的建设来经营。园林不仅是作为游赏的场所，还利用它来改善城镇的小气候条件、调整局部地区的气温、湿度、气流，以它来保护环境、净化城市空气、减低城市噪声、抑制水质和土壤的污染。园林还可以结合生产如栽培果木、药材，养殖水生动植物等以创造物质财富。总之，现代的园林比之以往任何时代，范围更大、内容更丰富、设施更复杂。如果按照它们的性质和使用功能来加以区分，大体上可以归纳为以下几类：

一、风景名胜区

系指以历史上的名胜著称或以人文景观之胜而兼有自然景观之美的地区。这类地区在建筑经营和植物配置方面占着一定的比重,具有园林的性质,可以纳入园林的范畴。

二、公共园林

1. 公园　建置在城镇之内,作为群众游憩活动的地方。一般都有饮食服务、文化娱乐和体育设施等。

2. 街心花园或小游园　建置在林荫道或居住区道路的一侧或尽端,规模不大,可视为城市道路绿化的扩大部分。

3. 花园广场　即园林化的城市广场。

4. 儿童公园　专供少年儿童使用的公园。

5. 文化公园　以进行综合性的或单一的文化活动为主要内容的公园。

6. 小区花园　建置在居住小区内部,也可以视为小区绿化的一部分。

7. 体育公园　即园林化的群众性体育活动场所。

三、动物园

展览动物的园林,如果规模较小的则附设于公园之内。

四、植物园

展览植物的园林,有综合性的,也有以一种或若干种植物为主的,如花卉园、盆景园、药用植物园等。

五、游乐园

进行某种特殊游戏或文娱活动的园林。

六、休疗园林

园林化的休养区或疗养区。

七、纪念性园林

为纪念某一历史事件或历史人物、革命烈士而建置的园林。

八、文物古迹园林

全部或部分以古代的文物建筑、园苑或遗址为主体的园林。

九、庭园

公共建筑或住宅的庭院、入口、平台、屋顶、室内等处所配置的水石植物点景均可归入此类。

十、宅园

依傍于城市独院型住宅的私家园林。

十一、别墅园

郊外的私家园林。

上述各类园林里面的建筑物,有数量多、密度很大的,也有数量少、布置疏朗的;这些就是所谓"园林建筑"。园林建筑比起山、水、植物,较少受到自然条件的制约、人工的成分最多,乃是造园的四个主要手段中运用最为灵活因而也是最积极的一个手段。随着园林现代化设施水平的不断提高,园林建筑的内容也越来越复杂多样,在园林中的地位也日益重要。它们之中,有的具备着特定的使用功能和相应的建筑形象,例如餐厅、展览馆、花房、兽舍等;有的具备着一般的使用功能如供人们憩坐的厅榭亭轩、供交通之用的桥廊

3

道路等；有的是特殊的工程设施如水坝、水闸等；有的则只作为园林点缀的小品。它们的体型、色彩、比例、尺度都必须结合园林造景的要求而予以通盘的考虑。这就是说，凡是园林建筑，它们的外观形象与平面布局除了满足和反映其特殊的功能性质之外，还要受到园林造景的制约。在某些情况下，甚至首先服从园林景观设计的需要。就此意义而言，园林建筑也可以视为一个专门的建筑类型。在作具体设计的时候，必需把它们的功能与它们对园林景观应该起的作用恰当地结合起来。如果说，前者是园林建筑的个性的话，那么，后者就是它们的共性或共同的特点；此两者都不能有所偏颇。

所以，园林建筑的特点主要表现在它对园林景观的创造所起的积极作用；这种作用可以概括为下列四个方面：

一、点景 即点缀风景。建筑与山水、花木种植相结合而构成园林内的许多风景画面，有宜于就近观赏的、有适合于远眺的。在一般情况下，建筑物往往是这些画面的重点或主题；没有建筑也就不成其为"景"、无以言园林之美。重要的建筑物常常作为园林的一定范围内甚至整座园林的构景中心，园林的风格在一定程度上也取决于建筑的风格。

二、观景 即观赏风景。以一幢建筑物或一组建筑群作为观赏园内景物的场所，它的位置、朝向、封闭或开敞的处理往往取决于得景之佳否，即是否能够使得观赏者在视野范围内摄取到最佳的风景画面。在这种情况下，大至建筑群的组合布局、小至门窗洞口或由细部所构成的"框景"都可以利用作为剪裁风景画面的手段。

三、范围园林空间 即利用建筑物围合成一系列的庭院；或者以建筑为主、辅以山石花木将园林划分为若干空间层次。

四、组织游览路线 以道路结合建筑物的穿插、"对景"和障隔，创造一种步移景异、具有导向性的游动观赏效果。

根据上述的情况，园林建筑大致可以分为四大类：

第一类为风景游览建筑。园林建筑的绝大部分属于此类。它们都具有特殊的或一般的使用功能，对于园林景观所起的作用在于上述四个方面的综合，或者以其中的一个方面为主。

第二类为庭园建筑。凡是能够围合成为庭院空间而形成独立或相对独立的庭园的建筑物均属此类，这类建筑物与庭院空间的关系极为密切，往往室内室外互相渗透、联成一体。

第三类为建筑小品。此类建筑物包括露天的陈设、家具、带有装饰性的园林细部处理或小型点缀物等。

第四类为交通建筑。凡是在游览路线上的道路、阶梯、蹬道、桥梁，以及码头、船埠等均属此类。

除此之外，与园林造景没有直接关系的建筑物如后勤、管理用房等，一般都自成一区而建置在隐蔽地段；这就不属于园林建筑的范畴了。

第二节　中外古典园林简介

古典园林是人类文化遗产的一个重要组成部分，世界上曾经有过发达文化的民族和地区必然有其独特的造园风格，世界范围内的几个主要的文化体系也必然产生相应的园林体系。它们之中，有的已经成为历史上的陈迹，有的至今仍焕发着生命力。回顾过去园林发展的历史，有助于今天的新园林的创作。因此，在学习园林建筑的同时，对古代劳动人民和匠师们所创造的那些丰富炯烂而风格多样的园林遗产作一番 概略 的了解，是十分必要的。

中国是世界的文明古国之一，以汉民族为主体的文化在几千年长期持续发展的过程中，孕育出"中国园林"这样一个历史悠久、源远而流长的园林体系。早在奴隶社会时期即已有造园活动见于文献记载。公元前十一世纪周文王筑灵台、灵沼、灵圃可以说是最早的皇家园林，但主要是作为狩猎、采樵之用，游憩的目的恐怕还在其次。秦始皇灭诸侯、建立统一的封建大帝国。在首都咸阳修建上林苑，并"作长池，引渭水……筑土为蓬莱山"（《三秦记》）以供帝王游赏。公元前二世纪，汉武帝大规模兴建皇家园林，把秦的上林苑扩充到周围三百余里，几乎囊括了首都长安的南、西南面的广大地域。上林苑内有许多河流池沼，最大的昆明池是训练水军的地方。苑内除了天然植被之外还广植各种果木和名花异卉，畜养珍禽奇兽供帝王行猎，建置大量的宫、观、楼、台供游赏居住。这是一座范围极大的狩猎、游憩兼作生产基地的综合性园林。武帝为了追求长生不老，按照方士所鼓吹的神仙之说在建章宫内开凿太液池，池中堆筑方丈、蓬莱、瀛洲三岛以摹拟东海的所谓神仙境界。这就是后来历代皇家园林的主要模式"一池三山"的滥觞。此外，象甘泉宫以及其他的一些园林也大都充满了求仙的神秘气氛。

汉代后期，官僚、贵族、富商经营的私家园林已经出现，但并不普遍。茂陵富人袁广汉于北邙山下筑园，"东西四里、南北五里，激流水注其内。构石为山高十余丈，连延数里……奇禽怪兽委积其间。积沙为洲屿，激水为波澜……。奇树异草靡不具植。屋皆徘徊连属，重阁修廊"（《西京杂记》）。汉桓帝时大将军梁冀在洛阳所筑的私园"采土筑山，十里九坂，以象二崤；深林绝涧，有若自然"（《后汉书·梁统列传》）。造园大抵已逐渐消失其神秘的色彩而主要以大自然景观为师法的对象，中国园林作为风景式园林的特点已经具备；不过尚处在比较原始、粗放的状态。

公元三世纪到六世纪的两晋南北朝是中国园林发展史上的一个转折时期。山明水秀的东南地区，自然风景逐渐开发出来。文人和士大夫受到政治动乱和佛、道出世思想的影响，大都崇尚玄谈、寄情山水，游山玩水成为一时之风尚。讴歌自然景物和田园风光的诗文涌现于文坛，山水画也开始萌芽，这都意味着人们对自然美的更深刻的认识。对自然风景内在规律的揭示和探索，必然给予园林以新鲜的刺激，促进了风景式园林向更高水平上的发展。

当时的官僚士大夫以隐逸野居为高雅，他们不满足于一时的游山玩水，要求身在庙堂而又能长期地享用、占有大自然的山林野趣。于是，私家园林便应运而兴。北方如石崇的"金谷园"，南方如湘东王萧绎的"湘东苑"均名重一时。倚傍住宅而建的城市宅园也很普遍，《洛阳伽蓝记》记载了北魏首都洛阳的显宦贵族"擅山海之富，居川林之饶。争修园宅，互相夸竞。崇门丰室，洞户连房。飞馆生风，重楼起雾。高室芳树，家家而筑。花林曲池，园园而有。莫不桃李夏绿，竹柏冬青"。私家造园之盛，于此可见一斑。

私家造园，特别是依傍于城市邸宅的宅园，由于地段条件、经济力量和封建礼法的限制，规模不可能太大。唯其小而又要全面体现大自然山水的景观，就必须对后者加以精炼的、典型性的概括，因此而启导了造园艺术的写意的创作方法的萌芽。不仅私家园林如此，皇家园林也受到一定的影响。

北魏洛阳著名的御苑"华林园"引榖水注入大湖"天渊池"，池中筑一台一岛。池西面堆筑景阳山，有二峰对峙并以"飞阁相通，凌山跨谷"。山上"引水飞皋，倾澜瀑布；或枉渚声溜，潺潺不断；竹柏荫于层石，绣薄丛于泉侧"（《水经注》）。环山的北、西、南三面都有小型的池沼，以暗沟联通于天渊池而构成一整套的水系。山的南面还有百果园、流觞池，到处都点缀着殿堂亭榭。可以想见，这座园林的地貌规划，已不再像上代园林那样对自然界的单纯模仿而多少具有典型地再现自然山水风致的立意。

由于佛教盛行，僧侣们喜择深山水畔建立清净梵刹。出家人惯游名山大川，对于天然风致之美有较高的鉴赏能力。因此，寺院的选址一般都在有山有水、风景优美的地方，建筑又讲究曲折幽致，它们本身往往便是一座绝好的园林。例如东晋名僧慧远在庐山"创造精舍，洞尽山美；却负香炉之峰，傍带瀑布之壑；仍石垒基，即松栽构，清泉环阶，白云满室。复于寺内别置禅林，森树烟凝，石径苔生，凡在瞻履，皆神清而气肃焉"（《高僧传·慧远传》）。这对造园艺术的影响，也是不容忽视的。当时流行"舍宅为寺"的风气，贵族、官僚们把自己的住宅捐献作为佛寺，宅园也就成了寺院的附属园林，从而形成一种新的园林类型——寺庙园林。

南北朝的园林中已经出现比较精致而结构复杂的假山，北魏司农张伦在洛阳的宅园内"造景阳山有若自然，其中重岩复岭，嵌崟相属；深溪洞壑逶迤连接……崎岖石路似崎而通，峥嵘间道盘纡复直"（《洛阳伽蓝记》）。梁湘东王"于子城中造湘东苑。穿池构山，长数百丈，植莲蒲缘岸，杂以奇木。其上有通波阁，跨水为之。……北有映月亭、修竹堂、临水斋。斋前有高山，山有石洞，潜行委宛二百余步。山上有阳云楼，楼极高峻，远近皆见"（《渚宫故事》）。当时已能有意识地运用假山、水石、植物与建筑的组合来创造特定的景观；建筑的布局大都疏朗有致，因山借水而成景，在发挥其观景和点景的作用方面又进了一步。

隋代结束南北朝的分裂局面，公元六世纪到十世纪初的隋唐王朝是我国封建社会统一大帝国的黄金时代。这是一个国富民强、功业彪炳的时代，文学艺术充满了风发爽朗的生机，儒家在意识形态领域虽占正统地位，但佛、道也很活跃。在这样的政治、经济和文化背景下，园林的发展相应地进入一个全盛时期。

隋代洛阳的西苑、唐代长安的大明宫、华清宫、兴庆宫都是当时著名的皇家园林。西苑的规模很大，以周围十余里的大湖作为主体。湖中三岛鼎列高出水面百余尺，上建台观楼阁。这虽然沿袭了"一池三山"的传统格局，但主要的意图并非求仙而在于造景。大湖的周围又有若干水湖，彼此之间以渠道沟通。苑内有十六"院"即十六处独立的、附带小园林的建筑群，它们的外面以"龙鳞渠"环绕串联起来。龙鳞渠又与大小湖面连缀为完整的水系，作为水上游览和后勤供应线路。苑内大量栽植名花奇树、饲养动物，"草木鸟兽，繁息茂盛；桃蹊李径，翠阴交合；金猿青鹿，动辄成群"（《大业杂记》）。这座园林所运用的某些规划手法如水景的创造、水上游览线路的安排、园中有园等均属前所未之见的。华清宫在长安东面的临潼县，利用骊山风景和温泉进行造园。骊山北坡为苑林区，山麓建置宫廷区和衙署，是为历史上最早的一座"宫""苑"分置的、兼作政治活动的行宫御苑。苑林区的建筑布局和植物配置都按山麓、山腰、山谷、山顶的不同部位而因地制宜地突出各自的景观特色。因此，华清宫的景物最为时人所称道："柏叶青青栎叶红，高低相竞弄秋风，夜来风雨轻尘敛，绣出骊山岭上宫"（杜常《骊山诗》）。

唐代的私家园林也很兴盛，首都长安城内的宅园"山池院"几乎遍布各坊里。城南、城东近郊和远郊的"别业"、"山庄"亦不在少数。皇室、贵戚的私园大都竞尚豪华，往往珠光宝气、美轮美奂，所谓"刻凤镂螭凌桂邸，穿池凿石写蓬壶"（韦元旦《幸长乐公主山庄》）。而文人士大夫的则比较地清沁雅致，如像南郊的杜曲、樊川一带的别业"水亭凉气多，闲櫂晚来过，涧影见藤竹，泽香闻艾荷"（孟浩然《浮舟过陈逸人别业》），很富于水村野居的情调。东都洛阳有洛水、伊水穿城而过，水源丰富；朝廷的达官贵人多在此引水凿池，开辟园林。其中朴素雅致的如白居易的宅园"五亩之宅、十亩之园，有水一池、有竹千竿"，宏大豪华的如丞相牛僧孺占地一坊的归仁坊宅园。

唐代已有文人参与造园的事例，著名的"辋川别业"即由王维亲自规划，建筑物配合自然山水形成若干各具特色的景区，并以诗画情趣入园、因画意而成景。

唐长安还出现我国历史上的第一座公共游览性质的大型园林——曲江，利用江面的一段开拓为湖泊，临水栽植垂柳，建"紫云楼"、"彩霞亭"等为数众多的建筑物，所谓"江头宫殿锁千门，细柳新蒲为谁绿"（杜甫《哀江头》）。平时供京师居民游玩，逢到会试之期，新科进士们例必题名雁塔、宴游曲江。每年三月上巳、九月重阳，皇帝都要率嫔妃到此赐宴群臣。沿江结彩棚、江面泛彩舟，百姓在旁观看，商贾陈列奇货，真是热闹非凡。

宋代的统治阶级沉湎于声色繁华之享受，文人、士大夫陶醉在风景花鸟的世界；诗词重细腻情感的抒发，技法已经十分成熟的山水画在写意方面发展为别具一格的画派、即以简约笔墨获取深远广大的艺术效果的南宗写意画派。这个画派的理论和创作方法对造园艺术的影响很大，园林与诗、画的结合更为紧密，因此能够更精炼、概括地再现自然并把自然美与建筑美相融揉从而创造一系列富于诗情画意的园林景观。由于建筑技术的进步，园林建筑的种类日益繁多，形式更为丰富，这从宋画中也可以看得出来；用石材堆叠假山已成为园林筑山的普遍方式，几乎达到"无园不石"的地步，单块石头"特置"的做法也很普遍；这些，都为园林造景开拓了更大的可能性。宋代的园林艺术，在隋唐的基础上又有所提高而臻于一个新的境界。

北宋都城东京（开封）就有艮狱、金明池、琼林苑、玉津园等皇家园林八、九座。南宋偏安江左，借临安（杭州）西湖山水之胜，占据风景优美之地修筑御苑达十座之多。艮狱由宋徽宗参与筹划兴建，是一座事先经过规划和设计然后按图施工的大型人工山水园。在造园的艺术和技术方面都有许多创新和成就，为宋代园林的一项杰出的代表作。

艮狱在东京宫城的东北角，全由人工堆山凿池、平地起造。宋徽宗写了一篇《艮狱记》，对这座名园有详尽的描述：主山名叫寿山，主峰之南有稍低的两峰并峙，其西又以平岗"万松岭"作为呼应。这座用太湖石、灵璧石一类的奇石堆筑而成的大土石假山"雄拔峭峙、巧夺天工……千态万状，殚奇尽怪"，山上"斩不开径，凭险则设蹬道，飞空则架栈阁"。还利用造型奇特的单块石头作为园景点缀和露天陈设，并分别命名为"朝日升龙""望云坐龙"等。寿山的南面和西面分布着雁池、大方沼、凤池、白龙滩等大小水面，以萦回的河道穿插连缀，呈山环水抱的地貌形式。山间水畔布列着许多观景和点景的建筑物，主峰之顶建"介亭"作为控制全园的景点。园内大量莳花植树，且多为成片栽植如所谓斑竹麓、海棠川、梅岭等。为了兴造此园，官府专门在平江（苏州）设"应奉局"，征取江浙一带的珍异花木奇石即所谓"花石纲"，为了起运巨型的太湖石而"凿河断桥，毁堰拆牐，数月乃至"。如此不惜工本、殚费民力，连续经营十余年之久，足见此园之钜丽。

北宋的东京由于商业发达，传统坊里布局已名存实亡，到处都是热闹繁华的市街。一些茶楼酒肆附设池馆园林以招徕顾客，寺庙园林以及金明池、琼林苑等皇家园林则定期开放、任人参观游览，公共性质的园林也有好几处。这种情况，已经很不同于唐长安封闭坊里的森严景象。

洛阳继盛唐之后亦为私家园林荟萃之地。宋人李格非撰《洛阳名园记》记述了著名的私园十九座，设计规划方面均各具特色。如宅园"富郑公园"的假山、水池和竹林成鼎足布列，亭榭建筑穿插其中而以"四景堂"为全园的构图中心，"登四景堂则一园之景胜可顾览而得"。"湖园"由两个景区组成，即开阔的水景区和幽闭的丛林区。时人对此园评价最高："洛人云，园圃之胜而不能相兼者六，务宏大者少幽邃、人力胜者乏苍古、水泉多者艰眺望，兼此六者惟湖园而已"。"东园"之内"水渺弥甚广，泛舟游者如在江湖间也。……渊映、瀍水二堂宛在水中。……湘肤、药圃二堂间列水石"，则是一座以水取胜的水景园。当时的洛阳曾以花卉之盛甲于天下，园艺技术十分发达，花匠已经会运用嫁接的办法来培育新的品种。故有专门栽植花卉的花园，如"天王院花园子"植牡丹数十万本，到开花时"张幞幄、列市肆管弦其中，城中士女绝烟火游之"。

江南一带是南宋政治、经济、文化的中心，临安、平江、吴兴等城市为贵族、官僚、富商、地主聚居的地方。私家园林之盛，不言而喻。据文献记载，临安除皇家宫苑之外，较大的私家园林、寺庙园林等共计三十余处。平江、吴兴地近太湖，取石比较方便。园林中大量使用太湖石堆叠假山，叠山遂发展成为一门专业技艺，并相应地有了以此为业的"山匠"。

北方的金王朝在首都中都（北京的西南面）城内及郊外的香山、玉泉山一带广筑园苑，并利用城东北郊的一片湖沼地模仿北宋东京的艮岳辟作行宫园林"大宁宫"。元朝灭金、宋统一全国后，以大宁宫为中心另建新都——大都（北京的前身），把原大宁宫扩建为以太液池和万岁山为主体的大内御苑。

明清园林继承唐宋的传统并经过长期承平局面下的持续发展，无论在造园艺术和技术方面都达到了十分成熟的境地，而且逐渐形成地方风格。这时期的园林保存下来的实物较多，比较集中而具有一定风格特点的地区：北方以北京为中心，江南以苏州、湖洲、杭州、扬州为中心，岭南以珠江三角洲为中心。在匠师们的广泛实践基础上还刊行了多种专门性的造园理论著作，明末计成编著的《园冶》就是其中之一。

私家园林以江南地区宅园的水平为最高、数量也多。江南是明清时期经济最发达的地区，积累了大量财富的地主、官僚、富商们卜居闹市而又要求享受自然风致之美。于是，在宅旁或宅后修建小型宅园并以此作为争奇斗富的一种手段，遂蔚然成风。江南一带风景绮丽、河道纵横、湖泊罗布，盛产叠山的石料，民间的建筑技术较高；加之土地肥沃、气候温和湿润，树木花卉易于生长。这些都为园林的发展提供了极有利的物质条件和得天独厚的自然环境（图1-1）。

明清时代，江南的封建文化比较发达，园林受到诗文绘画的直接影响也更多一些。不少文人画家同时也是造园家，而造园匠师也多能诗善画的。因此，江南园林所达到的艺术境界也最能表现当代文人所追求的"诗情画意"。小者在一二亩，大者不过十余亩的范围内凿池堆山、莳花栽林，结合各种建筑的布局经营，因势随形、匠心独运，创造出一种重含蓄、贵神韵的咫尺山林、小中见大的景观效果。

江南园林的叠山石料以太湖石和黄石为主。能够仿真山之脉络气势作出峰峦丘壑、洞府峭壁、曲岸石矶，或以散置，或倚墙砌筑作壁山等，更有以假山作为园林的主景的。

图 1-1 江南园林

图 1-2 岭南园林

叠山技艺手法高超，称盛一时。园林建筑亦有多样形式以适应园主人日常游憩、会友、宴客、读书、听戏等的要求；如廊子的运用"或蟠山腰，或穷水际，通花渡壑，蜿蜒无尽"（《园冶》），曲尽随宜变化之能事。建筑物玲珑轻盈的形象、木构部件的赭黑色髹饰、灰砖青瓦、白粉墙垣与水石花木配合组成的园林景观，具有一种素雅恬淡有如水墨渲染画的艺术格调。木装修、家具，各种砖雕、漏窗、月洞、匾联、花街铺地等均显示出极其精致的工艺水平。

江南园林的观赏植物讲究造型和姿态、色彩、季相特征。在院角、廊侧、墙边的小空间内散植花木配以峰石，构成小景画面使人们顾盼于不经意之间，尤为精彩。

以宅园为代表的江南园林是中国封建社会后期园林发展史上的一个高峰。

岭南园林亦以宅园为主，一般都作成庭园的形式。叠山多用姿态嶙峋、皱折繁密的英石包镶，很有水云流畅的形象；沿海也有用珊瑚石堆叠假山的。建筑物通透开敞，以装修的细木雕工和套色玻璃画见长。由于气候温暖，观赏植物的品种繁多，园林之中几乎一年四季都是花团锦簇、绿荫葱郁（图1-2）。

北方气候寒冷，建筑形式比较厚重，不像南方那样通透轻盈，园林建筑别具一种刚健的气度。北京是明清两代的首都，城内的民间宅园非奉旨不能引用御河之水。由于得水不易，这些园林少有凿池理水的。但西北郊一带风景优美又多泉水，明代在这里荟萃着的许多私家园林则都是以理水取胜、因水成景的水景园，颇有江南的特色。例如著名的勺园"园仅百亩，一望尽水。长堤大桥，幽亭曲榭。路穷则舟，舟尽则廊。高楼掩之，一望弥际"（《天府广记》）；清华园的面积在千亩左右，"园中水程十数里，舟莫或不达""若以水论，江淮以北亦当第一也"（《明水轩日记》）。

皇家园林是清代北方园林建设的主流。北京城内的大内御苑即元代的太液池，明代叫做"西苑"，清初加以扩建又名"三海"包括北海、中海和南海。

清代自康熙以后历朝皇帝都有园居的习惯，在北京附近风景优美的地方修建了许多行宫园林作为皇帝短期驻跸和长期居住的地方。清王朝入关定都北京，北京城内原明代的宫城、皇城以及主要的坛庙衙署都完整地保存下来，可以全部沿用而无须重新建置。因此，皇家建设活动的重点乃转向行宫苑囿方向；有清一代的皇家园林，无论规模和成就都远远超过其他类型的建设。到乾隆年间，北京西北郊一带除了少数的寺庙园林外，几乎成为皇室经营园林的特区。仅大型的行宫御苑就有五座之多：香山静宜园、玉泉山静明园、万寿山清漪园、圆明园、畅春园、号称"三山五园"。在其他地方还有承德避暑山庄、滦阳行宫、蓟县盘山行宫等，是为北方皇家园林的鼎盛时期。它们上承汉唐的传统，又大量吸取了江南园林的意趣和造园手法，结合北方的具体条件而加以融冶。可谓兼具南北之长，形成我国封建社会后期园林发展史上的另一个高峰。咸丰十年（公元1860年），"三山五园"被英法侵略军焚毁；光绪十四年（公元1888年）重建清漪园并改名为颐和园。

避暑山庄位于河北承德武烈河的西岸，占地约五百六十公顷，是一座大型的天然山水园。园内的平原、湖泊、山岳成鼎足而三的布列；山岳峰峦起伏、山形秀美，虽不太高峻却颇有气势；平原摹拟塞北草原，湖区犹如江南水乡。把塞外和江南的风光、名山大川的胜概汇集于一园之内。园林景观是以突出自然风致为主，建筑布局采取大分散、小集中的方式即把绝大部分的建筑物集中为许多小的群组、再分散配置于全园之内。建筑的形象比较朴素雅致，所谓"无刻桷丹楹之费，有林泉抱素之怀"（康熙《避暑山庄记》）以便谐调于山庄的风貌特色。这座园林既是皇帝避暑的行宫，也是清王朝在塞外的一个政治中心。因此，在苑林区的前部建置了完整的宫廷区，成为一座兼作政治活动的行宫御苑（图1-3）。

图 1-3　承德避暑山庄

　　颐和园和圆明园也是兼作政治活动的行宫御苑。

　　颐和园占地二百九十公顷，包括万寿山和昆明湖，后者约为全园面积的五分之四。万寿山的南坡与横陈其前的昆明湖构成一个开阔的大景区，它的规划是以杭州西湖作为蓝本，纵贯湖面的西堤即模仿西湖的苏堤。万寿山南坡的山形比较单调，因而以建筑物的着力点染来掩饰这一缺陷。这里的建筑密度较大、色彩浓艳，居中的排云殿、佛香阁一组大建筑群是整个景区的构图中心。它配合着园外西山玉泉山的借景与近处大片水面及岛堤的衬托，构成许多大幅度的浑宏开阔的风景画面。万寿山的北坡与后湖则为另一个景区，这里古松成林、郁郁苍苍。后湖沿山之北麓蜿蜒若襟带，绕经西麓而与昆明湖连接。除中部的"须弥灵境"一组大型佛寺建筑群外，建筑布局都很疏朗，半藏半露于树木掩映之中。其所显示的一派幽邃的山林野趣与山的南坡和昆明湖景区恰成强烈的对比（图1-4）。

　　圆明园连同其属园长春园和绮春园共占地约三百五十公顷。这里地势平坦，所有的河湖岗阜全部由人工开凿堆叠。水占全园面积的一半以上，有辽阔的大型水面如福海和若干中型水面，而为数众多的小型水面则遍布全园。它们之间以曲折萦回的河道连贯起来，结合堆山和岛堤的障隔，构成一个完整的河湖岗阜体系，其本身就是江南水乡风致的缩影。一百余组的建筑群分散布列其间，大部分均与水联系而因水成景，其中约一半左右是自成一体

图 1-4　颐和园

图 1-5　圆明园西洋楼残迹

的小园林的格局，因此而形成大园之中包含着许多小园林即"园中有园"的特点。圆明园很富于江南风致和江南园林的情调，甚至有具体的江南名景和名园的直接写仿。长春园内还有一组由当时欧洲籍天主教教士设计的、包括庭园和喷泉的欧式宫苑，俗称西洋楼；这是最早在我国宫廷中成片修建的欧式建筑（图1-5）。

清代中叶乾、嘉时期的皇家园林以其巨丽宏大和精湛的艺术造诣标志着我国封建社会后期园林发展的高潮。经过两次鸦片战争，到咸、同以后外侮频仍、国势衰弱，就再没有出现过如此规模和气魄的造园活动；园林艺术本身也随着我国沦为半封建半殖民地社会而逐渐进入一个没落和混乱的时期。

日本园林受到中国园林的影响很大，在运用风景园的造园手法方面与中国园林是一致的；但结合日本的地理条件和文化传统，也发展了它的独特风格而自成一个体系。

公元五世纪时，中日两国已有交往。到公元八世纪的奈良时期，日本开始大量吸收中国的盛唐文化。先后派遣"遣唐使"达十九次，全盘模仿唐朝的文物、典章、律令制度，在建筑和园林方面也是如此。平安时期停派遣唐使，逐渐摆脱对中国文化的直接模仿，着重发展自己的文化。日本是一个岛国，接近海洋而风景秀丽。真正反映了日本人民对祖国风致的喜爱和海洋岛屿的感情、具有日本特点的园林也正是在这个时期发展起来的，即所谓"池泉筑山庭"。这种园林的面积比较大，包括湖和土山而以具有自然水体形态的湖面为主。如果湖面较大则必在湖中堆置岛屿并以桥接岸，有时也以一湾溪流代替湖面。树木和建筑物沿湖配列，基本上是天然山水的模拟。到十三世纪时，从中国传入禅宗佛教和南宗山水画，禅宗的哲理和南宗山水画的写意技法给予园林以又一次重大影响，使得日本园林对再现自然风致方面显示一种高度概括、精炼的意境。风景园的极端"写意"和富于哲理的趋向乃是日本园林不同于中国的最主要的特点，"枯山水"平庭即此种写意风格的典型。

京都龙安寺南庭是日本"枯山水"的代表作。这个平庭长28米、宽12米，一面临厅堂，其余三面围以土墙。庭园地面上全部铺白沙，除了十五块石头之外，再没有任何树木花草。用白沙象征水面，以十五块石头的组合、比例、向背的安排经营来体现岛屿山峦，于咫尺之地幻化出千倾万壑的气势。这种庭园纯属观赏的对象，游人不能在里面活动。

枯山水很讲究置石，主要是利用单块石头本身的造型和它们之间的配列关系。石形务求稳重，底广顶削，不作飞梁、悬挑等奇构，也很少堆叠成山；这与我国的叠石很不一样。枯山水庭园内

图 1-6　枯山水

也有栽置不太高大的观赏树木的，都十分注意修剪树的外形姿势而又不失其自然生态（图1-6）。

枯山水平庭多半见于寺院园林，设计者往往就是当时的禅宗僧侣。他们赋予此种园林以恬淡出世的气氛，把宗教的哲理与园林艺术完美地结合起来，把"写意"的造景方法发展到了极至、也抽象到了极至。这是日本园林的主要成就之一，其影响非常广泛、在日

本，即使一般的园林中也常常用一些枯山水的写意手法来作风景的局部点缀。

继"池泉筑山庭"和"平庭"之后，十五世纪时随着"茶道"的流行又出现所谓"茶庭"（图1-7）。茶道是以品茶为题的一套繁文缛礼，由禅宗僧侣倡导，武士豪绅们附庸风雅而竞相效尤。"茶室"为举行茶道的场所，茶庭即茶室所在的庭园。茶庭的面积比池泉筑山庭小，要求环境安静便于沉思冥想，故造园设计比较偏重于写意。人们要在庭园内活动，因此而用草地代替白沙。草地上铺设石径、散置几块山石并配以石灯和几株姿态虬曲的小树。茶室门前设石水钵，供客人净手之用。这些东西到后来都成为日本庭园中必不可少的小品点缀。

十七世纪到十九世纪初叶的德川幕府政权维持了将近二百五十年的承平时期，园林建设也有很大的发展；建成好几座大型的皇家园林，著名的京都桂离宫就是其中之一。这座园林以大水池为中心，池中布列着一个大岛和两个小岛，显然受中国园林的"一池三山"的影响。池周围水道萦回，间以起伏的土山。湖的西岸是全园最大的一组建筑群"御殿"、"书院"和"月波楼"，其他较小的建筑物则布列在大岛上、土山上和沿湖的岸边。它们的形象各不相同，分别以春、夏、秋、冬的景题与地形和绿化相结合成为园景的点缀。桂离宫是日本"回游式"风景园的代表作品，其整体是对自然风致的写实模拟，但就局部而言则又以写意的手法为主，这对近代日本园林的发展有很大的影响（图1-8）。

图 1-7 茶庭

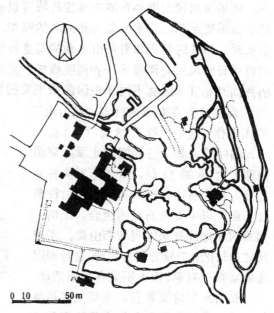

0 10   50m

图 1-8 桂离宫

这时期的园林不仅集中在几个政治和经济中心的大城市，也遍及于全国各地。在造园的广泛实践基础上总结出三种典型样式即"真之筑"、"行之筑"和"草之筑"。所谓"真之筑"基本上是对自然山水的写实的模拟，"草之筑"纯属写意的方法，"行之筑"则介于二者之间；犹如书法的楷、行、草三体。这三种样式主要指筑山、置石和理水而言，从总体到局部形成一整套规范化的处理手法。它的好处是造园不必求助于专门家，有利于园林的普及，但也不免在一定程度上限制了园林艺术的发展。

十九世纪明治维新以后，日本大量吸收西方文化，也输入了欧洲园林。但欧洲的影响只限于城市公园和少数"洋风"住宅的宅园，私家园林的日本传统仍然是主流，而且作为一种独特风格的园林形式传播到欧美各地。

西方园林的起源可以上溯到古埃及和古希腊。

地中海东部沿岸地区是西方文明的摇篮。公元前三千多年，古埃及在北非建立奴隶制国家。尼罗河沃土冲积，适宜于农业耕作，但国土的其余部分都是沙漠地带。对于沙漠居民来说，在一片炎热荒漠的环境里有水和遮荫树木的"绿洲"乃是最可珍贵的地方，因此，古埃及人的园林即以"绿洲"作为摹拟的对象。尼罗河每年泛滥，退水之后需要丈量耕地因而发展了几何学。于是，古埃及人也把几何的概念用之于园林设计。水池和水渠的形状方整规则、房屋和树木亦按几何规矩加以安排，是为世界上最早的规整式园林（图1-9）。

图 1-9　古埃及一个官吏宅园的平面图

古希腊由许多奴隶制的城邦国家组成。公元前五百年，以雅典城邦为代表的完善的自由民民主政治带来了文化、科学、艺术的空前繁荣，园林的建设也很兴盛。古希腊园林大体上可以分为三类：第一类是供公共活动游览的园林；早先原为体育竞赛场，后来，为了遮荫而种植的大片树丛逐渐开辟为林荫道，为了灌溉而引来的水渠逐渐形成装饰性的水景。到处陈列着体育竞赛优胜者的大理石雕像，林荫下设置坐椅。人们不仅来此观看体育活动，也可以散步、闲谈和游览。政治家在这里发表演说，哲学家在这里进行辩论，为此而修建专用的厅堂，另外还有音乐演奏台以及其他公共活动的设施。但这种颇类似于现代"文化休息公园"的公共园林存在的时间并不长，随着古希腊民主政体的衰亡而逐渐消失。第二类是城市的宅园，四周以柱廊围绕成庭院，庭院中散置水池和花木。第三类是寺庙园林即以神庙为主体的园林风景区，例如德尔菲圣山（The Mountain Sanctuary of Delphi）。

罗马继承古希腊的传统而着重发展了别墅园（Villa Garden）和宅园这两类。别墅园修建在郊外和城内的丘陵地带，包括居住房屋、水渠、水池、草地和树林。当时的一位官员和著作家勃林尼（Pliny）对此曾有过生动的描写："别墅园林之所以怡人心神，在于那些满爬长春藤的柱廊和人工栽植的树丛；晶莹的水渠两岸缀以花坛，上下交相辉映，确实美不胜收。还有柔媚的林荫道、敞露在阳光下的洁池、华丽的客厅、精致的餐室和卧室……。这些都为人们在中午和晚上提供了愉快安谧的休憩场所"。庞贝（Pompei）古城内保存着的许多宅园遗址一般均为四合庭院（Patio）的形式，一面是正厅、其余三面环以游廊。在游廊的墙壁上画上树木、喷泉、花鸟以及远景等的壁画，造成一种扩大庭园空间的幻觉。

公元七世纪，阿拉伯人征服了东起印度河西到伊比利亚半岛的广大地域，建立一个横跨亚、非、欧三大洲的伊斯兰大帝国。尽管后来分裂为许多小国，但由于伊斯兰教教义的约束，在这个广大的地区内仍然保持着伊斯兰文化的共同特点。阿拉伯人早先原是沙漠上的游牧民族，祖先逐水草而居的帐幕生涯、对"绿洲"和水的特殊感情在园林艺术上有着深刻的反映；另一方面又受到古埃及的影响从而形成了阿拉伯园林的独特风格：以水池或水渠为中心，水经常处于溪溪流动的状态，发出轻微悦耳的声音。建筑物大半通透开敞，园林景观具有一种深邃幽谧的气氛。

公元十四世纪是伊斯兰园林的极盛时期。此后，在东方演变为印度莫卧儿园林的两种形式：一种是以水渠、草地、树林、花坛和花池为主体而成对称均齐的布置，建筑居于次要地位。另一种则突出建筑的形象，中央为殿堂、围墙的四角有角楼，所有的水池、水渠、花木和道路均按几何对位的关系来安排。著名的泰姬陵（Taj Mahal）即属后者的代表作。

欧洲西南端的伊比利亚半岛上的几个伊斯兰王国直到十五世纪才被西班牙的天主教政权统一。由于地理环境和长期的安定局面，园林艺术得以持续地发展伊斯兰传统并吸收罗马的若干特点而融冶于一炉。格拉那达（Glanada）的阿尔罕伯拉宫（Alhambra）即为典型的例子。这座由许多院落组合成的宫苑位于地势险峻的山上，建筑物除居住用房外大部分都是开敞的，室内与室外、庭院与庭院之间都能彼此通透。透过一重重的游廊、门廊和马蹄形券洞甚至可以看到苑外的群峰。再加上穿插萦流的水渠和水池，整座宫苑充满了"绿洲"的情调。宫内园林以庭园为主，采取罗马宅园四合庭院（Patio）的形式，其中最精采的是柘榴院（Court of Myrtles）和狮子院（Court of Lions）。柘榴院的中庭纵贯一个长方形水池，两旁是修剪得很整齐的柘榴树篱。水池中摇曳着马蹄形券廊的倒影，显示一派安谧、亲切的气氛。方整凝静的水面与暗绿色的树篱对比着精致繁密、色彩明亮的建筑雕饰，又予人一种生气活泼的感受。狮子院四周均为马蹄形券廊，纵横两条水渠贯穿庭院，水渠的交汇处即庭园的中央有一个喷泉，它的基座上雕刻着十二个大理石狮像（伊斯兰教的教规禁止以动物作装饰题材，这十二个狮像是后来加上去的）。阿尔罕伯拉宫的这种理水手法给予后来的法国园林以一定程度的启示（图1-10）。

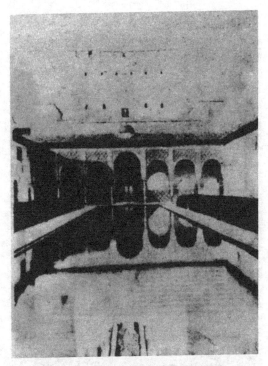

公元五世纪罗马帝国崩溃直到十六世纪的欧洲，史称"中世纪"。整个欧洲都处于封建割据的自然经济状态，正如恩格斯所说的"中世纪是从野蛮的状态中发展起来的，它彻底消灭了古代的文化……中世纪从灭亡了的古代世界承受下来的唯一东西是基督教和若干半已荒废、且已失掉它的一切过去文明的城市"。当时，除了城堡园林和寺院园林之外，园林建设几乎完全停滞。寺院园林依附于基督教教堂或修道院的一侧，包括果树园、菜畦、养鱼池和水渠、花坛和药圃，布局随宜并无一定章法。造园的主要目的在于生产果蔬副食和药材，观赏的意义尚属其次。城堡园林由深沟高墙包围着，园内建置藤萝架、花架和凉亭，沿城墙设坐凳。有的在园的中央堆叠一座土山，叫做庭山（Mount），上建亭阁之类以便于观览城堡外面的田野景色（图1-11）。

图 1-10　阿尔罕伯拉宫的柘榴院

西方园林在更高水平上的发展始于意大利的"文艺复兴"时期。十五世纪是欧洲商业资本主义的上升期，意大利出现了许多以城市为中心的商业城邦。政治上的安定和经济上的繁荣必然带来文化的发展。人们的思想从中世纪宗教的桎梏中解放出来，摆脱了上帝的禁锢，充分意识到自己的能力和创造性。"人性的解放"结合对古希腊罗马灿烂文化的重新认识，从而开创了意大利"文艺复兴"的高潮，园林艺术也是这个文化高潮里面的一部分。

图 1-11　欧洲中世纪的城堡园林

图 1-12　意大利别墅园

意大利半岛三面濒海而多山地，气候温和、阳光明媚。积累了大量财富的贵族、大主教、商业资本家们在城市修建华丽的住宅，也在郊外经营别墅作为消闲的场所，别墅园遂成为意大利文艺复兴园林中的最具有代表性的一种类型。别墅园林多半建置在山坡地段上，就坡势而作成若干层的台地，即所谓台地园（Terrace Garden）。园林的规划设计一般都由建筑师担任，因而运用了许多古典建筑的设计手法。主要建筑物通常位于山坡地段的最高处，在它的前面沿山坡而引出的一条中轴线上开辟一层层的台地，分别配置保坎、平台、花坛、水池、喷泉、雕像。各层台地之间以蹬道相联系。中轴线两旁栽植高耸的丝杉、黄杨、石松等树丛作为园林本身与周围的自然环境之间的过渡。站在台地上顺着中轴线的纵深方向眺望，可以收摄到无限深远的园外借景。这是规整式与风景式相结合而以前者为主的一种园林形式（图1-12）。

理水的手法远较过去更丰富。每于高处汇聚水源作贮水池，然后顺坡势往下引注成为水瀑、平濑或流水梯（Water Stair）。在下层台地则利用水落差的压力作出各式喷泉，最低一层台地上又复汇聚为水池。此外，常有为欣赏流水声音而设的装置，甚至有意识地利用激水之声构成音乐的旋律（Water Organ）。

作为装饰点缀的"园林小品"也极其多样，那些雕镂精致的石栏杆、石坛罐、保坎、碑铭以及为数众多的、以古典神话为题材的大理石雕像，它们本身的光亮晶莹衬托着暗绿色的丝杉树丛，与碧水蓝天相掩映，产生一种生动而强烈的色彩和质感的对比。

意大利文艺复兴式园林中还出现一种新的造园手法——绣毯式的植坛（Parterre）即在一块大面积的平地上利用灌木花草的栽植镶嵌组合成各种纹样图案，好像铺在地上的地毯。

十七世纪，意大利文艺复兴式园林传入法国。法国多平原，有大片天然植被和大量的河流湖泊。法国人并没有完全接受台地园的形式，而是把中轴线对称均齐的规整式的园林布局手法运用于平地造园（图1-13）。

十七世纪末，欧洲资本主义的原始积累加速进行着，君主专制政权成了资产阶级和旧贵族共同镇压农民和城市平民的国家机器。法国在当时已经是强大的中央集权的君主国家，国王路易十四建立了一个绝对君权的中央政府，尽量运用一切文化艺术手段来宣扬君王的权威。宫殿和园林作为艺术创作当然也不例外，巴黎近郊的凡尔赛宫（Versallei）就是一个典型的例子。

凡尔赛宫占地极广，大约六百余公顷。是路易十四仿照财政大臣福开的维贡园（Vaux-leVicomte）的样式而建成的，包括"宫"和"苑"两部分。广大的苑林区在宫殿建筑的

图 1-13 规整式园林

西面，由著名的造园家勒诺特（Andri le Notre）设计规划。它有一条自宫殿中央往西延伸长达二公里的中轴线，两侧大片的树林把中轴线衬托成为一条极宽阔的林荫大道，自东而西一直消逝在无垠的天际。林荫大道的设计分为东西两段：西段以水景为主，包括十字形的大水渠和阿波罗水池，饰以大理石雕像和喷泉。十字水渠横臂的北端为别墅园"大特里阿农"（Grand Trianon），南端为动物饲养园。东段的开阔平地上则是左右对称布置的几组大型的"绣毯式植坛"。大林荫道两侧的树林里隐蔽地布列着一些洞府、水景剧场（Water Theatre）、迷宫、小型别墅等，是比较安静的就近观赏的场所。树林里还开辟出许多笔直交叉的小林荫路，它们的尽端都有对景，因此而形成一系列的视景线（Vista），故此种园林又叫做视景园（Vista Garden）。中央大林荫道上的水池、喷泉、台阶、保坎、雕像等建筑小品以及植坛、绿篱均严格按对称均齐的几何格式布置，是为规整式园林的典范，较之意大利文艺复兴园林更明显地反映了有组织有秩序的古典主义原则。它所显示的浑宏的气度和雍容华贵的景观也远非前者所能比拟（图1-14）。

路易十四在位的数十年间，凡尔赛的建设工程一直不停顿，陆续扩建和改建的内容大体上是按照勒诺特所制订的总体规划进行的。这座园林不仅是当时世界上规模最大的名园之一，也是法国绝对君权的象征。以凡尔赛为代表的造园风格被称作"勒诺特式"或"路易十四式"，在十八世纪时风靡全欧洲

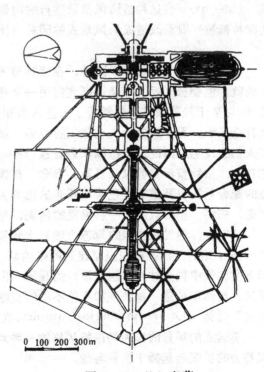

0 100 200 300m

图 1-14 凡尔赛苑

乃至世界各地。德国、奥地利、荷兰、俄国、英国的皇家和私家园林大部分都是勒诺特式的，我国圆明园内西洋楼的欧式庭园亦属于此种风格。后期的勒诺特式园林受到洛可可（Rococo）风的影响而趋于矫揉造作；从荷兰开始还大量运用植物整形（Topiary），把树木修剪成繁复的几何形体甚至各种动物的形象（图1-15）。

图 1-15　树木整形

英伦三岛多起伏的丘陵，十七、八世纪时由于毛纺工业的发展而开辟了许多牧羊的草场。如茵的草地、森林、树丛与丘陵地貌相结合，构成英国天然风致的特殊景观。这种优美的自然景观促进了风景画和田园诗的兴盛。而风景画和浪漫派诗人对大自然的纵情讴歌又使得英国人对天然风致之美产生了深厚的感情。这种思潮当然会波及园林艺术，于是封闭的"城堡园林"和规整严谨的"勒诺特式"园林逐渐为人们所厌弃而促使他们去探索另外一种近乎自然、返璞归真的新的园林风格——风景式园林。

英国的风景式园林兴起于十八世纪初期。与勒诺特风格完全相反，它否定了纹样植坛、笔直的林荫道、方整的水池、整形的树木。扬弃了一切几何形状和对称均齐的布局，代之以弯曲的道路、自然式的树丛和草地、蜿蜒的河流，讲究借景和与园外的自然环境相融合。为了彻底消除园内外景观的界限，英国人想出一个办法，把园墙修筑在深沟之中即所谓"沉墙"（ha—ha）。当这种造园风格最盛行的时候，英国过去的许多出色的文艺复兴和勒诺特式园林都被平毁而改造成为风景式的园林（图1-16）。

风景式园林比起规整式园林，在园林与天然风致相结合、突出自然景观方面有其独特的成就。但物极必反，却又逐渐走向另一个极端即完全以自然风景或者风景画作为抄袭的蓝本，以至于经营园林虽然耗费了大量人力和资金，而所得到的效果与原始的天然风致并没有什么区别。看不到多少人为加工的点染，虽本于自然但未必高于自然。这种情况也引起了人们的反感。因此，从造园家列普顿（Humphry Repton）开始又复使用台地、绿篱、人工理水、植物整形修剪以及日晷、鸟舍、雕像等的建筑小品；特别注意树的外形与建筑形象的配合衬托以及虚实、色彩、明暗的比例关系。甚至有在园林中故意设置废墟、残碑、断碣、朽桥、枯树以渲染一种浪漫的情调，这就是所谓"浪漫派"园林。

这时候，通过在中国的耶稣会传教士致罗马教廷的通讯，以圆明园为代表的中国园林艺术被介绍到欧洲。英国皇家建筑师张伯斯（William Chambers）两度游历中国，归来后著文盛谈中国园林并在他所设计的丘园（Kew Garden）中首次运用所谓"中国式"的手法，虽然不过是一些肤浅和不伦不类的点缀，终于也形成一个流派，法国人称之为"中英式"园林（Le Jardin Anglo-Chinois），在欧洲曾经风行一时。

英国式的风景园作为勒诺特风格的一种对立面，不仅盛行于欧洲，还随着英国殖民主义势力的扩张而远播于世界各地。

十八、九世纪的西方园林可以说是勒诺特风格和英国风格这两大主流并行发展、互为

图 1-16 英国园林

消长的时期，当然也产生出许多混合型的变体。十九世纪中叶，欧洲人从海外大量引进树木和花卉的新品种而加以培育驯化，观赏植物的研究遂成为一门专门学科。花卉在园林中的地位越来越重要，很讲究花卉的形态、色彩、香味、花期和栽植方式。造园大量使用花坛，并且出现了以花卉的配置为主要内容的"花园"乃至以某一种花卉为主题的花园如玫瑰园、百合园等。

十九世纪后期，由于大工业的发展，许多资本主义国家的城市日益膨胀、人口日益集中，大城市开始出现居住条件明显地两极分化的现象。劳动人民聚居的"贫民窟"(Slum)环境污秽，湫隘噪杂。即使在市政设施完善的资产阶级住宅区也由于地价昂贵，经营宅园不易。资产阶级纷纷远离城市寻找清静的环境，加之现代交通工具发达，百十里之遥朝发而夕至。于是，在郊野地区兴建别墅园林遂成为一时之风尚，十九世纪末到二十世纪是这类园林最为兴盛的时期。

当时的许多学者已经看到城市建筑过于稠密所造成之严重后果，特别是终年居住在贫民窟里面的工人阶级迫切需要幽美的园林环境作为生活的调剂。因此，在提出种种城市规划的理论和方案设想的同时也考虑到园林绿化的问题。其中霍华德(E. Howard)倡导的"花园城"不仅是很有代表性的一种理论，而且在英国、美国都有若干实践的例子，但并未得到推广。至于其他形形色色的学说则大都是资本主义制度下不易实现的空想。另一方面，在资产阶级居住区内却也相应地出现了一些新的园林类型；比较早的如伦敦的花园广场(Garden Square)；稍后，纳什(John Nash)将公园(Park)纳入住宅区的规划中，十九世纪初叶由他设计建成的摄政王公园住宅区(Regent's Park Residenes)即是一个首创的例子，城市公园作为一种面向群众开放的公共园林形式从此应运而兴，英国柏金黑特城的柏金黑特公园（Birkinhead Park）和美国纽约的中央公园（Central Park）是早期的两座著名的公园。以后，各种形式的公园便在资本主义国家的城市中发展起来并逐渐遍及于世界各地。

第一次世界大战后，造型艺术和建筑艺术中的各种现代流派迭兴，园林也受到它们的潜移默化。把现代艺术和现代建筑的构图原则运用于造园设计，好像勒诺特式园林之运用

图 1-17　现代园林

古典主义建筑的构图原则一样，从而形成一种新型风格的"现代园林"。这种园林的规划讲究自由布局和空间的穿插，建筑、山、水和植物讲究体形、质地、色彩的抽象构图，并且还吸收了日本庭园的某些意匠和手法。现代园林随着现代建筑和造园技术的发达而风行于全世界，至今仍方兴未艾（图 1-17）。

第三节　解放后我国园林发展简介

在阶级社会里，园林主要是为统治阶级服务；解放前的中国，情况也是这样。我国自从沦为半封建半殖民地以后，大城市居住条件的两极分化已十分严重。官僚、地主、资产阶级享受着自己的城市宅园和郊野别墅，一般的市民则完全没有这样的条件。而下层劳动人民常年居住在湫隘污秽的地区，甚至难于得到起码的阳光和新鲜空气。几座大城市虽有一些公共园林，也只是为了满足少数人欣赏和消闲的需要，或者作为城市门面的装点。例如北京把过去的几座皇家园林开放为公园，但门票昂贵，最贵时相当于一袋面粉的价格。颐和园远离城市，却没有任何公共交通设施，劳动人民当然无由问津。所以，那时候的北京公园真是"门前冷落车马稀"。拥有几百万人口的大城市上海只有十四个公园，总面积约六十六公顷。它们都分布在外国租界和高等住宅区里，专供外国殖民主义者和所谓高等华人享

用。一般的地区不用说没有公共园林，就是简单的绿化也很少见到。至于其他的中小城市则极少有公共园林的建置，城市绿化就更谈不上。

解放后，在党和政府的领导下，早在第一个五年计划时期，与城市建设的规划同时就已考虑到园林和绿化的问题。确定了"普遍绿化、重点美化"的城市建设方针，并且逐步地付诸实施。在旧城市的改造和新的工业城镇的建设中，园林和绿化都发挥了积极的作用。以北京为例，截至二十世纪六十年代初的十年间，仅城区范围内新植树木总数在十九万株以上。上海解放前市区的全部行道树不到二万株，街心花园0.3公顷。解放后行道树增加到十五万株，街心花园四十余公顷，大部分城市的居住区都披上了绿色的新装。许多工矿企业建立了防护绿带，净化了空气，降低了噪声干扰，为职工创造良好的劳动条件和生活条件。居住区绿化的结果，在一定程度上改善了小气候条件，提供居民以室外活动的必要场地。

各种形式的公共园林也有很大发展，几乎所有的大城市都已建立起设施完善的综合性公园以及植物园、动物园、儿童公园、体育公园等。解放前的北京公园总面积为320公顷，到二十世纪六十年代初期已发展到1124公顷，增加了三倍多。杭州旧城区在解放前公园面积不到三公顷，解放后的短短十年间，就已经开辟了十个新公园总面积共十四公顷，增加了四倍多。上海市则一方面利用旧租界的公园和没收的官僚、买办资产阶级的私家园林加以扩充开放，另一方面在人口稠密的居住区见缝插针、修建小型公园。因此，公园增加到四十余个，总面积将近三百公顷，相当于解放前的五倍。

二十世纪六十年代，结合爱国卫生运动在全国各城市清理了藏污纳秽的废水塘、垃圾堆、荒地、空地，开辟出许多新公园、街心花园和小游园。到处绿树成荫、池清水净，不仅改善了卫生条件，也增加了园林的面积。以园林城市而闻名于全国的广东新会市就是一个典型的例子。

有代表性的古典园林，例如北方的几座皇家园林，苏州、无锡、扬州的私家园林都加以精心修整并建置各种服务设施，供群众游览。著名的风景名胜区如黄山、泰山、庐山等在解放前所仅有的一点旅游设施只供少数人享用，解放后逐渐整理扩充，举凡交通、食宿、游览均面向群众，为广大人民服务。杭州西湖风景区把过去遗留下来的近四千公顷的荒山荒地全部绿化，植树二千余万株，新开辟许多游览区，原来的历史文物建筑和风景点也都修饰一新。桂林则对于新开辟的和原来的山水景观结合城市建设作了通盘的规划，使其成为一个具有特色的风景城市。许多休养、疗养地大都设在风景优美的地方，如广东的从化温泉、浙江的莫干山、河北的北戴河等也都具备公共园林的性质。

园林建筑亦相应地有所发展，不仅在数量上远较解放前为多，而且类型更为广泛、建筑的设备水平也有很大提高。特别是在因地制宜、创造地方风格和继承我国传统园林建筑而推陈出新等方面都有所探索和尝试，出现了一些可喜的成绩，如广州的园林建筑于创新的同时汲取了岭南的特点，像叠山理水一样，初步形成了地方特色。此外，上海、杭州、桂林等地也有许多格调新颖、不落俗套的园林建筑陆续建成。

解放后十多年来的园林建设和园林建筑事业虽然在实践中还存在若干值得商榷的问题，但随着整个社会主义建设的步伐，正沿着健康的方面向前迈进。

然而，"文化大革命"的十年浩劫期间，由于极左路线的干扰，园林事业遭受到严重的摧残。园林被当作所谓封、资、修的"禁区"，建设停顿了，管理机构瘫痪，技术人员和经验丰富的工人被调离工作岗位。由于片面强调园林结合生产，观赏树木和花卉横遭砍伐。片面地突出政治而在公园里面不恰当地设置标语牌、展览廊，甚至不惜破坏优美的景观。许多古迹被砸毁、古建筑被拆卸，无政府思潮泛滥而导致机关单位占用公共园林和城市绿地，某些著名的公园和名胜区甚至常年关闭。尽管在个别的地方由于需要也零星地进行着园林建置，但缺乏通盘的规划、造园思想也十分混乱。总之，园林建设几乎处于停顿的状态。

十年动乱之后，在党中央的正确领导下拨乱反正：随着四个现代化建设的进程，园林事业也逐渐受到各方面的重视而得以按正常轨道继续向前发展。但十年来由于城市人口不断增加、城市建设又经常处于无计划的状态。其结果，就目前的情况而言园林绿化建设远远跟不上群众的需要。以北京为例，公园、绿地面积平均每人仅 3.9 平方米（如果包括水面在内也仅 5 平方米左右），而华盛顿每人平均有绿地 40 余平方米、巴黎每人平均 10.16 平方米。相比之下，北京的公园绿地就显得大为不足。每逢节假日，公园游人摩肩接踵，形同闹市。地处郊外的颐和园，1951 年全年游客为 58 万人次，到 1977 年增加到 480 万人次，而节日每天游人竟高达 13 万人次，造成园林极大的压力。其他各城市，情况也大体相似。所以说，园林建设如何有计划有步骤地跟上形势要求，为人民提供更多一些、更好一些的游憩、观赏的环境和场所，乃是刻不容缓的事情。

近几年来旅游事业迅猛发展，也对园林和园林建筑提出了新的要求、新的内容和新的课题。我国幅员辽阔、风景绮丽、江山多娇，有许多闻名世界的风景名胜。我国又是一个文明古国，历史上留下来的文物古迹遍布各地，这些都强烈地吸引着国内外游客的兴趣。如今，政府决定把许多风景名胜、文化古迹逐步地向国外游客开放，国外旅游观光者势必逐年大幅度地增加。随着我国人民生活水平的提高，国内游客也将会越来越多。发展旅游事业除了要解决好食、宿和交通之外，如何把这些风景名胜和文化古迹装点得更加美丽，更加适应于现代旅游的要求，以及如何更多地开辟新的游览点和风景名胜区，园林建设乃是一项主要的手段、一个不可缺少的环节。

由此看来，我国的园林事业在今后社会主义建设的进程中，将要出现一个蓬勃发展的局面，前景是十分令人鼓舞的。今后，园林建筑相应地不仅在数量上将要大大地增长，在质的方面也必然要有所提高。它作为一个建筑类型在人民的日常生活中将越来越显示出其重要的地位，将有越来越多的建筑工作者参加到园林建设的队伍中来。

作为一个园林建筑工作者，不仅要熟悉园林与建筑的业务，还必须了解中外园林过去的历史、当前的情况以及今后发展的趋势，对于我国解放以来的园林建筑在规划、设计、施工等方面的成功经验和失败教训尤其应该认真加以总结，以便作为今后探索和前进的基石，迎接我们伟大祖国园林建设高潮的到来。

第二章　园林建筑设计的方法和技巧

任何一种建筑设计都是为了满足某种物质和精神的功能需要，采用一定的物质手段来组织特定的空间。建筑空间是建筑功能与工程技术和艺术技巧相结合的产物，都需要符合适用、坚固、经济、美观的原则；此外，在艺术构图技法上也都要考虑诸如统一、变化、尺度、比例、均衡、对比等原则。但是，由于园林建筑在物质和精神功能方面的特点，其用以围合空间的手段与要求，和其他建筑类型在处理上又表现出许多不同之处。归纳起来主要有下列五点：

一、园林建筑的功能要求，主要是为了满足人们的休憩和文化娱乐生活，艺术性要求高，园林建筑应有较高的观赏价值并富于诗情画意。

二、由于园林建筑受到休憩游乐生活多样性和观赏性强的影响，形成了在设计方面的灵活性特别大，可说是无规可循，"构园无格"。因为一座供人观赏景色、短暂休息停留的园林建筑物，很难确定在设计上其必然的约制要求，因而在面积大小和建筑形式的选择上，或亭、或廊、或圆或方，或高或低，似乎均无不可。设计者可能有这个体会，即设计条件愈空泛和抽象，设计愈困难。因此，对待设计灵活性大，要一分为二，既要看到它为空间组合的多样化所带来的便利条件。又要看到它给设计工作带来的困难。

三、园林建筑所提供的空间要能适合游客在动中观景的需要，务求景色富于变化，做到步移景异，换言之，即在有限空间中要令人产生变幻莫测的感觉。因此，推敲建筑的空间序列和组织观赏路线，比其他类型的建筑显得格外突出。

四、园林建筑是园林与建筑有机结合的产物，无论是在风景区或市区内造园，出自对自然景色固有美的向往，都要使建筑物的设计有助于增添景色，并与园林环境相协调。在空间组合中，要特别重视对室外空间的组织和利用，最好能把室内、室外空间，通过巧妙的布局，使之成为一个整体。

五、组织园林建筑空间的物质手段，除了建筑营建之外，筑山、理水、植物配置也极为重要，它们之间不是彼此孤立的，应该紧密配合，构成一定的景观效果。不仅如此，在我国传统造园技艺中，为了创造富于艺术意境的空间环境，还特别重视因借大自然中各种动态组景的因素。园林建筑空间在花木水石点缀下，再结合诸如各种水声、风啸、鸟语、花香等动态组景因素，常可产生奇妙的艺术效果。因此可以作这样的理解：园林建筑是一门占有时间空间，有形有色，以至有声有味的立体空间艺术。这也是我国别具风致的古典园林优秀传统的精髓所在。

以上五点，是园林建筑与其他建筑类型不同的地方，也是园林建筑本身的特征。因此，在设计方法和技巧上与其它类型建筑大相迥异，某些地方或需要表现得更为突出。概括起来，主要有下列几个问题，即：（一）立意，（二）选址，（三）布局，（四）借景，（五）尺度与比例，（六）色彩与质感。

当然，园林建筑设计还有其他许多重要内容，如筑山理水、花卉树木、艺术照明、建筑小品等，均另详其余章节。

第一节 立 意

如上所述，园林建筑是一种占有时间空间，有形有色，以至有声有味的立体空间塑造，因此较其他一般建筑设计更加需要意匠。意者立意，匠者技巧，立意和技巧相辅相成不可偏废，立意和技巧均佳的作品属于上乘，而立意平淡技巧再好也只能归之中乘。立意的好坏对整个设计的成败至关紧要。所谓立意就是设计者根据功能需要，艺术要求，环境条件等因素，经过综合考虑所产生出来的总的设计意图。当然举凡功能的体现，艺术的表达、环境的利用与改造等均有赖于技术、工艺的可能性。

立意既关系到设计的目的，又是在设计过程中采用各种构图手法的根据。"意在笔先"是古人从书法、绘画艺术创作中总结出来的一句名言，它对园林建筑设计创作也是完全适用的。组景没有立意，构图将是空洞的形式堆砌，而一个好的设计不仅要有立意，而且要善于抓住设计中的主要矛盾，其所立意既能较好地解决了建筑功能的问题，又能具有较高的艺术思想境界。再者，在园林建筑设计中特别要有新意不落俗套，建筑格局不宜千篇一律，更不容标准化。我国古代园林中的亭子不可数计，但很难找出格局和式样完全相同的例子，它们总是因地制宜的选择建筑式样和巧妙地配置水石、树丛、桥、廊等以构成各具特色的空间。时下在一些园林建筑小品中，诸如把漏窗、花墙、隔断等加以模式化随处滥用是不妥当的。可以说，一切艺术都贵在创新，任何简单的模仿都会削弱它的感染力。

在我国园林建筑传统上，立意着重艺术意境的创造，寓情于景，触景生情，情景交融是我国传统造园的特色。它受宗教对仙山琼阁的憧憬，诗人对田园生活的讴歌，以至历代名家山水画寓情寄意的影响是很深的。诗情画意可以在许多园林建筑艺术意境的创造上反映出来。《园冶》在"园说""相地""借景"诸篇中所强调的，都涉及艺术意境的创造。譬如在"园说"中有"轩楹高爽、窗户虚邻，纳千顷之汪洋，收四时之烂漫。""萧寺可以卜邻，梵音到耳，远峰偏宜借景，秀色堪殡，紫气青霞，鹤声送来枕上"。"溶溶月色，瑟瑟风声，静拢一榻琴书，动涵半轮秋水，清气觉来几席，凡尘顿远襟怀。"等句。在这些描述中，把远山、萧寺、浩水、花卉、云霞、月色、风声、鹤唳、梵音、琴书等各式各样的形、声、色、味，组景因素都点了出来，其目的十分明确，就是要加强富于艺术意境的园林景观效果。古代园林组景，建筑和景区命名大多属某种艺术意境的概括，常常通过匾额、楹联点染出建筑主题，以功能直接表达的反而较少。皇家苑囿和私家花园莫不如此。可参看圆明园四十景 ❶。反观今天我们在进行公园规划和园林建筑设计的实践中，设计人或者忽视对

---

❶圆明园四十景景名：

正大光明	勤政亲贤	九洲清宴	镂月开云	天然图画	碧桐书院	慈云普护	上下天光	杏花春馆
坦坦荡荡	茹古涵今	长春仙馆	万方安和	武陵春色	汇芳书院	日天琳宇	澹泊宁静	多稼如云
廉溪乐处	鱼跃鸢飞	西峰秀色	四宜书屋	平湖秋月	蓬岛瑶台	接秀山房	夹镜鸣琴	廓然大公
洞天深处								

（以上为清雍正时建置命名）

| 曲院荷风 | 坐石临流 | 北远山村 | 映水兰香 | 水木明瑟 | 鸿慈永祐 | 月地云居 | 山高水长 | 澡身浴德 |
| 别有洞天 | 涵虚朗鉴 | 方壶胜景 | | | | | | |

（以上为清乾隆时建置命名）

艺术意境的创造致使设计平庸，但也还有这样的情况，虽然创造了良好的艺术意境，但在建筑命名上下功夫不够，削弱了造景的效果。经常听到诸如水上餐厅、公园茶室，湖心冰室、东大门、西大门、荷花池水榭、山顶游廊等一般化的称号，与我国优秀的园林建筑传统大相径庭。

园林建筑立意强调景观效果，突出艺术意境创造，但绝不能理解为不需要重视建筑功能，在考虑艺术意境过程中，有两个最重要最基本的因素必须结合进去，否则，景观或艺术意境就会是无本之木，无源之水，在设计工作中也就无从落笔。两个最基本的因素是：建筑功能和自然环境条件。两者不是彼此孤立的，在组景时需综合考虑。譬如，在封建社会王权和神权是统一的，反映在颐和园、北海这样的帝王园林中，前者以佛香阁建筑群为全园的构图重心，后者以白塔为控制全园的制高点，这种具有强烈中轴线的对称空间艺术布局，构成了极其宏伟壮丽的艺术形象。从这两组建筑群的艺术构思，可以见到古代匠师如何结合这些颐情养性，礼佛烧香种种功能，通过因地制宜改造地形环境(挖湖堆山)，来塑造各具特色的建筑空间的巧妙手法 (图2-1、图2-2)。

园林建筑设计中的立意如何以建筑功能为基础，在古今优秀的建筑中可以找到许多实例。如承德避暑山庄是清朝鼎盛时期的大型皇室园林，内有七十二景，各景艺术布局各不相同，正座建筑群是皇帝明堂所在，为了满足朝觐时的礼仪需要，采用轴线对称严整的空间布局；而湖区内的建筑组群以供皇室闲游休憩则多采用不规则的自由布局；在平原区，为了提供赛马、骑射、摔跤等少数民族的比武盛会场地,在空间处理上特意模仿自然草原的旷阔空间。至于沿湖山区所设的各种寺庙道观，其目的除却祭神礼佛，消灾祈福的功能需要外，也未尝无暮鼓晨钟，梵音在耳的取意。它们在空间布局上，自然也要按照庙宇的制式进行安排。最后，深入到山区腹地的建筑组群，其功能主要是供帝王寻幽访胜；因此，在这些建筑组群中利用山岩地形的高低错落进行组景就成了空间组合的共同特色 (图2-3)。避暑山庄中的布局在立意上结合功能、地形特点，采用了对称与自由不对称等多种多样的空间处理手法，才使全园各景各具特色，总体布局既统一而又富于变化。

构成园林建筑组景立意的另一重要因素是环境条件，如绿化、水源、山石、地形、气候等。从某种意义上说，园林建筑有无创造性，往往取决于设计者如何利用和改造环境条件，从总体空间布局到细部处理都不能忽视这个问题。《园冶》所反复强调的"景到随机"，"因境而成"，"得景随形"等原则，在今天的园林建筑设计中仍具有现实的指导意义。大连海滨星海公园的风景点"探海"，是一个天然洞穴，从山头蜿蜒而下直通海面，当人们通过狭窄、幽暗的洞穴摸索绕行，最后到达海滩洞口的时候，一望无际的广阔海面奔来眼底。冲击石岸的怒涛声声入耳，无有不被这大自然的美丽景色所陶醉。然而，这里并没有盖上一亭一廊，只在入口石壁上镌刻"探海"两个红色大字作为点题，点题的位置与涵义颇具点睛之妙。云南石林的剑峰池，在密集的奇峰怪石间有一潭平静、曲折的池水，直插云天的石峰与清澈如镜的水面在形、色、质感上构成了强烈的对比，映入池面的峰石倒影，光影变幻无穷更加丰富了画面的层次。设计者巧妙地利用这天然奇景，沿池壁布置了一条紧贴水面的步道，迂回穿插于石峰之间，游人沿步道浏览，空间时分时合，忽大忽小，骤明骤暗，有如置身仙境(图2-4)。因势利导环境条件，贯彻因境而成，景到随机的原则进行创造性组景的例子很多，如桂林七星崖公园碧虚阁和豁然亭 (图2-5,图2-6) 利用山崖洞口组景；重庆北温泉的乳花洞、峨眉清音阁的洗心亭 (图2-7,图2-8) 利用天然

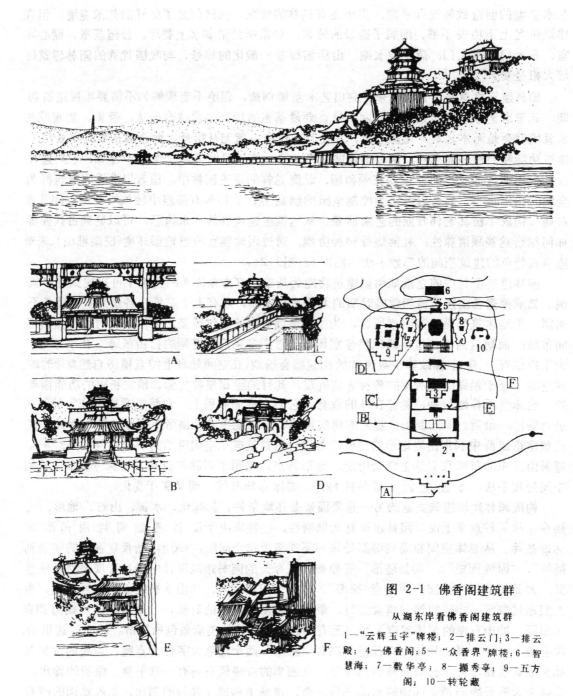

图 2-1 佛香阁建筑群

从湖东岸看佛香阁建筑群

1—"云辉玉宇"牌楼；2—排云门；3—排云殿；4—佛香阁；5—"众香界"牌楼；6—智慧海；7—敷华亭；8—撷秀亭；9—五方阁；10—转轮藏

　　佛香阁建筑群位于北京颐和园万寿山南坡中轴线上，面对广大水域的昆明湖，拾级登临佛香阁平台，向南眺望可借昆明湖湖心的龙王庙岛、十七孔桥、廊如亭及远处之长堤烟景；向西眺望，玉泉山塔和秀丽的西山景色尽收眼底，并以转轮藏、五方阁为俯借对象。佛香阁建筑群背山面水，兼有东、西两侧长廊和其他建筑组群之烘托，气势极其壮丽，建筑群在构图上高低、大小、收放对比适宜，空间富于节奏感。

龙光牌楼

图 2-2 北海白塔山南坡建筑群

1—堆云牌楼；2—法轮殿；3—龙光牌楼；4—引胜亭；

5—涤霭亭；6—云依亭；7—意远亭；8—普安殿；

9—广寒殿；10—白塔

总平面

北海琼华岛山顶白塔为整个北海园林中的制高点，山南坡寺院沿南北中轴线对称布局，玉液桥南以团城承光殿为对景，白塔高耸天际与远处的景山、故宫互为借景。

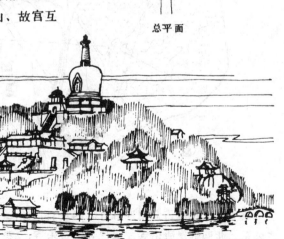

南坡建筑群

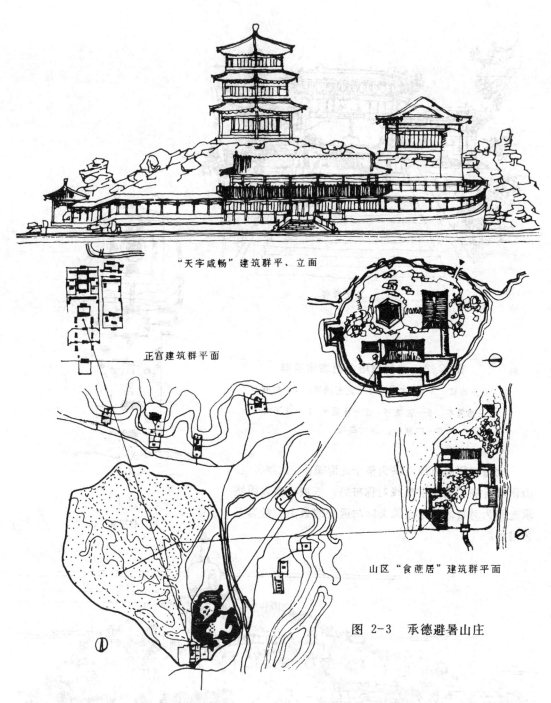

"天宇咸畅"建筑群平、立面

正宫建筑群平面

山区"食蔗居"建筑群平面

图 2-3 承德避暑山庄

　　避暑山庄山区占总用地五分之四左右，湖区位于东南角，湖区北岸为平原区万树园。山庄外东、北两侧建溥佑寺、溥仁寺、普乐寺、普宁寺、罗汉堂、须弥福寿之庙、普陀宗乘之庙和殊像寺等八处大型寺庙，形成园林之借景。

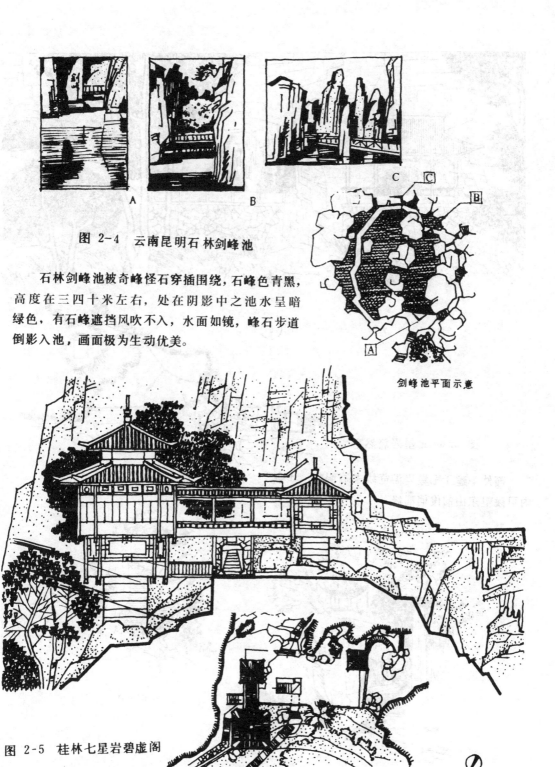

图 2-4 云南昆明石林剑峰池

石林剑峰池被奇峰怪石穿插围绕，石峰色青黑，高度在三四十米左右，处在阴影中之池水呈暗绿色，有石峰遮挡风吹不入，水面如镜，峰石步道倒影入池，画面极为生动优美。

剑峰池平面示意

图 2-5 桂林七星岩碧虚阁

碧虚阁建在七星岩洞口台地上，取意仙山琼阁。立面构图借鉴了广西三江程阳桥桥亭的形式。

31

图 2-6 七星岩豁然亭

豁然亭建于七星岩游览线末端洞口，于亭
内可眺望东山的俊俏群峰。

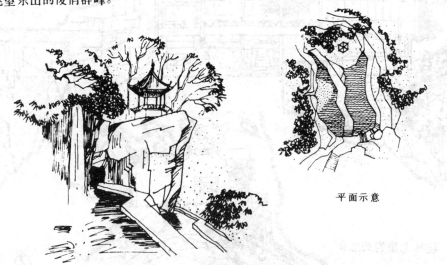

平面示意

图 2-7 重庆北温泉乳花洞

重庆北温泉，靠嘉陵江边，山壁瀑布天成，右侧为乳花洞，岩洞上建有亭，向左可俯瞰乳
花飞瀑，向右可眺望嘉陵江的秀丽景色，于亭中小憩，可静赏江涛、飞瀑声。

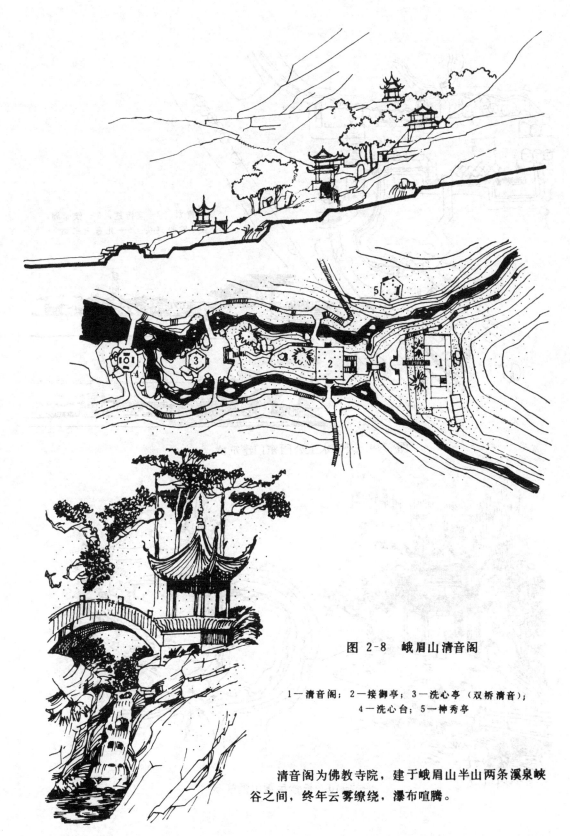

图 2-8 峨眉山清音阁

1—清音阁；2—接御亭；3—洗心亭（双桥清音）；
4—洗心台；5—神秀亭

清音阁为佛教寺院，建于峨眉山半山两条溪泉峡
谷之间，终年云雾缭绕，瀑布喧腾。

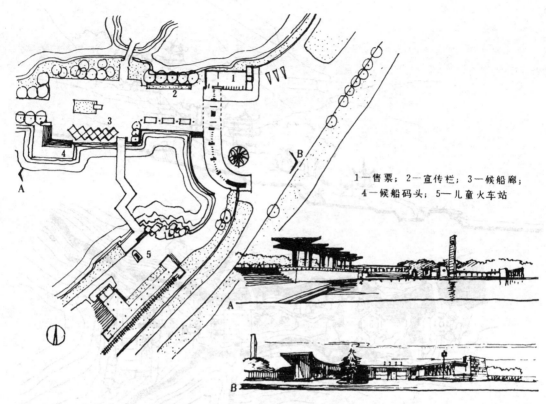

1—售票；2—宣传栏；3—候船廊；
4—候船码头；5—儿童火车站

图 2-9 天津水上公园东门建筑群

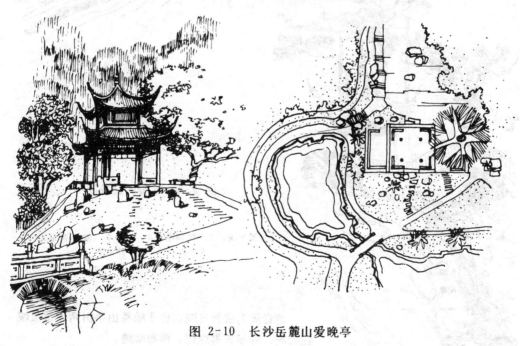

图 2-10 长沙岳麓山爱晚亭

瀑布山涧组景。这些例子说明，在自然风景佳丽的地区组景，比较容易取得良好的景观效果。在一般地区由于缺少这些良好的自然条件，组景立意会比较困难，但只要在设计过程中深入调查研究，不放过任何自然条件的有利因素，还是可以做到立意新颖的，譬如天津水上公园东门，被认为是较有新意的作品，原因也是在立意中重视了环境的因素，贯彻了"因境而成"、"得景随形"的原则。东门这一景点在设计上结合不规则的地形，突破一般公园大门的布局手法，采用开敞的环形空花廊分隔园内外空间取得了通透的效果；此外，并把园内宽畅的湖水纳入园门塑造画面，使切水上公园的题意。在此基础上，又把售票、候船、儿童火车站的交通联系等各种不同的功能要求，通过门内外的广场把它们有机的组织起来，达到了空间更加富于变化的目的。在捕捉景源上还将园中三岛制高点眺园亭作为借景的对象，使画面更为生色。(图2-9)。

第二节　选　　址

上节曾述及环境条件在园林建筑组景立意中的地位和作用，园林建筑设计从景观方面说，是创造某种和大自然相谐调并具有某种典型景效的空间塑造。一座公园或一幢观赏性建筑物如选址不当，不但不利于艺术意境的创造，且会因减低观赏价值而削弱景观的效果。以亭为例，历代名园所建造的亭子，如圆亭、方亭、六角形亭、八角形亭、半壁亭、双环亭、单檐亭，重檐亭等，大小不同，形状各异，不可胜数，而真正予人以深刻印象成为名亭的，除了亭子本身造型外，更加重要的在于选址恰当。长沙岳麓山山腰的爱晚亭，处于进入陡峭山区的前哨，是登山的必经之地，亭子建立在一小块较平坦的高地上，从山下仰视高峻清雅，在亭内往外眺望茫茫苍苍，山路、小桥、池塘蜿蜒曲折于茂林中更富幽趣（图2-10）。同样，如避暑山庄内的"南山积雪"、"四面云山"、"锤峰落照"等，虽只是一些造型简单的矩形亭子，由于建造在山巅山脊高处，使亭子的立体轮廓十分突出，登亭远眺，视野极其辽阔，随着时节晨昏的变化，可以细细玩味积雪、云山、落照、锤峰（指避暑山庄园外武烈河对岸的磬锤峰）等优美景色。广州白云山上新建的一座亭子，凭崖而立，也显得格外玲珑挺拔（图4-28）；白云山下的湖心冰室建于山峦环抱的湖泊中，洁白的建筑体形与掩影碧波和青翠欲滴的绿丛形成鲜明的对照，冰室造型简朴，好像飘浮于湖面的一叶轻帆，在微风荡漾中颇具动态，收到因水成景之效（图4-108）。总之，"相地合宜，构园得体"是进行园林建筑空间布局的一项重要准则。

在一些城市公园中，往往由于没有现成的风景可资利用，或虽有山林、水泊等造园条件，但景色平淡，还需要凭借设计人的想象力进行改造，以提高园址的素质。

上章已谈到，传统上造园大体可分自然式园林和规则式园林两种。规则式园林人工气息浓厚，多采用对称平面布局，一般建在平原和坡地上，园中道路、广场、花坛、水池、喷泉、雕像等按几何图案布置，林木排列成行，甚至树形轮廓也按几何图形修整。园林风格多追求豪华和气魄，这种规则式园林的设计手法，今天多用在城市广场、街心花园等地，在城市公园中也有采用。哈尔滨市斯大林公园根据地形环境条件采用规则式的造园手法，沿松花江畔按几何图案布置了广场、花坛、树丛、喷泉和各种雕像，在风格上，与路侧的建筑和壮丽的松花江的景色配合还算得体（图2-11）。规则对称的空间布局，在我国古代自然式园林中某些景区也有使用，但在植物、山石的配置上则完全采用天然形态（图2-12）。

从构图技法上，规则和自然是相对的，采用何种形式决定于功能和造景的要求。从环境和用地上，平原地区较适合规则式的园林布置。自然式造园多强调自然的野致和变化，在布局中几乎是离不开山石、池沼、林木、花卉、鸟兽、虫鱼等来自山林、湖泊的自然景物。因此，考虑自然式园林的选址，最好是山林、湖沼、平原三者均备，避暑山庄、颐和园所选园址都是如此。

山林地势有曲有伸，有高有低，有隐有显，自然空间层次较多，只要因势铺排便可使空间多所变化。傍山的建筑借地势起伏错落组景，并借山林为衬托，所成画面自多天然风采。清乾隆帝在避暑山庄三十六景诗序中所提"盖一丘一壑，向背稍殊，而半窗半轩，领略顿异，故有数楹之室，命名辄占数景者"，正道出在山林地造园的优点。同样，在湖沼地造园，临水建筑有波光倒影衬托，视野相对显得平远辽阔，画面层次亦会使人感到丰富很多，且具动态。

历来我国造园在传统上喜爱山水，即在没有自然山水的地方也多采取挖湖堆山的办法来改造环境，使园内具备山林、湖沼和平原三种不同的地形地貌。北京北海白塔山，苏州拙政园、留园、怡园的水池假山，都是采取这种造园手法以提高园址的造景效果。

园林建筑相地和组景意匠是分不开的，峰、峦、丘、壑、岭、崖、壁、嶂、山型各异；湖、池、溪、涧、瀑布、喷泉，水局繁多；松、竹、梅、兰、植物品种、形态更是千变万化。在造园组景的时候，需要结合环境条件，因地制宜综合考虑建筑、堆山、引水、植物配置等问题，既要注意尽量突出各种自然景物的特色，又要做到"宜亭斯亭"、"宜榭斯榭"，恰到好处。如属人工摹拟天然的山型、水局，则务须做到神似逼真、提炼精僻，而切忌粗制滥造，庸俗虚假。

园林建筑选址，在环境条件上既要注意大的方面，也要注意细微的因素，要珍视一切饶有趣味的自然景物，一树、一石、清泉溪涧，以至古迹传闻，对于造园都十分有用。或以借景、对景等手法把它纳入画面；或专门为之布置富有艺术性的环境供人观赏。如苏州虎丘剑池及其左侧的吴中第三泉，利用峡谷和细小的泉水组景颇饶雅趣(图2-13、2-14)。福建武夷山风景区有一景称"云窝"，景名源于炎夏季节从石穴中常有潮湿的寒气化为薄雾飘浮于洞穴之外，云烟缭绕，设计者在洞穴深处设石桌凳供人憩息纳凉，在左侧山崖石壁交会处复砌筑洞门、梯级，使景区空间分隔明确，游人步入"云窝"顿觉清凉无已(图2-15)。武夷山仙家传说很多，佳丽的景区几乎都和神仙故事相联系，其中一景亭据说是神仙腾云驾雾来此下棋的地方，故名仙弈亭。从设计上看，成功在于选址极妙，若论亭子规模和造型因受地形条件限制，不过是一座体量很小、造型古朴的石亭，亭内空间十分局促只能设一小石桌和二石凳供人对弈，但因亭子建在接笋峰挺拔险峻的悬崖峭壁间，疑无人能够攀沿抵达，每当云雾飘缈，万籁俱寂，身临其境，真似进入神仙世界(图2-16)。

无数实例说明，景不在大，只要有天然情趣，画面动人，能从中获得美的享受，都可成为园林建筑的佳作。

园林建筑选址相地，对其他地理因素如土壤、水质、风向、方位等也要详细了解，这些因素对绿化质量和建筑布局也有影响，如向阳的地段。阳光阴影的作用有助于加强建筑立面的表现力；含碱量过大的土质不利于花木生长；在华北地区冬季西北寒风凛冽，建筑入口、朝向忌取西北等。

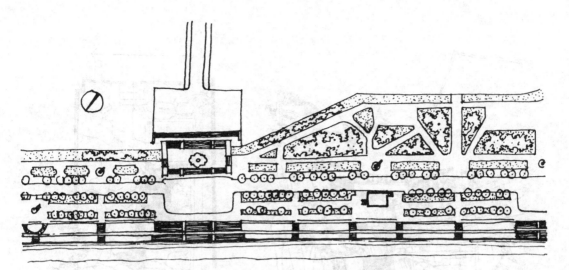

图 2-11 哈尔滨松花江畔斯大林公园

图 2-12 北京北海酣古堂

酣古堂位于北海琼华岛西侧，对称布局。入口为垂花门，两侧用迭落游廊围合院落，堂前、后院中之叠石均取天然形态。

图 2-13 苏州虎丘剑池可中亭

可中亭建于剑池旁半山腰转折处，由此往上通怡石轩，往左通吴中第三泉。

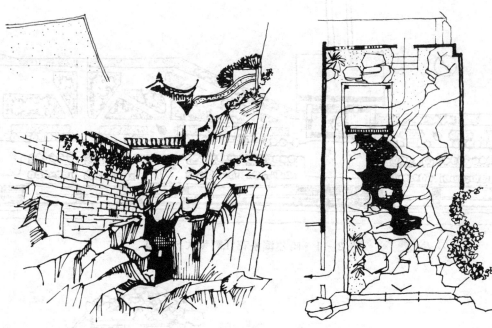

图 2-14 苏州虎丘吴中第三泉

吴中第三泉位于剑池左侧，亭子架设在狭长空间左上角崖石之上，于亭内可俯瞰泉水，下方为月洞门。

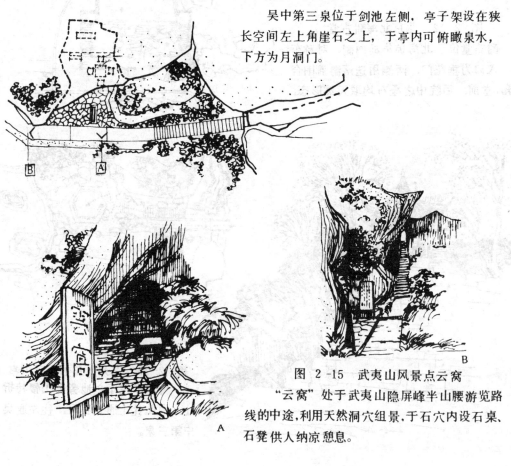

图 2-15 武夷山风景点云窝

"云窝"处于武夷山隐屏峰半山腰游览路线的中途，利用天然洞穴组景，于石穴内设石桌、石凳供人纳凉憩息。

图 2-16　武夷山隐屏峰仙弈亭

仙弈亭建于隐屏峰山崖千仞峭壁之上，设
有盘山石级及铁梯，可从左侧攀沿而上。亭与对
面仙掌峰上的半天亭遥相呼应。

第三节　布　局

布局是园林建筑设计方法和技巧的中心问题。有了好的组景立意和基址环境条件，但如布局零乱，不合章法，则不可能成为佳作。园林建筑的艺术布局内容广泛，从总体规划到局部建筑的处理都会涉及。以下就几个比较重要的布局问题加以论述。

一、空间组合形式

园林建筑空间组合形式常见的有以下几种：

1. 由独立的建筑物和环境结合，形成开放性空间。

这种空间组合形式多使用于某些点景的亭、榭之类，或用于单体式平面布局的建筑物。点景，即用建筑物来点缀风景，使自然风景更加生动别致。这种空间组合的特点是以自然景物来衬托建筑物，建筑物是空间的主体，故对建筑物本身的造型要求较高。建筑物可以是对称的布局，也可以是非对称的布局，视环境条件而定。古代西方的园林建筑空间组合，最常用的是对称开放式的空间布局，即以房屋(宫殿、府邸)为主体，用树丛、花坛、喷泉、雕像、规则的广场、道路等来陪衬烘托建筑物。由于大多采用砖石结构的关系，建筑物空间比较封闭，建筑物的室内空间和室外花园空间互相很少穿插和渗透(图 2-17)。

2. 由建筑组群自由组合的开放性空间

这种空间组合与前一种组合形式相比，视觉上空间的开放性是基本相同的，但一般规模较大，建筑组群与园林空间之间可形成多种分隔和穿插。在古代多见于规模较大，采取

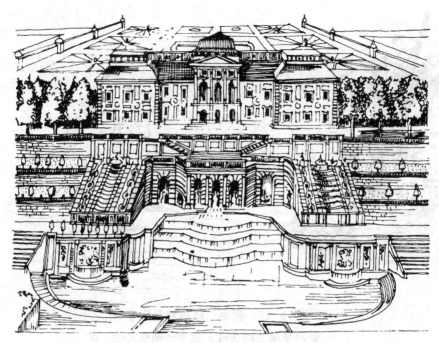

图 2-17 十八世纪俄罗斯皇室园林

分区组景的帝王苑囿和名胜风景区中，如北海的五龙亭（图 2-18）、避暑山庄的水心榭（图2-19）、天宇咸畅（图2-3）、杭州西泠印社（图2-20）、平湖秋月（图2-21）、三潭印月（图2-22）成都望江亭公园（图2-23）等，其布局多采用这种空间组合形式。由建筑组群自由组合的开敞空间，则多采用分散式布局，并用桥、廊、道路、铺面等使建筑物相互连接，但不围成封闭性的院落，空间围合可就地形高下、随势转折。此外，建筑物之间有一定的轴线关系，使能彼此顾盼，互为衬托，有主有从。至于总体上是否按对称或非对称布局，则须视功能和环境条件而定。

3. 由建筑物围合而成的庭院空间

这是我国古代园林建筑普遍使用的一种空间组合形式。庭院可大可小，围合庭院的建筑物数量、面积、层数均可伸缩，在布局上可以是单一庭院，也可以由几个大小不等的庭院相互衬托、穿插、渗透形成统一的空间。这种空间组合，有众多的房间可以用来满足多种功能的需要。从景观方面说，庭院空间在视觉上具有内聚的倾向，一般情况不是为了突出某个建筑物，而是借助建筑物和山水花木的配合来突出整个庭院空间的艺术意境。有时庭院中的自然景物如山石、池沼、树丛、花卉等反而成为空间的主体和吸引人们的兴趣中心。通过观鱼、赏花、玩石等来激发游人的情趣。由建筑物围合而成的庭院，在传统设计中大多由厅、堂、轩、馆、亭、榭、楼阁等单体建筑，用廊子、院墙联接围合而成。庭院内，或为池沼，或为假山，或为草坪、花卉树丛，或数者兼而有之配合成景。

由建筑物围合的庭院空间，一方面要使单体建筑配置得体，主从分明，重点突出；在体形、体量、方向上要有区别和变化；在位置上要彼此能呼应顾盼，距离避免均等；另一方面则要善于运用空间的联系手段，如廊、桥、汀步、院墙、道路、铺面等。从抽象构图上说，厅、堂、亭、榭等建筑空间可视作点，而廊、桥、汀步、院墙、道路等联系空间可视作线，点线结合为面为体，处理好点线关系，使构图既富于变化而又和谐统一至关紧要（图2-24）。此外，还应注意推敲庭院空间在整体上的尺度。

4.天井式的空间组合

天井也是一种庭院空间，但它与前所述用建筑物围合的庭院空间不同。一则空间体量较小，只宜采取小品性的绿化景栽；二则在建筑整体空间布局中多用以改善局部环境作为点缀或装饰使用；用人工照明或玻璃天窗采光的室内景园也是带有这种性质的。

内聚性更加强烈的小天井庭院空间中的景物，利用明亮的小天井与四周相对晦暗的空间所形成的光影对比，往往会获得意想不到的小空间奇妙景效。在苏州传统庭园中有许多这类精彩实例，如留园中的华步小筑和古木交柯即属之。解放后在新建的一些公共建筑中，也多采用小天井的处理手法，成功的例子如广州中山纪念堂贵宾休息室、西苑茶社、友谊剧院贵宾休息室、白云宾馆楼庭小天井和白云山庄客房中的三叠泉室内景园等（图4-165，2-44，3-62）。

5.混合式的空间组合

由于功能或组景的需要，有时可把以上几种空间组合的形式结合使用，故称混合式的空间组合。古代和现代都有这样的例子，如清代颐和园云松巢依山势高低而起伏，建筑主体为西侧庭院，庭院东侧用廊子把亭子和另一单体建筑连接成统一的建筑群（图2-25）；承德避暑山庄烟雨楼建筑群建在青莲岛上，主轴线上为一长方形庭院，东翼配置八角亭、四角亭和三开间东西向的硬山式小室各一座，三个单体建筑物彼此靠近形成一体；西翼紧接主庭院为一小院，并于岛南端叠山，山顶建六角形翼亭一座使建筑群整体构图更为平衡完美（图2-26），又如园林化的白云山庄旅舍客房部分采用庭院空间布局，而在餐厅部分则改用自由开敞的空间形式，二者利用曲廊联成整体（图3-34）。

6.总体布局统一构图分区组景

以上五种空间组合，一般属园林建筑规模较小的布局形式，对于规模较大的园林，则需从总体上根据功能、地形条件，把统一的空间划分成若干各具特色的景区或景点来处理，在构图布局上又使它们能互相因借，巧妙联系，有主从和重点，有节奏和韵律，以取得和谐统一。古典皇家园林如圆明园（图2-27），避暑山庄（图2-3），北海和颐和园；私家古典庭园如苏州拙政园留园（图2-28），以及解放后新建的广州兰圃公园等（图2-29），都是采用统一构图，分区组景布局的优秀例子。

二、对比、渗透与层次

园林建筑布局为了达到多样统一和在有限空间中取得小中见大的艺术效果，十分重视对比、渗透与层次的构图手法。

（一）对比 对比是达到多样统一取得生动谐调效果的重要手段。缺乏对比的空间组合，即使有所变化，仍然容易流于平淡。园林建筑中的对比是把两种具有显著差别的因素通过互相衬托突出各自的特点，同时要强调主从和重点的关系。"万绿丛中一点红，动人春色无须多"的诗句恰好说明了对比的意义。绿和红在色彩上是对比关系，万和一在数量上也是对比关系，一点红是重点，绿和红不是一半对一半生硬呆板的关系，目的是通过突出一点红的对比谐调效果而取得动人春色。园林建筑空间运用对比除色彩与质感于另节论述外，主要包括体量、形状、虚实、明暗、和建筑与自然景物等几个方面。

1.体量对比

园林建筑空间体量对比，包括各个单体建筑之间的体量大小对比关系、和由建筑物围合的庭院空间之间的体量大小对比关系。通常是用小的体量来衬托，突出大的体量，使空间富于变化，有主有从，重点突出。颐和园中的佛香阁、北海的白塔，成为全园构图的主体和重心，除了位置使然外，主要是靠他们的巨大体量与四周小体量建筑物的对比关系取得的（图2-1，2-2，2-30）。在总体规划上，许多传统名园如苏州的留园、沧浪亭、网师园等，它们都有一个相对大得多的院落空间与园中其他小院落空间形成强烈对比，从而突出主体空间（图2-31）。

巧妙地利用空间体量大小的对比作用还可以取得小中见大的艺术效果。方法是采用"欲扬先抑"的原则。小中见大的大是相对的大，人们通过小空间再转入大空间，由于瞬时的大小强烈对比，会使这个本来不太大的空间显得特别开阔。如广州矿泉客舍庭园空间的处理，在进入大的庭院空间之前设置了一段低矮的通廊，放在狭长的小院中央，把空间加以压缩，当进入到第一道院门时，使人有强烈的局促和压抑感，随之往左，从月洞门透过来的主庭的明亮光线，预示了主庭的景色，穿过月洞门，空间顿时豁然开朗，步入了另一境界，跃入眼帘的庭院空间显得十分广阔（图2-32）。苏州古典园林如留园，网师园等利用空间大小强烈对比而获得小中见大艺术效果的范例是很多的（图2-33）。

2.形状对比

园林建筑空间形状对比，一是单体建筑之间的形状对比，二是建筑围合的庭院空间的形状对比。形状对比主要表现在平、立面形式上的区别。方和圆、高直与低平，规整与自由,在设计时都可以利用这些空间形状上互相对立的因素来取得构图上的变化和突出重点。从视觉心理上说，规矩方正的单体建筑和庭园空间易于形成庄严的气氛；而比较自由的形式，如按三角形，六边形、圆形、和自由弧线组合的平、立面形式,则易形成活泼的气氛。同样，对称布局的空间容易予人以庄严的印象；而非对称布局的空间则多为一种活泼的感受。庄严或活泼，主要取决于功能和艺术意境的需要。私家传统庭园，主人日常生活的庭院多取规矩方正的形式；憩息玩赏的庭院则多取自由形式。从前者转入后者时，由于空间形状对比的变化，艺术气氛突变而倍增情趣（图2-34）。形状对比需要有明确的主从关系，一般情况主要靠体量大小的不同来解决。如北海白塔和紧贴前面的重檐琉璃佛殿，体量上的大与小、形状上的圆与方、色彩上的洁白与重彩、线条上的细腻与粗犷,对比都很强烈，艺术效果极佳。在运用对比中一个最起作用的因素是两者在体量上应存在较大的差别，显然，若两者体量对等则将失去主从关系而削弱其艺术效果（图2-30，2-35）。

3.明暗虚实对比

利用明暗对比关系以求空间的变化和突出重点，也是塑造园林景象的一种常用手法。在日光作用下，室外空间与室内空间（包括洞穴空间）存在着明暗现象，室内空间愈封闭，明暗对比愈显强烈，即在室内空间中，由于光的照度不匀，也可以形成一部分空间和另一部分空间之间的明暗对比关系。在利用明暗对比关系上，园林建筑多以暗托明，明的空间往往为艺术表现的重点或兴趣中心。前面所列举的小天井空间和矿泉客舍庭院空间的处理均属此例。传统园林常常利用天然或人工洞穴所造成的暗空间作为联系建筑物的通道，并以之衬托洞外的明亮空间，通过这一明一暗的强烈对比，在视觉上可以产生一种奇妙的艺术情趣（图2-36）。

建筑空间的明暗关系，有时候又同时表现为虚与实的关系。如墙面和洞口、门窗的虚实关系，在光线作用下，从室内往外看，墙面是暗，洞口、门窗是明；从室外往里看，则墙面是明，洞口、门窗是暗。园林建筑中非常重视门窗洞口的处理，着重借用明暗虚实的对比关系来突出艺术意境(图2-37)。

园林建筑中池水与山石、建筑物之间也存在着明与暗、虚与实的关系。在光线作用下，水面有时与山石、建筑物比较，前者为明，后者为暗，但有时又恰好相反。在设计中可以利用它们之间的明暗对比关系和形成的倒影、动态效果创造各种艺术意境(图2-38)。

室内空间，如果大部分墙面、地面、顶棚均为实面处理（即采用各种不透明材料做成的面），而在小部分地方采用虚面处理，（即采用空洞或玻璃等透明材料做成的面），通过此种虚实的对比作用，视觉重点将集中在虚面处理部位；反之亦然。但若虚实各半则会因视觉注意力分散失去重点而削弱对比的效果。

空间的虚实关系，也可以扩大理解为空间的围放关系，围即实，放即虚，围放取决于功能和艺术意境的需要。若想取得空间构图上的重点效果，形成某种兴趣中心，处理空间围放对比时要尽量做到围得紧凑，放得透畅，并需在被强调突出的空间中，精心布置景点，使景物能扣人心弦。例如苏州留园，入门后先经过几个比较封闭曲折、光线微弱的小天井空间，空间围得比较紧凑，最后达到明亮开敞的，以秀丽的池水假山为构图兴趣中心的室外庭院时，空间放得十分透畅，景效颇为突出(图2-33)。

在自然风景区，也常常利用天然条件（山石、树丛等）围阻空间，造成"山穷水尽疑无路"的局面，然后通过出其不意的"峰回路转"瞬间变化，使空间豁然开放而进入"柳暗花明又一村"的新天地。这种由围放所产生突然出现的强烈空间对比及其所形成的奇妙景色是十分动人的。

4.建筑与自然景物对比

在园林建筑设计中，严整规则的建筑物与形态万千的自然景物之间包含着形、色、质感种种对比因素，可以通过对比突出构图重点获得景效。建筑与自然景物的对比，也要有主有从，或以自然景物烘托突出建筑物，或以建筑物烘托突出自然景物，使两者结合成谐调的整体。风景区的亭榭空间环境，建筑是主体，四周自然景物是陪衬，亭、榭起点景作用(如图2-7、2-8、2-10、4-28)；云南石林望峰亭建在密集如林的奇峰怪石之巅，通过形、色上的强烈对比，画面十分优美和谐(图2-39)。有些用建筑物围合的庭院空间环境，池沼、山石、树丛、花木等自然景物是赏景的兴趣中心，建筑物反而成了烘托自然景物的屏壁(见图3-12)。

对比是园林建筑布局中提高艺术效果的一项重要方法。以上列举的几种空间对比不是彼此孤立的，往往需要综合考虑，既是大小体量的对比，又是形状的对比；既是体量、形状的对比，又是明暗虚实的对比；既是体量、形状虚实的对比，又是建筑与自然景物的对比等。在对比运用中要注意比例关系，不论在形状、明暗、虚实、色彩、质感各方面一定要主从分明配置得当，还要防止滥用以免破坏园林空间的完整性和统一性。此外，为了加强对比效果，注意突然性是很重要的，突然发生的强烈对比更有助于增加艺术效果的深刻程度。

(二) 渗透与层次

园林建筑设计，为了避免单调并获得空间的变化，除采用对比手法外，另一重要方法就是组织空间的渗透与层次。人们观赏景色，如果空间毫无分隔和层次，则无论空间有多大，都会因为一览无余而失之单调；相反，置身于层次丰富的较小空间中，如果布局得体能获得众多美好的画面，则会使人在目不暇接的视觉感受过程中忘却空间的大小限制。因此，处理好空间渗透与层次，可以突破有限空间的局限性取得大中见小或小中见大的变化效果，从而得以增强艺术的感染力。如我国古代有许多名园，占地面积和总的空间体量并不大，但因能巧妙使用渗透与层次的处理手法，造成比实有空间要广大得多的错觉，予人的印象是深刻的。处理空间的渗透与层次，具体方法概括起来有以下两种：

1. 相邻空间的渗透与层次

这种方法主要是利用门、窗、洞口、空廊等作为相邻空间的联系媒介，使空间彼此渗透，增添空间层次。在渗透运用上主要有下列手法：对景、流动框景、利用空廊互相渗透和利用曲折、错落变化增添空间层次。

对景　指在特定的视点，通过门、窗、洞口，从一空间眺望另一空间的特定景色。对景能否起到引人入胜的诱导作用与对景景物的选择和处理有密切关系，所组成的景色画面构图必须完整优美。视点、门窗、洞口和景物之间为一固定的直线联系，形成的画面基本上是固定的，可以利用门窗洞口的形状和式样来加强画面的装饰性效果。门、窗、洞口的式样繁多，采用何种式样和大小尺寸应服从艺术意境的需要，切忌公式化随便套用。此外，不仅要注意"景框"的造型轮廓，还要注意尺度的大小，推敲它们与景色对象之间的距离和方位，使之在主要视点位置上能获得最理想的画面（图2-40、2-41、2-42）。

流动景框　指人们在流动中通过连续变化的"景框"观景，从而获得多种变化着的画面，取得扩大空间的艺术效果。李笠翁在《一家言》居室器玩部中曾道及坐在船舱内透过一固定花窗观赏流动着的景色得以获取多种画面。在陆地上由于建筑物不能流动，要达到这种观赏目的，只能在人流活动的路线上，通过设置一系列不同形状的门、窗、洞口去摄取"景框"外的各种不同画面。这种处理手法与《一家言》流动观景深得异曲同工之妙（图2-43）。

利用空廊互相渗透　廊子不仅在功能上能够起交通联系的作用，也可作为分隔建筑空间的重要手段。用空廊分隔空间可以使两个相邻空间通过互相渗透把对方空间的景色吸收进来以丰富画面，增添空间层次和取得交错变化的效果。如广州白云宾馆底层庭院面积不大，但在水池中部增添了一段紧贴水面的桥廊，把它分隔为两个不同组景特色的水庭，通过空廊的互相借景，增添了空间的层次，取得了似分似合、若即若离的艺术情趣（图2-44）。用廊子分隔空间形成渗透效果，要注意推敲视点的位置、透视的角度，以及廊子的尺度及其造型的处理。

利用曲折、错落变化增添空间层次　在园林建筑空间组合中常常采用高低起伏的曲廊、折墙、曲桥、弯曲的池岸等手法来化大为小分隔空间，增添空间渗透与层次。同样，在整体空间布局上也常把各种建筑物和园林环境加以曲折错落布置，以求获得丰富的空间层次和变化。特别是一些由各种厅、堂、亭、榭、楼、馆单体建筑围合的庭院空间处理上，如果缺少曲折错落则无论空间多大，都势必造成单调乏味的弊病。错落处理可分远近、高低、前后、左右四类，但又可互相结合，视组景的需要而定。在处理曲折、错落变化时不可为曲折而曲折，为错落而错落，必须以在功能上合理、在视觉景观上能获得优美画面和高雅情趣为前提。为此，设计时需要认真仔细推敲曲折的方位角度和错落的距离、高度尺寸。在我国古典园林建筑中巧妙利用曲折错落的变化以增添空间层次取得良好艺术效果的例子有：苏州网师园的主庭院、拙政园中的小沧浪和倒影楼水院；杭州三潭印月、小瀛州；北方皇家园林中的避暑山庄万壑松风、天宇咸畅；北海白塔南山建筑群，静心斋，濠濮涧；颐和园佛香阁建筑群、画中游，谐趣园等（图2-45，2-46）。

　　2.室内外空间的渗透与层次

　　建筑空间室内室外的划分是由传统的房屋概念形成的。所谓室内空间一般指具有顶、墙、地面围护的房室内部空间而言，在它之外的称做室外空间。通常的建筑，空间的利用重在室内，但园林建筑，室内外空间都很重要，在创造统一和谐的环境角度上，它的含义也不尽相同，甚至没有区分它们的必要。按照一般概念，在以建筑物围合的庭院空间布局中，中心的露天庭院与四周的厅廊亭榭，前者一般视作室外空间，后者视作室内空间；但从更大的范围看，也可以把这些厅廊亭榭视如围合单一空间的门窗墙面一样的手段，用它们来围合庭院空间，亦即是形成一个更大规模的半封闭（没有顶）的"室内"空间。而"室外"空间相应是庭院以外的空间了。同理，还可以把由建筑组群围合的整个园内空间视为"室内"空间，而把园外空间视为"室外"空间。扩大室内外空间的涵义，目的在于说明所有的建筑空间都是采用一定手段围合起来的有限空间，室内室外是相对而言的，处理空间渗透的时候，可以把"室外"空间引入"室内"，或者把"室内"空间扩大到"室外"。室内和室外空间也是相邻空间，前面述及的对景、框景等手法同样适用，但本节强调的是更大范围内的空间组合，侧重论述整体空间效果的处理。

　　采用门窗洞口等"景框"手段，把邻近空间的景色引入室内，所借的景是间接的，在处理整体空间时，还可采取把室外景物直接引入室内，或把室内景物延伸到室外的办法来取得变化，使园林与建筑更能交相穿插融合成为有机的整体。清代园林北海濠濮涧的空间处理是一个优良的范例，其建筑本身的平面布局并不奇特，但通过建筑物房、廊、桥、榭曲折的错落变化，和于室外空间精心安排的叠石堆山，引水筑池，绿化栽植等，使建筑和园林互相延伸、渗透、构成有机的整体，从而形成空间变化莫测，层次丰富、和谐完整，艺术格调很高的一组建筑空间（图2-47）。桂林芦笛岩接待室（图2-48）、广州矿泉客舍（图2-49）和东方宾馆新楼（图2-50）底层的庭园空间，设计者利用钢筋混凝土框架结构的柱子把大楼架空形成支柱层，将水石植物等室外园林景物直接引入室内，另外把建筑局部如楼梯、廊子、平台等采用夸张手法突入室外的园林空间。是现代园林建筑采用上述手法取得一定景效的例子。

　　室内景园，也是一种模拟室外空间移入室内的做法。由于它处在封闭的室内空间中，因此要注意采光、绿化等各个方面的处理，以适合植物的生态要求和观赏环境的特点（图2-51）。

　　按照上面的推论，园内、园外，也可认做"室内"、"室外"。园外景物可以是山峦、河流、湖泊，大的建筑组群，乃至村落市镇。把园外景物引入园内，不可能像处理小范围的室内外空间那样，把围合建筑空间的院墙、廊子等手段加以延伸和穿插，唯一的方法是借景，即把园内围合空间的建筑物、山石树丛等手段，作为画面中的近景处理，而把园外景物作为远景处理，以组成统一的画面。通过借景所形成的画面，设计时要注意推敲近景的轮廓线和对远景的剪裁，才能获致丰富优美的画面（图2-52，2-53A）。

　　三、空间序列

　　园林建筑创作，需从总体上推敲空间环境的程序组织，使之在功能和艺术上均能获得良好的效果。特别是在艺术上要做到统一中求变化，变化中有统一。艺术格调高雅而又富于创造性的设计，于总体布局中要重视空间程序的组织。否则，上面所说的对比、渗透、和层次等艺术处理也就会无所凭藉。

作为艺术创作要求，建筑空间程序组织与其他文学艺术构思中考虑主题思想和各种情节的安排有相似之处。主题思想是决定采取何种布局的前提和根据，各种情节的安排是保证和促使主题思想得以完满体现的方法和手段。从艺术表现形式上分析，文学、戏剧、音乐等比较复杂的作品，往往在组织上通过安排序幕、主要情节、次要情节、重点、高潮、和尾声等各种环节来突出主题。当然文学艺术的表现形式也不一定受这种成规的限制，在情节组织上并不都要求有明显的高潮，如一首抒情诗，一幅风景画，它主要靠各种动人情节和形象之间的有机而和谐的联系来获得美感。

颐和园万寿山南坡中轴线上的建筑群的空间组合程序，从云辉玉宇开始，穿过排云门、排云殿、德辉殿，几经转折登高到达佛香阁的大平台，继续攀登，过众香界最后才抵智慧海。为了烘托出佛香阁，还在山腰西侧布置了五方阁、撷秀亭；东侧布置了敷华亭、转轮藏等建筑物。这里我们可以把云辉玉宇处的空间视为序幕，佛香阁处的空间视为最高潮，智慧海处的空间视为尾声，而把排云门，排云殿、德辉殿和山两侧的其他空间视为烘托主题的各种情节安排。这一组气势雄伟规模壮观的建筑群，在空间组合上，沿万寿山南坡高低起伏的地形采用了强烈的中轴线的对称布局形式；在空间体量、形状、虚实、色彩、尺度的对比处理上十分明显，重点极为突出；在空间层次上，则采用纵横、高低、收放交错的手法，使画面变化多端，空间具有强烈的节奏和韵律感。继而登高纵目四望，西借玉泉山宝塔，南借湖心岛、长堤，视野广阔，秀色尽入眼帘，显示出君王至高无上的权威和祝寿祈祷时的豪华气势。通过这样的处理，使建筑群得以成为全园主题思想的高潮，并表达得淋漓尽致（图2-1）。

北海公园的白塔山东北侧有一组建筑群，空间序列的组织先由山脚攀登至琼岛春阴，次抵圆形见春亭，穿洞穴上楼为敞厅、六角小亭与院墙围合的院落空间，再穿敞厅旁曲折洞穴至看画廊，可眺望北海西北偶的五龙亭，小西天，天王庙、和远处钟鼓楼的秀丽景色，沿弧形陡峭的爬山廊再往上攀登，达交翠庭，空间序列至此结束。这也是一组沿山地高低布置的建筑群体空间，在艺术处理手法上，同样随地势高低采用了形状、方向、隐显、明暗、收放等多种对比处理手法来获致丰富的空间和画面。主题思想是赏景寻幽，功能却是登山的交通道，因此无须有特别集中的艺术高潮，主要是靠别具匠心的各种空间安排和它们之间有机和谐的联系而获得美的感受（图2-53）。

有些风景区，为赏景和短暂歇息而设置亭榭，它们的空间序列很简单，主题思想是点景，兴趣中心多集中在建筑物上，四周配以山石、溪泉、板桥、树丛、草坪、石级之类，但也需要推敲道路、广场的走向和形状，研究人流活动的规律，以便取得较多的优美画面。这种以开门见山的手法突出主题的空间序列，与静物写生画的艺术构思和画面布局是十分相似的（图2-54）。

以上举例说明建筑空间序列与其他文学艺术构思在布局上确有某些相似之处，但建筑空间序列毕竟还有其自身的特点。

（一）建筑空间是供人们自由活动的所在，具有三度空间，人们对建筑空间艺术意境的认识，往往需要通过一段时间从室内到室外、或从室外到室内作全面的体验才能取得某种感受，因此，建筑空间序列也可以说是时间与空间相结合的产物。再者，在其他艺术中，画面层次、情节安排、观赏程序、基本上是固定不变的，没有逆程序的现象，但在建筑空间中，却可以从各个不同的位置、角度自由观景，这就带来了如何使设计中的空间序列意图与实际效果相一致的问题。我们不能强制人们必须按照设计者的布局程序进行观赏，但却可以在设计时仔细分析人流活动的规律，来决定空间围合的方式和观赏路线，并在一定的人流路线上，预先安排好获取最佳画面的理想位置和角度以贯彻布局的意图。如桂林芦笛岩风景区的规划，总体上把大自然景色和建筑布点串连成一环形观赏路线，巧妙地点出了桂林山水的山清水秀、洞奇石美的自然风貌。空间序列先从市内出发，沿江先睹桃花江两岸山水及农村景色，在通往停车场的一段路上，可望见芦笛岩光明山、芳莲岭全景，从上山入口起又把景色进一步展开，先是登山道上山林野趣，继而钟乳石洞奇观，再往后是跨谷凌空（天桥）、田园风趣（从接待室向东南看）、水际观鱼（水榭、水上莲叶步行道）、水上风光（望芳莲池一带，南是村庄景色，从曲桥看西北是湖光山色），最后沿堤返回停车场（图2-55）。芦笛岩风景建筑空间序列，起到了控制空间、组织观赏画面并对风景进行剪裁的作用。在这个相当长的空间序列中，为了使各景区既有联系又有分隔，各个建筑物之间的距离约在五六十米至一百多米之间，各点之间的高差不大（几米至十几米不等），单体建筑物结合地形或依山、或傍水、或架空，建筑形态各不相同，互为对景。芦笛岩风景区的建筑不多，而画面却予人以丰富多采美不胜收的感觉。又如桂林盆景园的设计，采用尽量增加空间转折和层次的手法以延长展览的路线，并起到把展览盆景和观赏建筑融为一体的作用。人们无论是按照展出路线观景，还是自由往来观景，由于设计者预先推敲过各个必经之地的最佳画面的理想位置和角度，所以各个景点都能收到预期的效果（图2-56）。在组织观赏路线时，一条重要的原则是尽量避免游人在观赏景色过程中走回头路的现象，此路来此路面，重复观赏同一景色会使游人败兴；此路来彼道去，景色逐一展开，层出不穷，自然会游兴倍增。因此，组织观赏路线一般均按环状布局，规模较大的可同时可以有几条观赏路线用以分散人流，并形成环套环或环中有环的格局。按环状布置的观赏路线也要适当开辟支道通向别的景点以分散人流，务使园林空间富于变化避免单调（图2-57），天津水上公园总体平面布局的一大缺陷就是在开辟公园时忽视了上述组织人流路线的原则，无论是从东门、北门入园，通往全园制高点眺园亭只有一条通道，造成了人们游园走回头路的现象（图2-58）。

（二）建筑空间的处理除考虑观赏价值外，同时还要兼顾各种性质不同的功能要求。园林建筑空间序列，需要把艺术意境和功能巧妙地融为一体才能真正取得良好的效果。重庆北温泉石刻园的空间序列处理是，把三组罗汉石刻沿西北侧山坡高地石壁自由布置，南端小池一曲桥穿过伏卧断开的巨石形成序幕，迎面石壁刻石刻园三字作点题，高潮设于高阜平台，殿堂内立碑刻，人们在园中游览，画面逐一展开，颇收步移景异，风趣别饶的景致。石刻园把陈列罗汉浮雕石刻的功能和观赏景色融为一体，形成了一座园林化的露天"博物馆"（图2-59）。福建武夷山风景区主要景点"仙游"，从建筑空间序列和景观上看，以现在仙掌峰山顶原仙游观旧址所盖的一座大体量的建筑物作为登山赏景空间序列高潮的结束是完全必要的，建筑的造型精美，仿古而有新意，与环境配合谐调，景观效果颇佳。但是，在建筑功能与建筑形式之间略觉勉强，在一定程度上削弱了它应有的艺术感染力，因为这幢供游客使用的茶楼旅舍，其功能要求，似乎无须仿古道观庄严巍峨的建筑形式（图2-60）。如能恢复原来道观设置的内容，对游客的感染力，将有显著的差别。总之，功能合

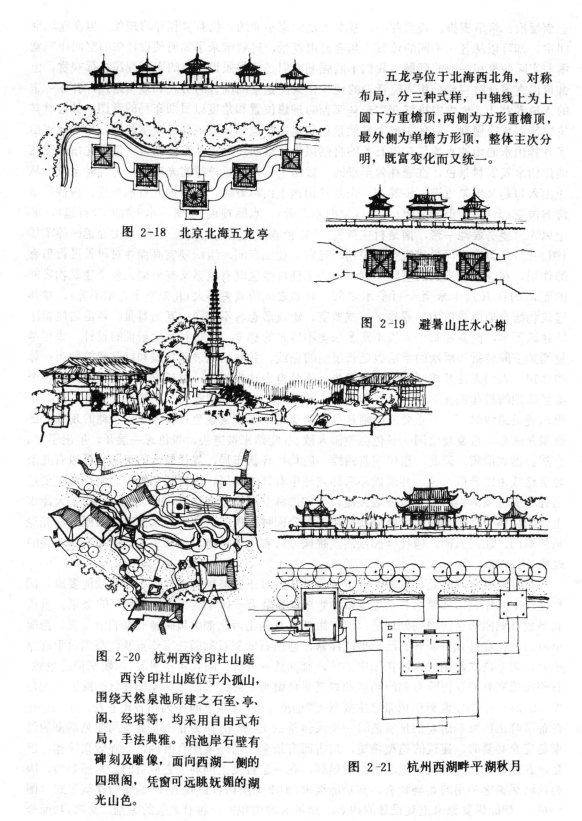

五龙亭位于北海西北角，对称布局，分三种式样，中轴线上为上圆下方重檐顶，两侧为方形重檐顶，最外侧为单檐方形顶，整体主次分明，既富变化而又统一。

图 2-18 北京北海五龙亭

图 2-19 避暑山庄水心榭

图 2-20 杭州西泠印社山庭

西泠印社山庭位于小孤山，围绕天然泉池所建之石室、亭、阁、经塔等，均采用自由式布局，手法典雅。沿池岸石壁有碑刻及雕像，面向西湖一侧的四照阁，凭窗可远眺妩媚的湖光山色。

图 2-21 杭州西湖畔平湖秋月

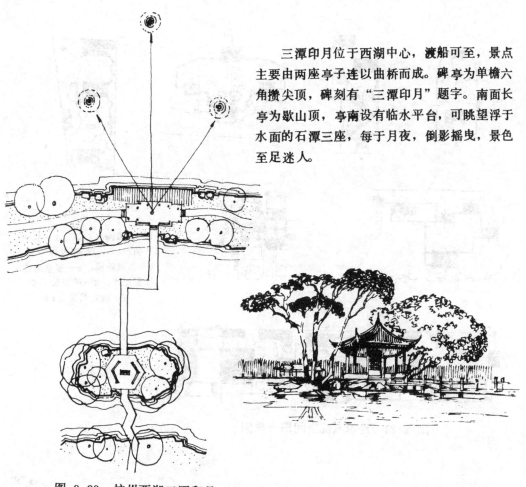

三潭印月位于西湖中心，渡船可至，景点主要由两座亭子连以曲桥而成。碑亭为单檐六角攒尖顶，碑刻有"三潭印月"题字。南面长亭为歇山顶，亭南设有临水平台，可眺望浮于水面的石潭三座，每于月夜，倒影摇曳，景色至足迷人。

图 2-22 杭州西湖三潭印月

1—崇丽阁，2—濯锦楼；3—吟诗楼；4—浣笺亭；5—薛涛井；6—清婉室；7—众香榭

望江亭公园位于锦江之滨，建筑布局自由灵活，所围合的空间富于情趣，其中崇丽阁以其多层的体量在构图上成为建筑群的主体。

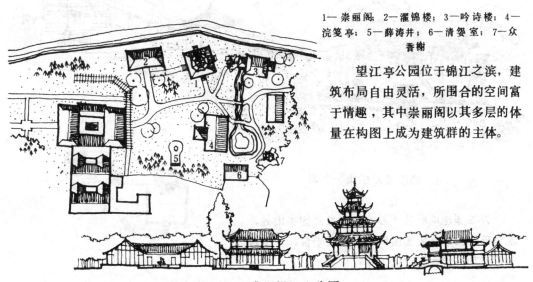

图 2-23 成都望江亭公园

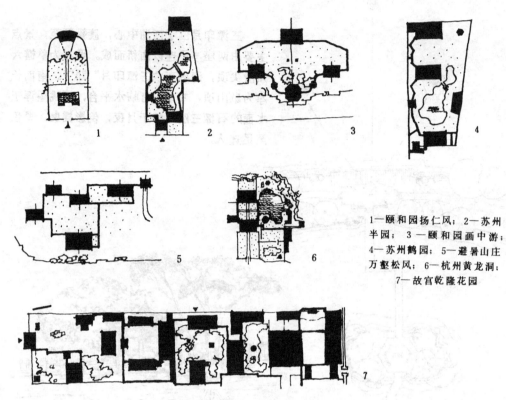

1—颐和园扬仁风；2—苏州
半园； 3—颐和园画中游；
4—苏州鹤园；5—避暑山庄
万壑松风；6—杭州黄龙洞；
7—故宫乾隆花园

图 2-24 建筑庭院空间围合举例

图 2-25 颐和园云松巢平立面

　　云松巢建筑群位于万寿山南坡西侧半山处，
院落部分由迭落游廊围成上下两层平台，使主体
建筑更加突出而富山庄情趣。

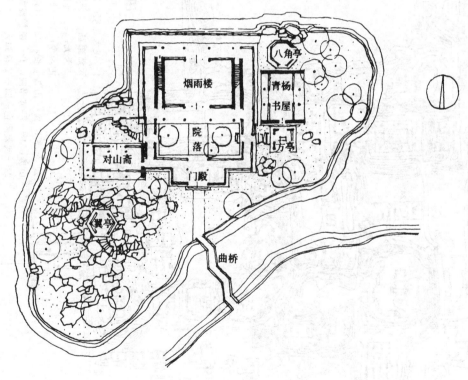

图 2-26　避暑山庄烟雨楼

　　烟雨楼是避暑山庄湖区主要风景点之一，仿嘉兴南湖烟雨楼的平面布局，
于对称中见不对称，于严整中寓有活泼的气氛。

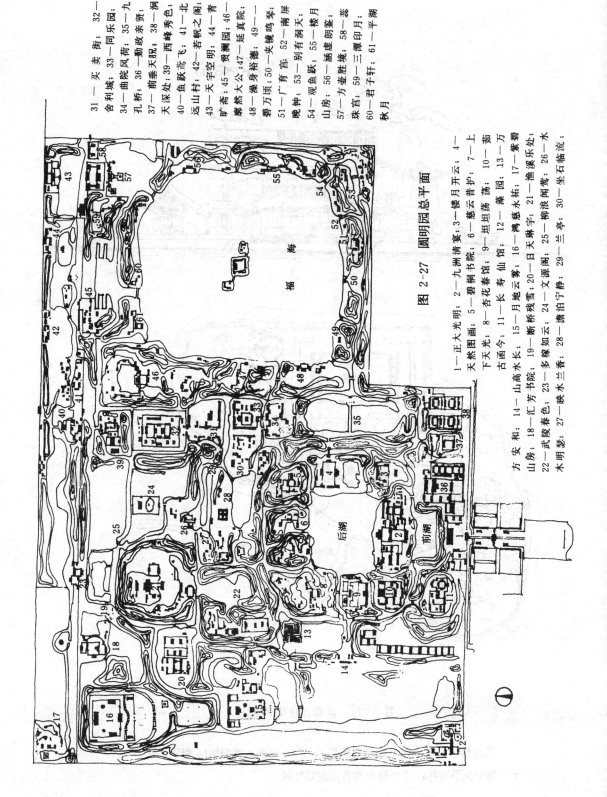

图 2-27　圆明园总平面

31—买卖街；32—舍利城；33—同乐园；34—曲院风荷；35—九孔桥；36—勤政亲贤；37—前垂天貌；38—洞天深处；39—西峰秀色；40—鱼跃鸢飞；41—北远山村；42—若帆之阁；43—天宇空明；44—青旷斋；45—贯澜园；46—廓然大公；47—延真院；48—濮身裕囿；49—青爆万顷；50—夹镜鸣琴；51—广育宫；52—南屏晚钟；53—别有洞天；54—观鱼跃；55—楼月山房；56—涵虚朗鉴；57—方壶胜境；58—慈珠宫；59—三潭印月；60—君子轩；61—平湖秋月

1—正大光明；2—九洲清宴；3—镂月开云；4—天然图画；5—碧桐书院；6—慈云普护；7—上下天光；8—杏花春馆；9—坦坦荡荡；10—茹古涵今；11—长春仙馆；12—万方安和；13—方壶胜境；14—山高水长；15—月地云居；16—鸿慈永祜；17—紫碧山房；18—汇芳书院；19—断桥残雪；20—日天琳宇；21—渔溪乐处；22—武陵春色；23—多稼如云；24—文源阁；25—柳浪闻莺；26—水木明瑟；27—映水兰香；28—溏泊宁静；29—兰亭；30—坐石临流；

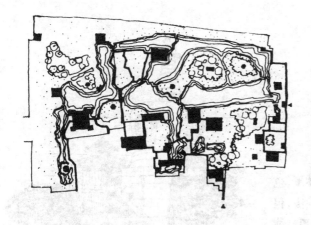

图 2-28a 苏州拙政园总平面

拙政园布局较疏朗，以池水、假山穿插形成强烈的纵深空间感受，幽深是各景区的艺术特色。在分区组景中强调整体效果，散而不乱，疏密得宜。各区布局，互为因借，灵活多变，绝不雷同。

图 2-28b 苏州留园总平面

留园布局疏密，对比强烈，右侧建筑物密集，庭院空间组合多变，左侧山水庭景物宜人，空间比例尺度精美得体。

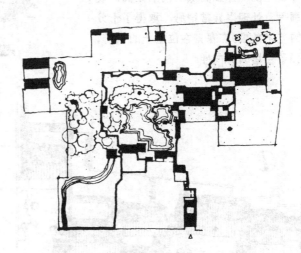

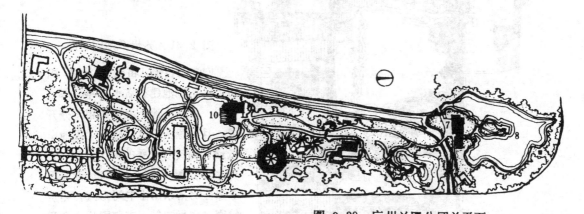

图 2-29 广州兰圃公园总平面

1—亭；2—园洞门；3—兰棚；4—兰亭；5—石景；6—水石景；7—茅舍接待室；8—春光亭；9—英石假山；10—水榭茶厅；11—茶厅

兰圃公园在狭长的地段仍按环行安排游览路线，并以茂密植物遮挡视线，避免了走回头路的弊病，同时亦可收到扩大空间的效果。

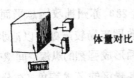

体量对比

图 2-30　北海琼华岛白塔

　　白塔与其前的广寒殿在体量、体形、色彩、质感上都采用极其强烈的对比手法,但由于造型比例、位置高低、前后距离、线条轮廓等,处理得异常精妙,取得了十分动人的艺术效果。广寒殿在位置上的安排,也增强了白塔的方向性。

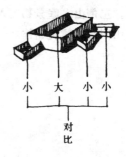

小　大　小　小

对比

图 2-31　苏州网师园平面

　　网师园占地八亩余,水池 面 积约半亩,绕池建有临水之亭、廊、水阁、石桥;池不大但显得十分开阔,且有源头不尽的感觉。因池岸低矮,由黄石堆叠的假山洞穴,高低藏露亦配合得宜。网师园东侧厅堂部分院落采用小空间形式,建筑较密,由厅堂转入主庭园后,空间在明暗、大小、收放、严整与自由各个方面,采用较强的对比方法,增加了艺术的趣味感。

54

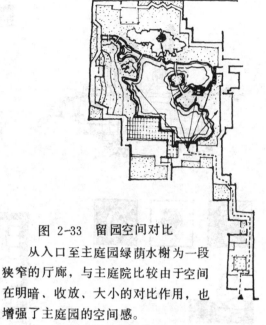

图 2-33　留园空间对比

从入口至主庭园绿荫水榭为一段狭窄的厅廊，与主庭院比较由于空间在明暗、收放、大小的对比作用，也增强了主庭园的空间感。

体形对比

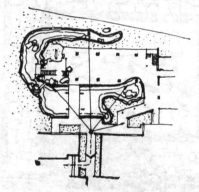

图 2-32　广州矿泉客舍庭园

矿泉客舍底层庭园用钢筋混凝土柱子把客房架空，建筑和水石、植物互相穿插渗透融为一通透明亮、优美动人的空间环境。入口处理借助明暗、收放的强烈对比取得了小中见大的艺术效果。

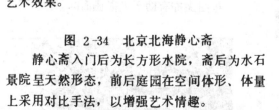

图 2-34　北京北海静心斋

静心斋入门后为长方形水院，斋后为水石景院呈天然形态，前后庭园在空间体形、体量上采用对比手法，以增强艺术情趣。

Ⅰ—Ⅰ剖面

55

图 2-35 空间对比不当举例

北海白塔及广寒殿如图改变其大小，使彼此体量相等将产生离心倾向，从而削弱其主从关系。

 明暗虚实对比

A

B

图 2-36 洞穴空间明暗对比

A—杭州黄龙洞；B—杭州西泠印社小泓龙洞

图 2-37 利用明暗对比框景

借门窗洞口内外明暗的空间对比以摄取特定的景物入画，各种景框图案亦有助于丰富画面的景色。

图 2-38 厦门万石公园茶亭

茶亭前碧绿池水与飘浮其上的洁白曲桥形成明暗对比。

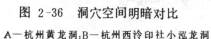

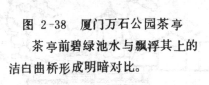

图 2-39　云南石林望峰亭

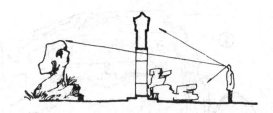

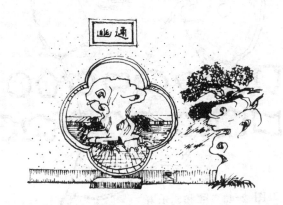

图 2-40　苏州狮子林对景之一

古典园林中常于景区入口或景区转换分隔处设置院墙洞门，并于洞门一侧的适当位置，精心布置山石花卉以构成特定的画面。在布局上可以起到预示空间转换的作用。设计时，应注意视点位置与洞门轮廓式样、尺度和对景之间的关系。

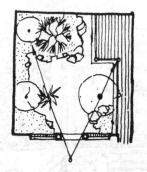

图 2-41　扬州纸花厂庭院对景

纸花厂庭园以花墙分隔成两个空间，图为从花厅前庭院透过花墙月洞门摄取到的"小苑春深"画面。

图 2-42　通过漏窗框景之一例

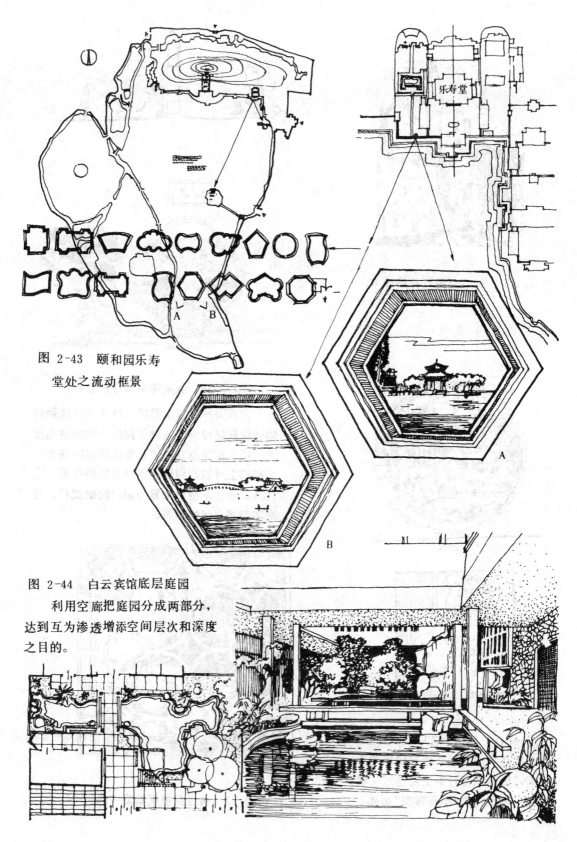

图 2-43 颐和园乐寿
堂处之流动框景

图 2-44 白云宾馆底层庭园
　　利用空廊把庭园分成两部分，
达到互为渗透增添空间层次和深度
之目的。

58

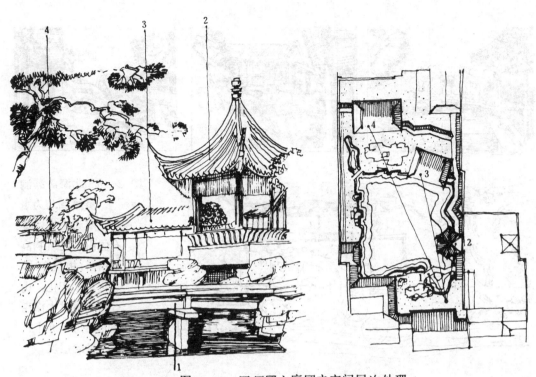

图 2-45 网师园主庭园之空间层次处理

1—平石桥；2—月到风来亭；3—濯缨水阁；4—小山丛桂轩

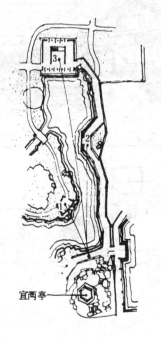

宜两亭

图 2-46 拙政园倒影楼水庭之空间层次处理

倒影楼水庭狭长，为了避免东侧游廊的呆板单调的轮廓线而构筑成有高低起伏和曲折的波形水廊，由别有洞天入门进入游廊后之北望景观，可得三个空间层次。如从廊后之宜两亭俯视水庭则可得四个空间层次。

A　　　　　　　　　　　B　　　　　　　　　　　C

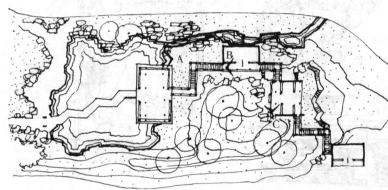

图 2-47　北海濠濮涧

濠濮涧北为水庭，南为山庭。叠石假山与建筑物高低错落，相互穿插，空间富于变化。山石树丛通过水榭空廊的渗透，亦丰富了园景的层次。

图 2-48　桂林芦笛岩接待室

把自然山石池水直接引进接待室之底层敞厅，模糊了室内室外空间的界限，建筑物与自然景物的互相延伸与穿插加强了山林原野的气息。

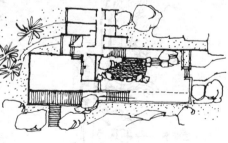

图 2-49　矿泉客舍底层敞厅室内外空间之渗透

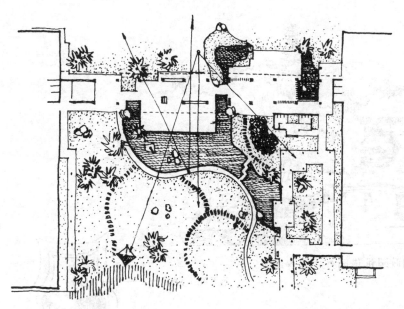

图 2-50 广州东方宾馆新楼底层庭园

把底层架空使水池花木引入室内，建筑平台伸出室外，并在庭园中设亭廊以调整空间的尺度，增添空间的层次，并形成借景的对象。

图 2-51 北京动物园爬虫馆室内景园

爬虫馆门厅左侧之鳄鱼展览室，采用有空调设置的室内景园手法，构筑池山，又以芭蕉象征热带植物，右侧假山且作山泉小瀑，在花木水石配合下，几尾鳄鱼或爬或伏池岸或潜游池底，颇富热带气息。

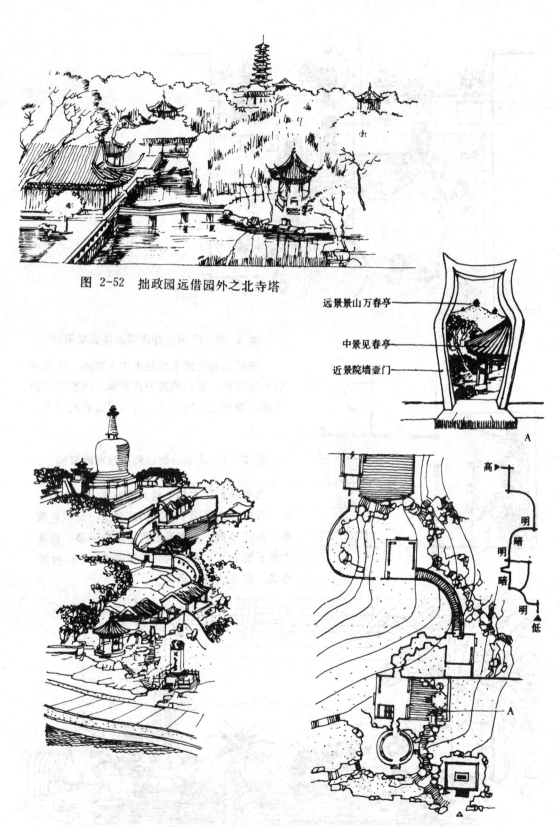

图 2-52 拙政园远借园外之北寺塔

远景景山万春亭

中景见春亭

近景院墙壶门

A

高

明

暗

明

暗

明

低

A

图 2-53 北京北海琼岛春阴建筑群

图 2-54　凌云寺山道旁亭子和空间序列

　　四川乐山凌云寺（俗称大佛寺）山门外登山道转折处地势稍宽，亭子即建在此悬崖峭壁顶上，亭子一面正对上山山道作为对景，另一面朝向山门使与之相呼应。于亭内面山可细赏靠山之弥陀佛像，回头可眺望青衣江及远处的城镇轮廓。

图 2-55 芦笛岩风景区空间序列
1—停车场；2—餐厅、休息室；3—上山
入口；4—山廊；5—洞口建筑；6—跨谷
凌空(天桥)；7—接待室；8—水榭；9—
曲桥；10—冰室、亭

芦笛岩是桂林著名的石钟乳岩洞，洞内景色奇丽，为游览赏景之主要内容，此外，沿芳莲池两岸，山水绚丽多姿，亦足令游人驻足。风景区总体规划结合游览功能要求和环境条件，按环状游览路线布置景点。建筑物或依山靠洞，或跨谷揽胜，或临水际，或傍山腰，使建筑物与山、水融为一体，起到赏景和点景的双重作用（右下图为建筑师尚廓提供资料）。

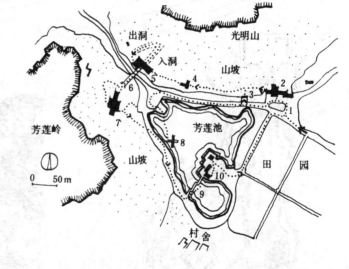

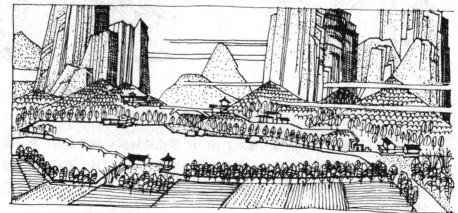

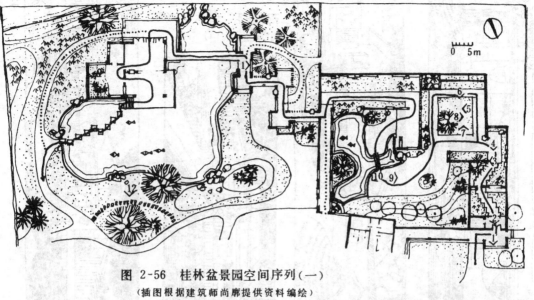

图 2-56 桂林盆景园空间序列（一）

（插图根据建筑师尚廊提供资料编绘）

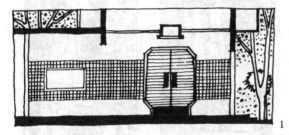

盆景园分西、东二院，西院由入口至山水廊，东院由曲廊和水榭围绕水池布局。西院以建筑为主划分成多个小空间，东院则以水石、植物组成较开阔的空间，对比明显。盆景陈列采用多种形式，大多脱胎于民间传统，如漏窗、门洞、和博古架等，但在整体组合上格局新颖，即把盆景与各种漏窗、博古架、山石作为统一、完整、有机的构图，使每块墙面都可视作独立的"画页"，在空间序列上亦富节奏感。

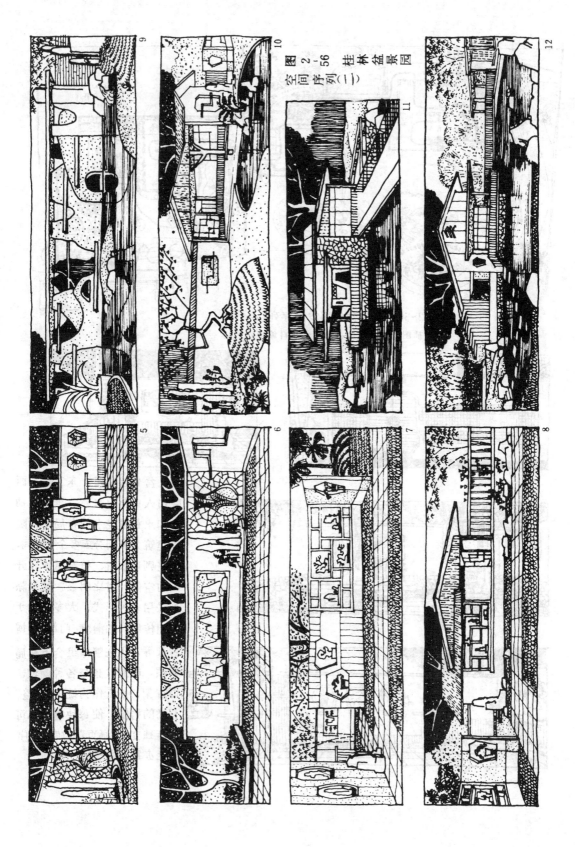

图 2-56 桂林盆景园
空间序列(一)

66

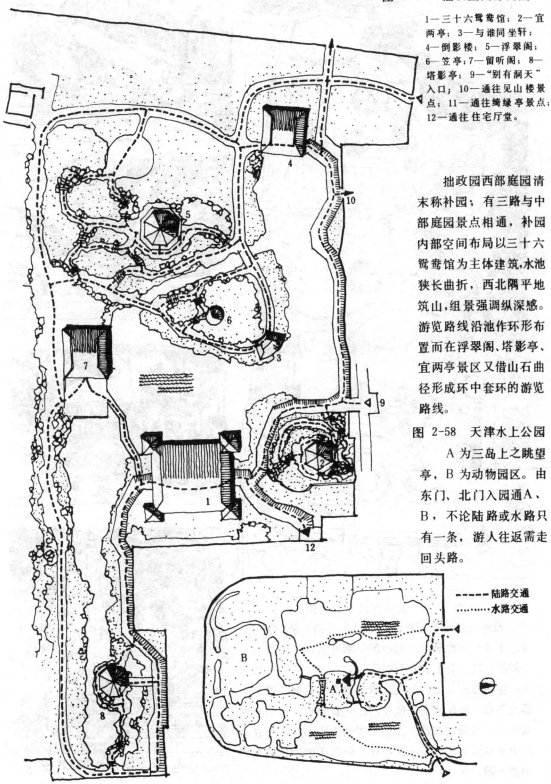

图 2-57　拙政园西部庭园

1—三十六鸳鸯馆；2—宜两亭；3—与谁同坐轩；4—倒影楼；5—浮翠阁；6—笠亭；7—留听阁；8—塔影亭；9—"别有洞天"入口；10—通往见山楼景点；11—通往绮绿亭景点；12—通往住宅厅堂。

拙政园西部庭园清末称补园；有三路与中部庭园景点相通，补园内部空间布局以三十六鸳鸯馆为主体建筑，水池狭长曲折，西北隅平地筑山，组景强调纵深感。游览路线沿池作环形布置而在浮翠阁、塔影亭、宜两亭景区又借山石曲径形成环中套环的游览路线。

图 2-58　天津水上公园

A 为三岛上之眺望亭，B 为动物园区。由东门、北门入园通 A、B，不论陆路或水路只有一条，游人往返需走回头路。

- - - - 陆路交通
········ 水路交通

图 2-59　重庆北温泉石刻园

　　石刻园建在靠嘉陵江边北温泉公园中的坡地上，坡地下方有天然泉池，池中卧一断开的巨石，形成一天然的入口，石上刻有石刻园三字，过入口沿梯级而上，往西曲折登山，可依次欣赏佛像、石刻；继至中部大平台，所建殿堂式敞厅内，立有碑刻，游人至此或小憩，或玩味古迹，在空间序列上成为高潮所在。园中游览的路线，按环状布置，但可于中途折转东侧山道出园。

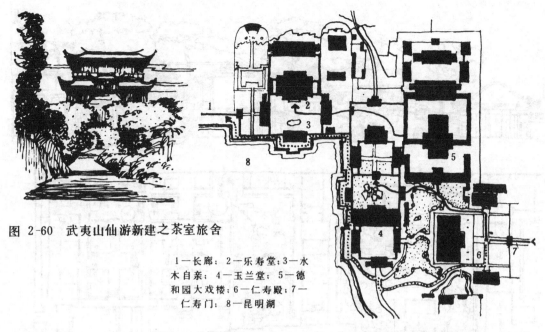

图 2-60 武夷山仙游新建之茶室旅舍

1—长廊；2—乐寿堂；3—水
木自亲；4—玉兰堂；5—德
和园大戏楼；6—仁寿殿；7—
仁寿门；8—昆明湖

图 2-61 颐和园平原区建筑群

图 2-62 天津水上
公园熊猫馆

1—大熊猫馆；2—小熊
猫馆；3—熊猫室外活动
场地

　　大、小熊猫馆以
曲廊连接，用曲径把
室外活动场地分开，
游览路线由室内至室
外形成环接环的形式，
有五个出入口通向其
他景点。

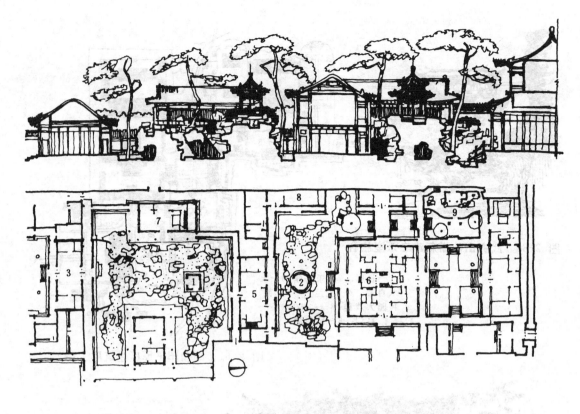

1—耸秀亭；2—碧螺亭；
3—遂初堂；4—三友轩；
5—萃赏楼；6—符望阁；
7—延旭楼；8—养梅精舍；
9—竹香馆

乾隆花园位于北京故宫紫禁城内东北部，受环境条件限制，地段狭长，沿南北长约300米的中轴线上布置了六个大小不等，形状互异，功能不同，景物各殊的庭院。在符望阁与萃赏楼之间和萃赏楼与遂初堂之间设置山庭，是全园的最高潮，假山几乎布满庭院，洞穴蜿蜒曲折，山石嶙峋怪异，耸秀亭、碧螺亭分别建在两个山庭假山顶部最高处，一方一圆，以其精美的造型和山石古松配合成园中的兴趣中心。

图 2-63 故宫乾隆花园耸秀亭、碧螺亭

理，建筑空间环境优美，观赏路线组织恰当，是空间序列成功的重要因素。

园林建筑空间序列通常分为规则对称和自由不对称两种空间组合形式。前者多用于功能和艺术思想意境要求庄重严肃的建筑和建筑组群的空间布局（图2-1，2-2，2-61）；后者多用在功能和艺术思想意境要求轻松愉快的建筑组群空间布局（图2-62）。规则与自由，对称与不对称的应用在设计中不是绝对的。由于建筑功能和艺术意境的多样性，在实际工作中，以上两种建筑组群空间布局形式往往混合使用，或在整体上采取规则对称的形式，而在局部细节改用自由不对称的形式；或者与之相反。

无论采用何种空间序列，具体处理都要考虑空间对比、层次的问题，即：

利用空间的大小对比来取得艺术效果。多用小的空间来衬托突出大的空间，以形成艺术高潮和兴趣中心；

利用空间的方向变化来取得艺术效果。空间轴线有竖有横，彼此有规律地交织在一起，务求建筑空间各部分能相互顾盼形成和谐的整体；

利用空间明暗对比层次变化来取得艺术效果。多用暗的空间来衬托突出明的空间，因为明的空间一般是艺术表现的重点或兴趣中心；

利用不同大小的建筑体量对比来取得艺术效果。较大的体量容易构成兴趣中心，但造型精美的小体量，位置又布置得宜，同样可以构成兴趣中心。例如故宫乾隆花园庭院中几个小亭子的景点处理（图2-63）；

利用空间地势高低的对比来取得艺术效果。一般情况，处于高地势的空间容易形成艺术高潮和兴趣中心，但还是要结合上述其他手段进行综合考虑。

总之，建筑空间序列如何铺排要认真考虑功能的合理性和艺术意境的创造性。对空间环境的处理要从整体着眼，不论从室内到室外，从室外到室内，从这一部分到另一部分，从局部到整体，都要反复推敲，使观赏流程目的明确，有条不紊，空间组合有机完整，既富变化而又高度统一。

第四节　借　景

借景在园林建筑规划设计中占有特殊重要的地位。借景的目的是把各种在形、声、色、香上能增添艺术情趣，丰富画面构图的外界因素，引入到本景空间中，使景色更具特色和变化。昆明西山三清阁道观是清末建于滇池旁悬崖上的道观，在园林空间选景上把祀神的功能和观赏景色巧妙地融合在一起，对选址借景的处理也深得章法（图2-64）。由普陀胜境经云华洞抵达天阁，一段几十米半封闭的洞穴空间组景是整个艺术布局的高潮，隐约蜿蜒的洞穴山道开凿在千仞悬崖之上，远望滇池但觉天色迷濛，远山如黛，舟帆点点出没于云霞缥缈间，景色极佳。云华洞有对联"洞外云舒霞卷，海中日往月来"，横额"蓬莱仙境"。可以看出组景对象是以云霞、日月、海水自然景象作借景，经过辗转攀登获致"蓬莱仙境"的意境。

借景的内容不外借形、借声、借色、借香。借景的方法包括"远借、邻借、仰借、俯借、应时而借"。借景是为创造艺术意境服务的，对扩大空间，丰富景观效果提高园林艺术质量的作用很大。"园虽别内外，得景则无拘远近"。

借形组景　园林建筑中主要采用对景、框景、渗透等构图手法，把有一定景效价值的远、近建筑物、建筑小品，以至山、石、花木等自然景物纳入画面。

借声组景 在园林建筑设计中如运用得当，对于创造别具匠心的艺术空间作用颇大。自然界声音多种多样，园林建筑所需要的是能激发感情、颐情养性的声音。在我国古典园林中，远借寺庙的暮鼓晨钟，近借溪谷泉声、林中鸟语、秋夜借雨打芭蕉，春日借柳岸莺啼，凡此均可为园林建筑空间增添几分诗情画意。峨眉山清音阁，于溪涧间结合地形建有听泉赏瀑的亭台，所有建筑如清音阁、清音亭、洗心亭、洗心台、神功亭等，多以声得景命名，密林深谷终年不息的瀑泉声，为整个空间环境增添了浓厚的宗教艺术气氛，佛门"超尘出世、四大皆空"的思想得到了充分体现。现代园林建筑中，借泉声组景的例子有白云山庄旅舍中的"三叠泉"和双溪别墅中的"读泉"，都是借叮咚的涓滴泉声来增添室内空间清幽宁静的艺术气氛；借鸟声得景的例子如杭州西子湖畔的柳浪闻莺，在初春和煦的阳光下，水波荡漾、柳絮花飞、黄莺鸣唱，景色自然动人；昆明圆通寺水庭游廊茶座，利用黄莺、八哥、鹦鹉笼中鸣唱亦取得借声的美妙的效果(图2-65)。

借色组景 夜景中对月色的因借在园林建筑中受到十分重视。杭州西湖的"三潭印月"、"平湖秋月"，避暑山庄的"月色江声"、"梨花伴月"等，都以借月色组景而闻名。皓月当空是赏景的最佳时刻，除月色之外，天空中的云霞也是极富色彩和变化的自然景色，所不同的是月亮出没有一定规律，可以在园景构图中预先为之留出位置，而云霞出没的变化却十分复杂，偶然性很大，因之常被人忽视，实际上，云霞在许多名园佳景中的作用是很大的，特别于高阜、山巅，不论其是否建有亭台，设计者应该估计到在各种季节气候条件下云霞出没的可能性，把它组织到画面中来。在武夷山风景区游览的最佳时刻莫过于"翠云飞送雨"的时候，在雨中或雨后远眺"仙游"满山云雾萦绕，飞瀑天降，亭、阁隐现，顿添仙居神秘气氛，画面最为动人(图2-66)。避暑山庄中之"四面云山"、"一片云"、"云山胜地"、"水流云在"四景，虽不能说在设计之初就以云组景，但云霞变幻为这四个景点增色不少；此外，对决定建筑景点命名的作用也很大。在园林建筑中随着不同的季节改变，各种树木花卉的色彩也会随之变化，嫩柳桃花是春天的象征，迎雪的红梅给寒冬带来春意，秋来枫林红叶满山，是北方园林入冬前赏景的良好时机；北京香山红叶、广州八景之一萝岗香雪（萝岗洞冬季梅花盛开，片布山谷，洁白晶莹，有如雪海）都是借色成景的佳例。当然，月、云、树木、花卉既有色也有形，组景因借应同时加以考虑。

借香组景 在造园中如何利用植物散发出来的幽香以增添游园的兴致是园林设计中一项不可忽视的因素。广州兰圃以兰著称，每当微风轻拂，兰香馥郁，为园景增添几分雅韵。古典园林池中每喜植荷，除取其形、色的欣赏价值外，尤贵在夏日散发出来的阵阵清香。拙政园中"荷风四面亭"是借荷香组景的佳例(图2-67)。

借景有远借邻借之分，把园外景物引入园内的空间渗透手法是远借；对景、框景、利用空廊互相渗透，和利用曲折、错落变化增添空间层次是邻借。不论远借或邻借，它和空间组合的技巧都是密切不可分的，能否做到巧于因借，更有赖于设计者的艺术素养。下面就借景对象的选择和设置以及如何处理好本景建筑物与借景对象之间的关系，分述如下：

"借景有因"，就是说由于外在某种使人触景生情的景物对象，可以用来创造某种艺术意境。以上所举的形、声、色、香，还不足以概括可资因借的对象，大自然中可资因借的对象还有待设计人作进一步的寻觅发掘，并尽量防止一些杂乱无章索然乏味的实象引入到景中来，所谓"嘉则收之，劣则摒之"。北京北海公园外西北侧，近年所盖的许多体量庞大、

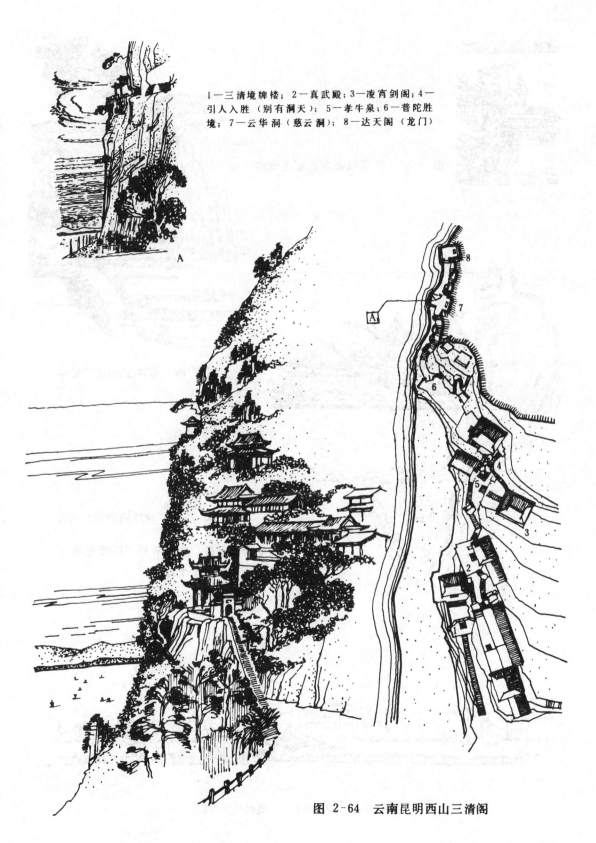

1—三清境牌楼；2—真武殿；3—凌宵剑阁；4—引人入胜（别有洞天）；5—孝牛泉；6—普陀胜境；7—云华洞（慈云洞）；8—达天阁（龙门）

图 2-64 云南昆明西山三清阁

图 2-65　昆明园通寺水庭之借声

图 2-66　福建武夷山望仙亭

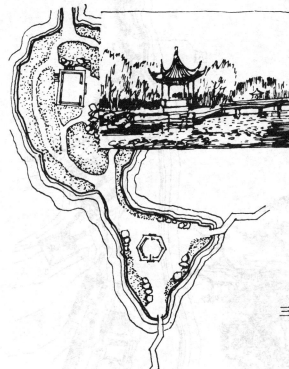

图 2-67　拙政园荷风四面亭

借荷香组景。亭柱对联："四面荷花三面柳，一潭秋水半池鱼。"

图 2-68　破坏园林建筑尺度一例

图 2-69 北京陶然亭接待室俯借

图 2-71 留园明瑟楼借景可亭

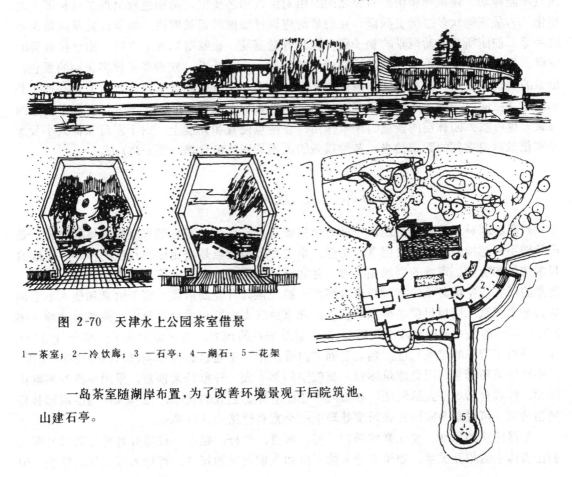

图 2-70 天津水上公园茶室借景

1—茶室；2—冷饮廊；3—石亭；4—湖石；5—花架

　　一岛茶室随湖岸布置，为了改善环境景观于后院筑池、山建石亭。

造型简单的多层和高层建筑，因为紧接公园，客观上构成"借景对象"，结果使园内外的建筑风格和尺度极不谐调，把北海和园内的建筑在对比之下都显得小了，同时还破坏了五龙亭、小西天等建筑群原来优美的建筑轮廓线(图2-68)。

在实际工作中，为了艺术意境和画面构图的需要，当选择不到合适的自然借景对象时，也可适当设置一些人工的借景对象，如建筑小品、山石、花木等。北京陶然亭公园接待室，于右侧湖面上设置竹亭曲桥作为俯借的对象(图2-69)；天津水上公园一岛茶室，于南堤端设置圆形花架，在后院凿池建亭，池后堆山，既改善了环境又构成了借景的对象，这些对象可以通过敞廊的门洞里外框景，也可透过茶厅门窗外望而获得丰富的画面层次（图2-70)。在小范围的园林空间中设置人工借景对象，古代庭园中十分普遍（图2-71)。在近代园林中也广为应用。

如何处理好借景对象与本景建筑物之间的关系，必须重视设计前的相地、人流路线的组织，以及确定适当的得景时机和眺望视角。

设计前的相地，需要顾及借景的可能性和效果，除认真考虑朝向、对组景效果的影响外在空间收放上，还要注意结合人流路线的处理问题，或设门、窗、洞口、以收景；或置山石、花木以补景。建筑空间是人流活动的空间，静中观景，视点位置固定，从借景对象所得的画面来看基本上是固定不变的，可以采用一般对景的处理手法。若是动中观景，由于视点不断移动，建筑物和借景对象之间的相对位置随之变化，画面也就出现多种构图上的变化，为能获得众多的优美画面，在借景时应该仔细推敲得景时机、视点位置及视角大小的关系。前面所举流动框景的例子颐和园乐寿堂庭院，在临湖廊墙上设置一组形状各异的漏窗，以流动框景的手法，远借昆明湖上龙王庙、十七孔桥、知春亭等许多秀丽的景色，借景的时机、视点位置和角度都很得体，在时机上，这段临湖廊是以乐寿堂为中心通往长廊的过渡空间，一进入长廊，广阔的昆明湖景色即跃入眼前，此外，通过这些漏窗借景的过渡，也可收到园林空间景点的预示作用。在视点位置和角度上，由于漏窗景框大小及廊子和借景对象之间的距离恰当，各种借景的画面构图均极优美（图2-43)。

第五节　尺　度　与　比　例

尺度在园林建筑中系指建筑空间各个组成部分与具有一定自然尺度的物体的比较，是设计时不可忽视的一个重要因素。功能、审美和环境特点是决定建筑尺度的依据，正确的尺度应该和功能、审美的要求相一致，并和环境相谐调。园林建筑是供人们休憩、游乐、赏景的所在，空间环境的各项组景内容，一般应该具有轻松活泼，富于情趣和使人不尽回味的艺术气氛，所以尺度必须亲切宜人。北京故宫太和殿和承德避暑山庄澹泊敬诚殿（图2-72)，虽然都是皇帝处理政务的殿堂，但前者是坐朝的地方，为了显示天子至高无上的权威，采用了宏伟的建筑尺度；后者受到"避暑山庄"主题思想的影响，和具有行宫的性质，需要比较灵巧潇洒，因此建筑体量、庭院空间都不大，外形朴素淡雅，采用单檐卷棚歇山屋顶、低矮台阶等小式的做法，在庭院中还配有体态适宜的花木，使其尺度与四周园林环境相谐调；可说是皇家园林在尺度处理上一个富有性格的良好范例。

房屋建筑的尺度，要注意推敲门、窗、墙身、栏杆、踏步、柱廊等各部分的尺寸和它们在整体上的相互关系，如果符合人体尺度和人们习见的尺寸，可给人以亲切的感受。但是，园林建筑空间环境中除房屋（也可能没有房屋）外，还有山石、池沼、树木、雕像、渡桥等，因此，研究园林建筑的尺度，除要推敲房屋和景物本身的尺度外，还要考虑它们彼此之间的尺度关系。适宜于室内小空间景物的尺度不能应用于庭园中的大空间，浩瀚的湖泊和狭小的池沼、高大的乔木和低矮的灌木丛，小巧玲珑的曲桥和平直宽阔的石拱桥，用来组合空间，在尺度效果上是完全不同的。面对昆明湖广大的湖面，就需要有宏伟尺度的佛香阁建筑群与之配合才能构成控制全园的艺术高潮；广州白云宾馆底层庭园如果没有巨大苍劲的榕树，就很难在尺度上与高大体量的主体建筑谐调。北海濠濮涧紧贴池水的曲桥与房廊以小尺度处理得宜见称；同样，连接团城和琼岛之间的大石拱桥，和具有强烈中轴线雄伟壮观的白塔南山建筑群的大尺度也是一致的。若把以上曲桥和大石拱桥互换位置，将因尺度不当而招致失败。

园林建筑空间尺度是否正确，很难定出绝对的标准，不同的艺术意境要求有不同的尺度感。要想取得理想的亲切尺度，一般除考虑适当缩小房屋构件的尺寸使房屋与山石、树木等景物配合谐调外，室外空间大小也要处理得宜，不宜过分空旷或闭塞。中国古典园林中的游廊，多采用小尺度的做法，廊子宽度一般在1.5米左右，高度伸手可及横楣，坐凳栏杆低矮，游人步入其中倍感亲切。在建筑庭园中还常借助小尺度的游廊烘托突出较大尺度的厅、堂之类的主体建筑并通过这样的尺度处理来取得更为生动活泼的谐调效果（图2-73）。要使房屋和自然景物尺度谐调，还可以把房屋上的某些构件如柱子、屋面、基座、踏步等直接用自然的山石、树枝、树皮等来替代，使房屋和自然景物得以相互交融。成都青城山有许多用原木、树枝、树皮构筑的亭、廊，与自然景色十分贴切，尺度效果亦佳（图2-74）。现代一些高层大体量的旅馆建筑，亦多采用园林建筑的设计手法，在底层穿插布置一些亭、榭、廊、桥等，用以缩小观景的视野范围，使建筑和自然景物之间互为衬托，从而获得室外空间亲切宜人的尺度（图2-49、2-50）。

控制园林建筑室外空间尺度，使之不至于因空间过分空旷或闭塞而削弱景观效果，要注意下述视觉规律：一般情况，在各主要视点赏景的控制视锥约为六十度至九十度，或视角比值H：D（H为景观对象的高度，园林建筑中不只是房屋的高度，还包括构成画面中的树木、山丘等配景的高度，D为视点与景观对象之间的距离）约在1：1至1：3之间。若在庭院空间中各个主要视点观景，所得的视角比值都大于1：1，则将在心理上产生紧迫和闭塞的感觉；如果都小于1：3，这样的空间又将产生散漫和空旷的感觉。一些优秀的古典庭园，如苏州的网师园、北京颐和园中的谐趣园、北海画舫斋等的庭院空间尺度基本上都是符合这些视觉规律的（图2-75）。故宫乾隆花园以堆山为主的两个庭院，四周为大体量的建筑所围绕，在小面积的庭院中堆砌的假山过满过高，致使处于庭院下方的观景视角偏大，予人以闭塞的感觉，而当人们登上假山赏景的时候，却因这时景观视角的改变不仅觉得亭子尺度适宜，而且整个上部庭院的空间尺度也显得亲切，不再有紧迫压抑的感觉（图2-63）。为了进一步探讨空间的尺度问题，不妨把谐趣园的平面布局稍作变更，即把"饮绿"、"洗秋"两座亭榭的位置按图2-76重新布置，使水池变为方形平面，其结果显而易见不仅因缺少曲折、错落变化使空间层次消失，同时也将显出沿水池四周建筑物隔池相望的视距变得过大，视角过小，庭院空间空旷松散，因而失去原有空间的亲切尺度感。因此，谐趣园总体布局"饮绿"和"洗秋"两座亭榭往内曲折的位置经营是恰到好处的。

需要指出，以上所讲的视觉规律主要用于较小规模的庭园尺度分析，对大型园林风景区组景所希望取得的景观效果，因是以创造较大范围的艺术意境为目的，目之所及的各种景物无拘远近均可入画，空间尺度灵活性极大，不宜不分场合硬套一般视角大小的视觉规则。此外，处理园林建筑尺度，还要注意整体和局部的相对关系，如果不是特殊的功能和艺术思想需要，一般情况，处于小范围的室外空间建筑物的尺度宜适当缩小才能取得亲切的尺度感受；同样，在大范围的室外空间中的建筑物尺度也应适当加大，才能使整体与局部谐调和取得理想的尺度效果。

加大建筑的尺度，一般可采用适当放大建筑物部分构件的尺寸来达到，但如过分夸大把它们一律等比例放大，则会由于超越人体尺度使某些功能显得极不合理，并予人以粗陋的视觉印象。古代匠师处理建筑尺度方面的经验是十分宝贵的，如为了适应不同尺度和建筑性格的要求，房屋整体构造有大式和小式的不同做法，屋顶有庑殿、歇山、悬山、硬山、单檐、重檐的区别。为了加大亭子的面积和高度增大其体量，可采用重檐的形式，以免单纯按比例放大亭子的尺寸造成粗笨的感觉，这些经验，今天仍给设计者对空间尺度的探索以良好的启示(图2-77)。

园林建筑设计与研究空间尺度同时进行的另一重要内容是推敲建筑比例，比例系各个组成部分在尺度上的相互关系及其与整体的关系。尺度和比例紧密关联，都具体涉及处理建筑空间各部位的尺寸关系，好的设计应该做到比例良好，尺度正确。与尺度问题一样，园林建筑推敲比例和其他类型的建筑有所不同，一般建筑类型通常只需推敲房屋本身内部空间和外部体形从整体到局部的比例关系，而园林建筑除了房屋本身的比例外，园林环境中的水、树、石等各种景物，因需人工处理也存在推敲其形状、比例问题；不仅如此，为了整体环境谐调，还特别需要重点推敲房屋和水、树、石等景物之间的比例谐调关系。

园林建筑主随机异宜，戒成法定式，很难采用数学比率或模数度量等方法归纳出一定的建筑比例规律，我们只能从一定的功能、结构特点和传统园林建筑的审美习惯去认识和继承。我国江南一带古典园林建筑造型式样轻盈清秀是与木构架用材纤细、细长的柱子、轻薄的屋顶、高翘的屋角，纤细的门窗栏杆细部纹样等，在处理上采用一种较小尺度的比例关系分不开的。同样，粗大的木构架用材、较粗壮的柱子、厚重的屋顶、低缓的屋角起翘和较粗实的门窗栏杆细部纹样等采用了较大尺度的比例构成了北方皇家古典园林浑厚端庄的造型式样及其豪华的气势 (图2-78)。现代园林建筑在材料结构上已有很大发展，以钢、钢筋混凝土、砖石结构为骨架的建筑物的可塑性很大，非特殊情况不必去抄袭模仿古代的建筑比例和式样，而应有新的创造。但是，如能适当内涵一些民族传统的建筑比例韵味，取得神似的效果，亦将会别开生面。本书中介绍的一些比较优秀的现代园林建筑大都在这方面做出了可喜的尝试(图2-79)。

园林建筑环境中的水形、树姿、石态优美与否是与它们本身的造型比例，以及它们与建筑物的组合关系紧密相关的，同时它们受着人们主观审美要求的影响。水本无形，形成于周界，或池或溪，或涌泉或飞瀑因势而别；是树有形，树种繁多，或高直或低平，或粗壮对称，或袅娜斜探，姿态万千；山石亦然，或峰或峦，或峭壁或石矶，形态各殊。这些景物本属天然，但在人工园林建筑环境中，在形态上究取何种比例为宜则决定于与建筑物在配合上的需要；而在自然风景区则情形相反，是以建筑物配合山水、树石为前提 (图2-80)、(图2-81)。在强调端庄气氛的厅堂建筑前宜取方整规则比例的水池组成水院(图2-34)；强调轻松活泼气氛的庭院，则宜曲折随宜组织池岸，亦可仿曲溪构泉瀑，但需与建筑物在

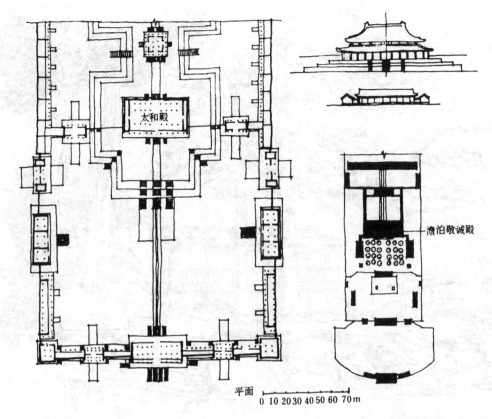

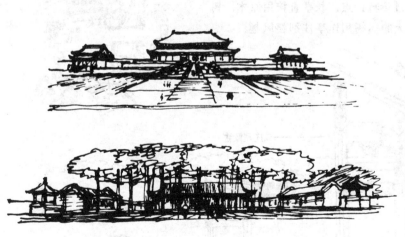

太和殿

澹泊敬诚殿

平面   0 10 20 30 40 50 60 70m

图 2-72 北京故宫太和殿与避暑山庄澹泊敬诚殿尺度比较

太和殿是皇室坐朝的殿堂，为显示庄严气魄，殿堂本身和殿前庭院规模宏大，庭院中不种花木、不置水石，殿堂高大的柱廊、台阶，金黄色琉璃瓦，庑殿重檐屋顶等与拥有宏大空间的庭院互相衬托，尺度巨大。承德避暑山庄的澹泊敬诚殿虽亦有坐朝的功能要求，但为了强调山庄野趣，建筑庭院中种植苍松，殿堂采用小式构造，楠木本色，和较小的尺度，另具一种亲切、宁静的气氛。

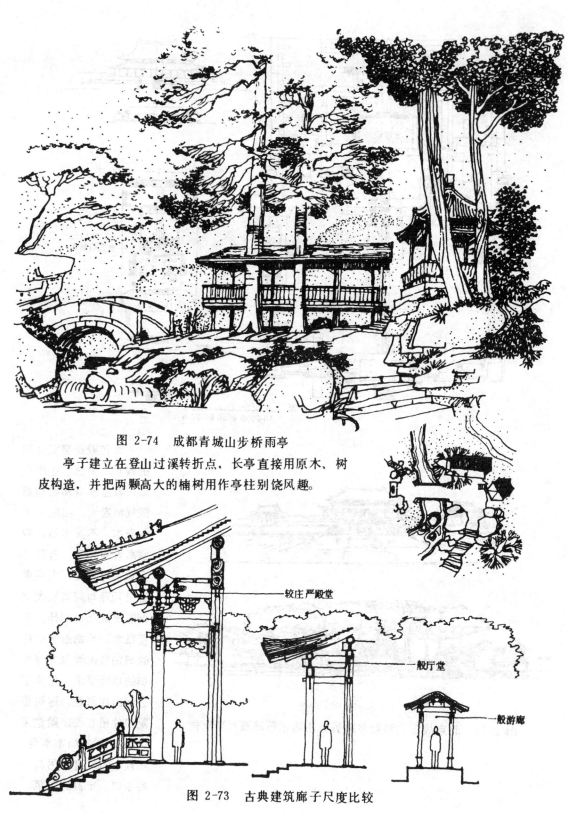

图 2-74 成都青城山步桥雨亭

亭子建立在登山过溪转折点，长亭直接用原木、树皮构造，并把两颗高大的楠树用作亭柱别饶风趣。

较庄严殿堂

般厅堂

般游廊

图 2-73 古典建筑廊子尺度比较

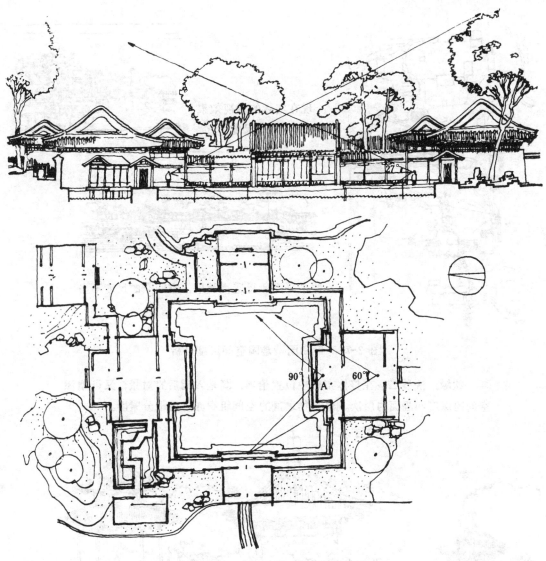

图 2-75　北京北海公园画舫斋水庭尺度分析

一般视觉规律可以用来推敲园林建筑室外空间尺度的大致关系，恰当的水平视锥和垂直的视锥约控制在60°～90°之间，所获得的画面中应包括建筑物和树、石、云天、水池等自然景物的理想范围。画舫斋水庭空间尺寸如图分析正好也是符合以上规律的，右下角的画面是在平面图A点处获得的。画舫斋水庭呈正方形，沿水池四周廊榭各个角度拍照都能取得较好的效果，空间尺度感亦亲切宜人。

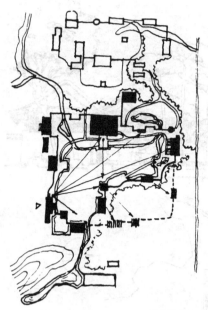

现在实际的透视效果
空间层次丰富,尺度适宜。

假拟平面所得透视效果,空间空旷尺度不当。

图 2-76　颐和园谐趣园空间尺度分析

饮绿、洗秋二亭在整体布局中位置恰当,既是入园后的对景,又可增添空间的深度和画面的层次。建筑物之间的空间组织亦显得十分紧凑。

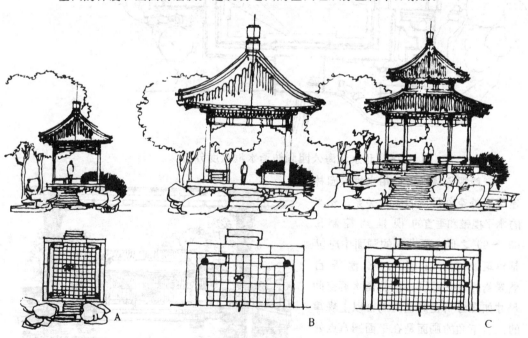

古典建筑亭子尺度一般要求亲切,图A、C亭子尺度适宜,B亭照A亭原来形状按比例放大成C亭的尺寸,由于尺度过大失去亲切感。

图 2-77　亭子尺度分析

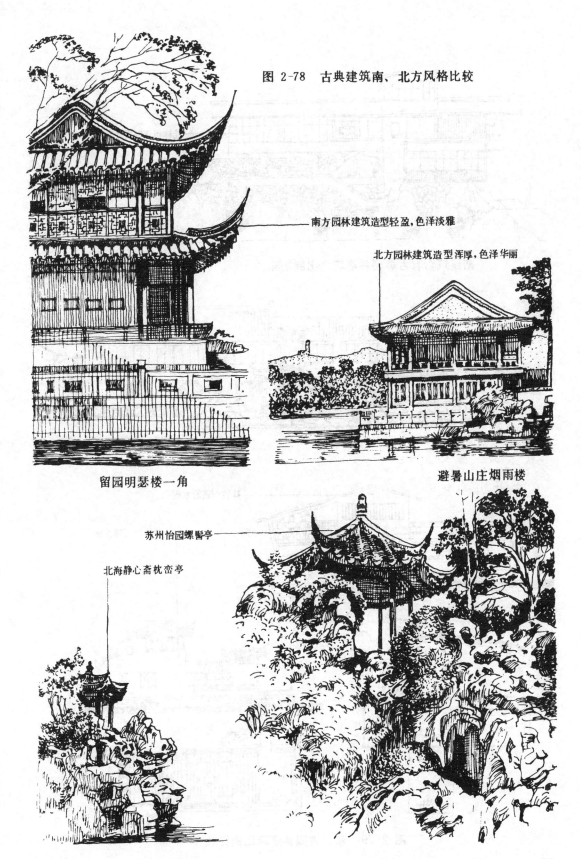

图 2-78　古典建筑南、北方风格比较

南方园林建筑造型轻盈, 色泽淡雅

北方园林建筑造型浑厚, 色泽华丽

留园明瑟楼一角

避暑山庄烟雨楼

苏州怡园螺髻亭

北海静心斋枕峦亭

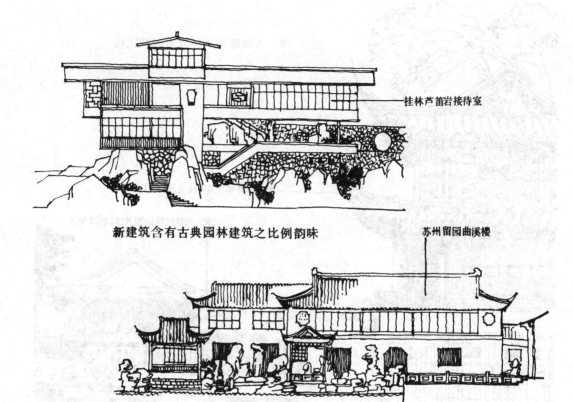

桂林芦笛岩接待室

新建筑含有古典园林建筑之比例韵味

苏州留园曲溪楼

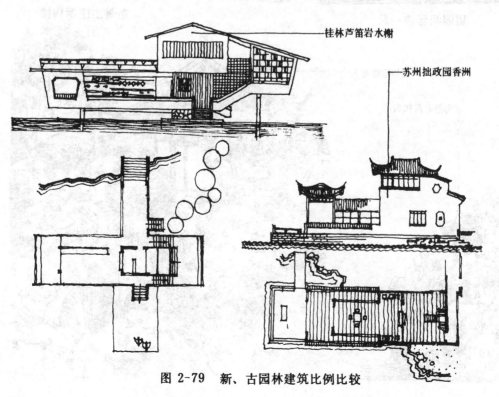

桂林芦笛岩水榭

苏州拙政园香洲

图 2-79　新、古园林建筑比例比较

图 2-80 网师园水庭建筑、树、石比例

图 2-81 桂林伏波山听涛阁

伏波山矗立于漓江西岸，巍峨壮观，山石脉络以竖直为主，听涛阁建于半山可俯借漓江烟云声浪，建筑轮廓高低起伏，阳台作大的悬挑，由栏杆、雨棚、房檐所构成的水平线条与山形脉络形成对比。使建筑与伏波山结合得生动、自然。

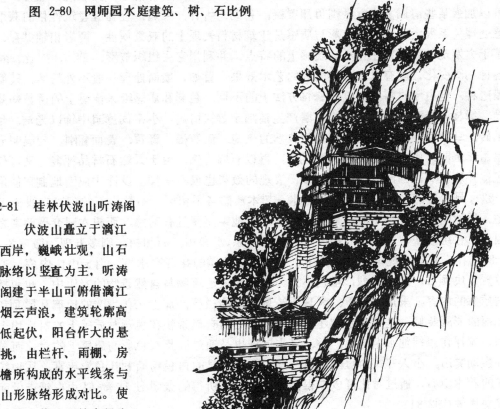

高低、大小、位置上配合谐调。树石设置，或孤植、群栽，或散布、堆叠，都应根据建筑画面构图的需要认真推敲其造型比例；即属现状也要加以调整剪裁。我国已故园林建筑专家刘敦桢先生在修整南京瞻园时，对池、山造型比例，以至池中每一块伏石的形状、大小、位置都进行精心推敲，经年始成佳作。

第六节 色彩与质感

色彩与质感的处理与园林空间的艺术感染力有密切的关系。形、声、色、香是园林建筑艺术意境中的重要因素，其中形与色范围更广，影响也较大。在园林建筑空间中，无论建筑物、山石、池水、花木等主要都以其形、色动人。园林建筑风格的主要特征大多也表现在形和色两个方面。我国传统园林建筑以木结构为主，但南方风格体态轻盈，色泽淡雅；北方则造型浑厚，色泽华丽。现代园林建筑采用玻璃、钢材和各种新型建筑装饰材料，造型简洁、色泽明快，引起了建筑形、色的重大变化，建筑风格正以新的面貌出现。

园林建筑中的色彩、质感问题，除涉及房屋的各种材料性质外，还包括山石、水、树等自然景物。色彩有冷暖、浓淡的差别，色的感情和联想、及其象征的作用可予人以各种不同的感受。质感表现在景物外形的纹理和质地两个方面。纹理有直曲、宽窄、深浅之分；质地有粗细、刚柔、隐显之别。质感虽不如色彩能给人多种情感上的联想、象征，但质感可以加强某些情调上的气氛则毋庸置疑；苍劲、古朴、柔媚、轻盈等建筑性格的获取与质感处理关系很大。总之，色彩与质感是建筑材料表现上的双重属性，两者相辅共存，只要善于去发现各种材料在色彩、质感上的特点，并利用它去组织节奏、韵律、对比、均衡等各种构图变化，就有可能获得良好的艺术效果。譬如，墙面处理一般不外粉墙、砖墙和石墙诸种，但由于材料和砌筑、修饰方法上的不同，色彩和质感给人情感上的诱惑却效果迥异。绿林深处隐露洁白平整的粉墙产生清幽宁静的情趣；小空间庭园中饰以光洁、华丽的釉砖、马赛克墙面可增添几分高贵典雅的气息；而灰褐、青黄、表面粗刚、勾缝明显的石墙用于庭园，则富有古拙质朴的韵味。再以石墙为例，由于天然石材品种多，又可任意配色造斧琢假石，因此石墙造法很多，表现的效果也很不一样，设计中应因地制宜使用（图2-82），园林自然景物中的山石、池水、树木质感各不相同，多数山石纹理以直线条走向为主，质地刚而粗，池水涟漪呈波形纹理，质地柔而滑且有动感，而树木则介乎两者之间。因此，在组景中，水和石一般表现为对比关系，水和树、石和树，则多表现为微差关系（图2-83），在广州一些现代园林建筑中，如华南植物园的接待室水庭，白云山庄内庭，于池中散置几块顽石，对比强烈，增色不少。前面所述建筑物与自然景物的对比中，也包括色彩与质感的内容。采用汉白玉、大理石精雕细刻的栏杆，加上闪闪发光的琉璃瓦屋顶和色彩艳丽的彩画装修，是皇家园林建筑的特色，它与自然景物在色彩与质感上的对比均十分强烈。飘浮在碧绿池水上的廊、桥、汀步同样也是通过彼此在色彩与质感上的对比而显得格外生动突出。小天井式的庭园组景，宜用平整光洁的白色粉墙衬托色彩丰富、质地纹理粗犷的花木山石，通过对比可以取得良好的效果，所得的景观往往酷似用白纸点染而成的优美图画（图2-84）。

综上所述，园林建筑使用色彩与质感手段来提高艺术效果时，需要注意下列几点：

一、作为空间环境设计园林建筑对色彩与质感的处理除考虑建筑物外，各种自然景物相互之间的谐调关系也必须同时进行推敲，一定要立足于空间整体的艺术质量和效果。

二、处理色彩与质感的方法，主要通过对比或微差取得谐调，突出重点，以提高艺术的表现力。

对比，在上述章节中已论述过体量、形状、明暗、虚实等各个方面的处理手法，色彩、质感的对比与它们的处理原则基本上是一致的。在具体组景中，各种对比方法经常是综合运用的，只在少数的情况下根据不同条件才有所侧重。主要靠色彩或质感对比取胜的作品如桂林榕湖饭店四号楼餐厅室外小天井庭园，面对餐厅的墙面用大型彩色洗石壁画装饰，壁画题材取意桂林山水，墙下设池，墙根池边以一行绿草连接，墙脚两端置石种竹、灌木，靠餐厅用鹅卵石铺地，洗石壁画在水石植物的烘托下，真假山水交相错杂，显得格外鲜明生动(图2-85)。在风景区布置点景建筑，如要突出建筑物，除了选择合适的地形方位和塑造优美的建筑空间体型外，建筑物的色彩最好采用与树丛山石等具有明显对比的颜色。如要表达富丽堂皇端庄华贵的气氛，建筑物可选用暖色调高彩度的琉璃砖瓦、门、窗、柱子，使得与冷色调的山石、植物取得良好的对比效果。

园林建筑中的艺术情趣是多种多样的，为了强调亲切、宁静、雅致和朴素的艺术气氛，多采用微差的手法来取得谐调和突出艺术意境。如成都杜甫草堂、望江亭公园、青城山风景区和广州兰圃公园的一些亭子、茶室，采用竹柱、草顶或墙、柱以树枝、树皮建造，使建筑物的色彩与质感和自然环境中的山石、树丛尽量一致，经过这样的处理，艺术气氛显得异常古朴、清雅、自然、耐人玩味，是利用微差手法达到谐调效果的一些优秀范例（图2-74，2-86，2-87)。园林建筑设计，不仅单体建筑可用上述处理手法，其他建筑小品如踏步、坐凳、园灯、栏杆等，也同样可以仿造自然的山与植物以与环境相谐调。

三、考虑色彩与质感的时候，视线距离的影响因素应予注意。对于色彩效果，视线距离越远，空间中彼此接近的颜色因空气尘埃的影响容易变成灰色调；而对比强烈的色彩，其中暖色相对会显得愈加鲜明。在质感方面则不同，距离越近，质感对比越显强烈，但随着距离的增大，质感对比的效果也就随之逐渐削弱。譬如，太湖石是具有透、漏、瘦特点的一种质地光洁呈灰白色的山石，因其玲珑多姿，造型奇特，适宜散置近观，或用在小型庭园空间中筑砌山岩洞穴，如果纹理脉络通顺，堆砌得体，尺度适宜，景效必然十分动人；但若用在大型庭园空间中堆砌大体量的崖岭峰峦，将在视线较远时，由于看不清山形脉络，不仅达不到气势雄伟的景观效果，反而会予人以虚假和矫揉造作的感觉，不如用尺度较大夯顽方正的黄石或青石堆山显得更为自然逼真。

此外，建筑物墙面质感的处理也要考虑视线距离的远近，选用材料的品种和决定分格线条的宽窄和深度。如果视点很远，墙面无论是用大理石、水磨石、水刷石、普通水泥色浆，只要色彩一样，其效果不会有多大的区别；但是，随着视线距离的缩短，材料的不同，以及分格嵌缝宽度、深度大小不同的质感效果就会显现出来。天津水上公园熊猫馆主馆外墙面处理，贴凹凸起伏较大的水刷石预制块，由于在观赏路线上的视线距离恰当，从而收到加强质感的良好效果（图2-88)。设计中不顾视线距离是否恰当而盲目选用高级材料的做法，只能造成经济上的浪费，对于艺术效果是收益甚微的。

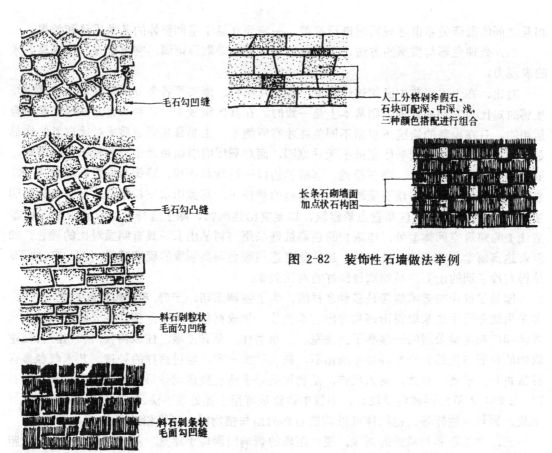

毛石勾凹缝

毛石勾凸缝

料石剁粒状
毛面勾凹缝

料石剁条状
毛面勾凹缝

人工分格剁斧假石,
石块可配深、中深、浅,
三种颜色搭配进行组合

长条石砌墙面
加点状石构图

图 2-82　装饰性石墙做法举例

图 2-83　园林中的水、石、树

图 2-84　苏州怡园入口庭园

餐厅

图 2-85　桂林榕湖饭店四号楼餐厅庭园洗石壁画

图 2-86　桂林七星公园用竹材修建的休息亭廊

图 2-87　成都望江亭公园草亭众香榭

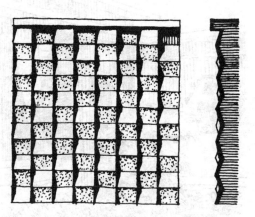

图 2-88　天津水上公园熊猫馆外墙饰面

墙外预制块小饰面，
拼成浅绿色图案纹样，在
阳光作用下，墙面上的阴
影与质感效果显著。

第三章　建筑庭园设计

建筑庭园，如上章所述,一般系指由建筑物围成并具有一定景象的空间，用以作为人们室内活动场地的扩大和补充，并有组织地完善了与自然空间的过渡。

在造园领域中，建筑庭园的范畴较小，但园中景象均精取于自然，通常把建筑空间与庭园空间有机地相互穿插结合，使建筑环境获得较完美的效果。因此，建筑庭园的设计离不开建筑物的使用功能，而建筑环境质量的提高则有赖于庭园功能的充分抒发。今天，两者的有效结合，已经提高到适于人们日常活动的环境设计的高度。

优美的庭园，有若置身于和谐并富有吸引力的大自然怀抱中，可以处处感到原先人类所熟悉的生活气息，那若海的波涛、似恋的山岳、林间的晨曦、碧空的云彩，以至那枝头雀鸣、湖中鱼戏、草底蟋声，无不唤起人们对自然界的美好回忆。何况，绿色的种植从来就像卫士那样，守候在建筑物的前庭后院，滤除外界飘尘、减低户外喧噪、避免视线干扰、隔挡凛冽风砂、调节气候温湿、吸收有害污染、净化自然水体，以至防火、灭菌诸功能，直接而有效地改善了建筑环境素质，明显地提高了为人所需的舒适度。

无怪乎，庭园已逐日明显地渗透到与人日常活动相关的各种建筑类型，成为建筑师们处心积虑地全力开展一项围绕"人——建筑——环境"这个重大课题的研究内容之一。

第一节　庭园类别及其平面布置

庭园，在我国可谓源远流长，自成一体，在世界造园史上占有重要的地位。经过历来的运用和发展，庭园的功用愈益发挥，其适应性也愈加广泛。从单一功能的庭园到多方面使用功能的庭园；从简易建庭到适应各种复杂条件建庭；从单院落的庭园平面到多院落的庭园组合，形成了一整套完善的庭园体系，由此派生出各类庭式，以适应各种实际情况和满足各种使用要求。

庭园类别，其划分的方法有三种。第一种是按庭园在建筑中所处的位置和相应具有的使用功能来划分；第二种是按不同的地形环境来划分；第三种是按不同的平面形式来划分。一般说来，第一种分类法较浅白易懂，实用性较强，它将庭园分成前庭、内庭（中庭）、后庭、侧庭和小院五种，非专业人员都易于理解。

前庭，通常位于主体建筑的前面，面临道路，一般庭境较宽畅，供人们出入交通，也是建筑物与道路之间的人流缓冲地带。此种庭式的布置比较注重与建筑物性质的协调。譬如，具有纪念性质或宗教、行政的建筑前庭，一般较严整、较堂皇，取得与建筑性质相一致的肃穆、宏伟壮观的气氛，而与人们日常生活较密切的民用建筑，诸如住宅、宾馆、餐馆、商场之类，其前庭布置就较自如、较灵活。例如广州白云宾馆前庭（图3-1),它以山岗、水石、广场三要素的有机组合，使主楼与全市性干道之间布置出景象异常丰富的前庭，既解决了宾馆大量旅客出入和车辆交通问题，又利用了原有山岗作屏障，使城市干道的噪声、污尘隔除，并因山挖池，构出清雅、幽致的现代宾馆之园景。而具有纪念性的广州农民讲习所新展馆前庭处理就不太一样了，它以庭中木棉和榕树作为主景树，显示出全庭的严整核心，周围草地平展，宫灯成列，与建筑物一起构成一派庄重气氛。宅园的前庭，一般处理得较简朴，不论是古时还是现今，常常以前庭作为室外空间到室内空间的过渡，庭境小而多趣。南京瞻园（图3-2）及广东余荫山房的前庭处理，均是较好的实例。

内庭，又称中庭。一般系多院落庭园之主庭，供人们起居休闲、游观静赏和调剂室内环境之用，通常以近赏景来构成庭中景象。我国南方地区泉多水广，内庭常常用小水面来改善室内小气候，其意境颇有清幽深邃之趣。如广州山庄旅舍的内庭（图3-3），以水为题，畅廊濒岸舒展，凉台临水而立；板桥横渡，蹬步边设，客房高低错落在花丛林木之中，景象显得异常舒畅。苏州网师园的内庭，廊庑萦回，水天一色，营构精美，布设巧雅，景象也十分宜人。

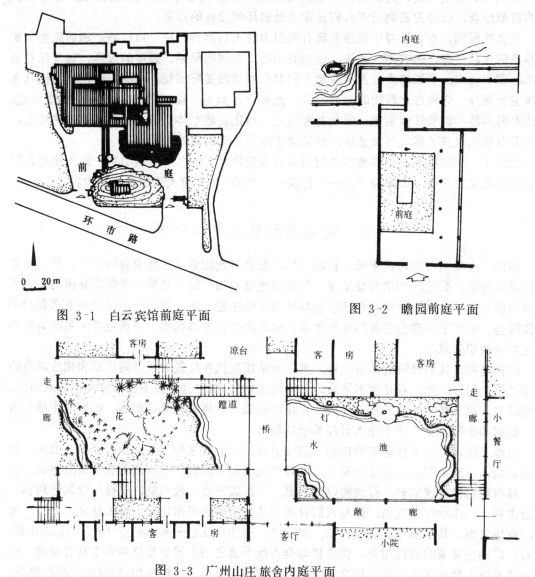

图 3-1 白云宾馆前庭平面   图 3-2 瞻园前庭平面

图 3-3 广州山庄旅舍内庭平面

后庭，位于屋后，常常栽植果林，既能供人果食，又可在冬季挡挡北风，庭景一般较自然。例如，广州矿泉别墅原有的后庭就是一片翠绿如林的蕉院，岭南宅园后庭一般多栽香蕉、龙眼、黄皮、荔枝、柑橘、柚子等一类果木，苏州拙政园听雨轩后庭(图3-4)，满植芭蕉，巧取"雨打芭蕉"寓意，促成听雨轩之声景效应，其借意是又高一筹的。自然风景区里，后庭的构设常借山石、溪涧、野林、蹬道等自然景物,使庭景与周围风光呵成一气，化人工于天然之中。

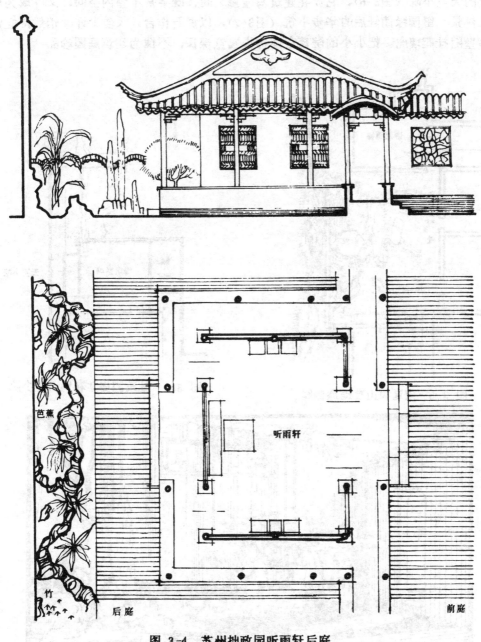

芭蕉

竹

后庭

听雨轩

前庭

图 3-4 苏州拙政园听雨轩后庭

93

侧庭，古时多属书斋院落，庭景十分清雅。《扬州画舫录》描述计成在镇江为郑元勋造影园中的"读书处"云："入门曲廊，左右二道入室，室三楹，庭三楹，即公读书处。窗外大石数块，芭蕉三、四本，莎萝树一株，以鹅卵石布地，石隙皆海棠"。类似的布局在南通狼山准提庵（现紫狼茶社）亦可看到，它在"诗书画禅"前以留云桥、小水池、半粟亭等，构出"水雪深处"意境，其用意很是风雅（图 3-5）。

　　小院，属庭园小品，一般起到庭园组景和建筑空间的陪衬、点缀作用。譬如拙政园海棠春坞的天竺小院（图3-6），它设在建筑与墙廊之间，既丰富了室内空间，又可成为厅内景窗之衬景。留园绿荫轩后的华步小筑（图3-7），以湖石作台，天竺少许；悄然侍立锦川石，蔓壁随挂爬墙虎。把小小的院落空间构得寓意深深，不愧为建筑庭园珍品。

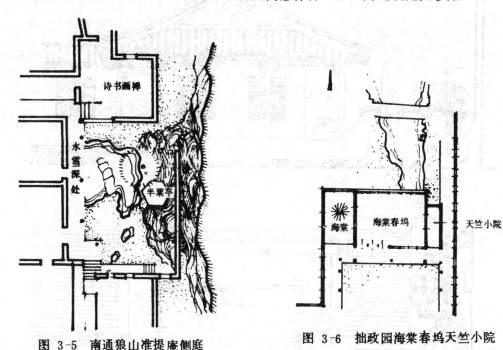

图 3-5　南通狼山准提庵侧庭　　　　　　图 3-6　拙政园海棠春坞天竺小院

图 3-7　苏州留园华步小筑景

庭园按地形环境分类，一般指山庭、水庭、水石庭和平庭四种，其用意在于掌握庭园的不同特征。

依一定的山势作庭者，称作山庭。

明代造园家计成在《园冶》中说："园地惟山林最胜，有高有凹，有曲有深，有峻而悬，有平而坦，自成天然之趣"。可见，古时造园是很讲究自然的，如能相地合宜，构图得体，自然景物的运用就更能得心应手。例如广州"双溪"，它位于左右环山的峡峪中，悬岩峻岭，野林葱葱。它利用山涧水拟设"船厅"，沿陡坡铺设蹬道，泉溪飞泻，高阁悬空，塑造出近涌园趣，远涵风光的立体园景（图3-8），真可谓，山地筑庭，远观近赏两得其趣。山庭的竖向联络除用蹬道外，常常采用爬山廊的手段，既满足了功能需要，又为庭园空间创造了分隔和渗透的条件，空间层次的演化也颇具韵律。这种手法在广东西樵冰室中庭、山庄旅舍前庭、无锡锡惠公园里的锡麓书堂庭园，均取得了良好的效果。

突出水局组织庭园者，称为水庭。在水局中用景石的份量较多而显要者，称作水石庭。

水庭系以水为主题来构设庭景，水景可使有限的庭园空间带来畅朗宽广的景效，利用喷水、水影、波光和水中鱼戏，还可以形成有趣动态的庭景，使庭园空间具有与人们日常生活十分融洽的活跃气氛。需注意的是，宅园的水庭，一般宜浅不宜深，以免小孩玩水受溺，即使是公共场所的池岸，亦宜设置恰当的围栏，以保安全。杭州玉泉观鱼（图3-9）是个满铺水面的水庭，它以珍珠泉为景源，围廊三面，清池见底，游人乐于在此停足观鱼，堪称江南一胜，番禺余荫山房内庭也属规矩池型的水庭（图3-10），正座森柳堂遥对临池别馆，其两侧，一为亭廊，另一为墙垣，池水从亭下拱口通入中庭，与玲珑水榭的回形水面连成一体，使庭园空间分而不离，巧妙地打破了方池水庭的单调局面。此外，如韶山陈列馆水庭那清静高雅的简洁手法、广州南园"林中林"水庭空间的畅朗手法，都是南方水庭较好的实例。

水石庭在庭园中运用甚广，其中有以水景为主石景为副的，也有以石景为主水景为副的，具体选用要根据不同的具体条件来定。成功的水石庭，往往水石兼胜，景象异常丰富。

以水景为主的水石庭，近年有较大的发展，一般面积不太大，池岸曲折有趣，清波粼粼，假泉喷瀑，浮桥飞渡，顽石为矶，景栽酌情相衬，使整个水局景显得石不多而风雅，水不广而逶迤，取得庭园空间优美的自然格调。广州矿泉别墅内庭（图3-11）就是一个较好的例子。

以石为主的水石庭，数苏州留园冠云峰为最。它以造型鲜明而奇特的"冠云峰"石景，景石为全庭的景物中心，把"仙苑停云"的意境萦绕着全庭空间，东立"冠云亭"，西设"冠云台"，峰前台下一湖"台云浣"，石水相映，波逐云舞，成为石主水从的水石庭佳例（图3-12、图3-13）。

水石庭，在江南园林中极为普遍，但运用如有不当，会令人有拥塞之感（如狮子林水石庭），难怪"计成、张南垣皆力诋之"[1]，提出"以土为岗，点缀数石，全体飞动，苍然不群"[2]之见。

---

[1] 见《江南园林志》。
[2] 清代张南垣语。

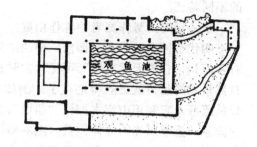

图 3-9 杭州玉泉观鱼平面

图 3-8 广州双溪山庭立面透视

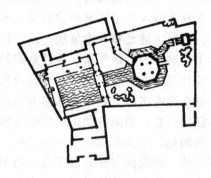

平面

图 3-11 广州矿泉别墅内庭

外景

图 3-10 番禺余荫山房平面及外景

图 3-12 苏州留园冠云峰鸟瞰

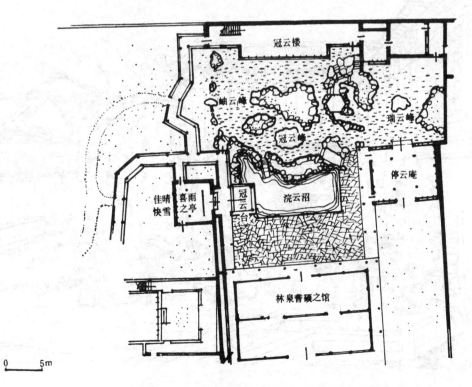

图 3-13 苏州留园冠云峰水石庭平面

广州泮溪酒家内庭以岭南庭园的特有风格，用"壁潭局"的传统叠山法，在水面一侧的山馆壁上，峰峦层叠，岩崖峭立；一派险峻石岭景象与深深水潭形成份量相称的水石景，真可谓水石兼胜的水石庭佳例（图3-14）。

庭之地面平而坦者，称为平庭。

平庭与挖池堆山、按势作景或指水为庭的水石庭、山庭或水庭不同，一般地坪的标高变化不大，如日本神社庭园（图3-15），它作为神殿前参拜的场所，园景清幽淡雅。西方传统庭以花坛喷水池为主要手段，亦取平庭形式为多。我国平庭处理方式较多样，利用叠山、粉墙、景门、景栽，使一块平地的庭景丰富多趣。例如广州西苑前庭（图3-16）是一块素洁的坦地，傍山门房点缀景石，庭右花木幽深，与庭左景门相衬，使庭景显得朴素而自然。在北京紫竹院公园南大门的庭院亦采用这种平庭布置手法，但嫌人工味稍重，而自然景趣有所减色。我国古典庭园里许多有名的平庭盛誉历久而不衰，如以古藤称胜的苏州西园平庭，以云石作题的扬州史公祠"云曲"小平庭，以碑刻为主景的桂林桂海碑林平庭，以琼花为珍贵景栽成景的扬州平远楼平庭等，均属景物主题突出，庭园意境较深邃，不因庭平而乏味的范例。

庭园按平面形式分类，一般有对称式和自由式两种。

对称式庭园，有单院落和多院落之分。

对称式单院落庭园，功能和内容较单一，占地面积一般不太大。通常这类庭园多用于建筑性质较严肃的地方。此式在对称布局中，一般由几栋建筑物围成三合院或四合院，如第一章第17页所述西班牙阿尔罕伯拉官的一个古典式柘榴院（图3-17）布局，轴线正中对

图 3-14 广州泮溪酒家水石庭

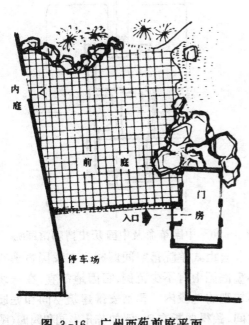

图 3-16 广州西苑前庭平面

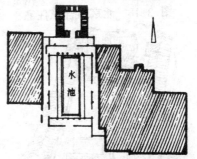

图 3-15 日本神社庭园

图 3-17 西班牙阿尔罕伯拉宫柘榴院平面

着宫殿主体建筑，前座为门庑，两侧为游廊，组成一个长方形的庭院，中间筑砌矩形水池，庭中树木和引道绿篱构成几何形体，其雕塑、喷泉都采用对称式布局，整个庭景显得肃穆洁雅。北京常见的四合院住宅，为适应城市街坊的使用要求，以庭院为核心的外封闭内开放的单一空间布局，门窗都向院内开放，其建筑和景物的配置亦采用方整对称的手法处理，但在气氛上不是那样严整肃穆（图3-18）。图3-19是广东珠江三角洲一带的典型三间两廊传统民居，正座厅堂面对庭院，两侧为辅助用房，前为院墙、照壁，形成三合院。为适应地方的湿热气候，厅堂采用开敞式，与庭园似隔非隔，使室内外联成一气。庭中景物多以生活出发加以安排，如在入门处设置简朴的砖砌通花，隐约可以看见庭中树木花石或禽畜，庭院的一角常植果木（杨桃、黄皮）或鸡旦花树，既可遮阳降温又可为院增色。树下置散石一、二，可坐可卧。围墙每用盆栽植剑花兰菊，地面多铺不规则卵石。庭中入口一角堆放农具，进放出取，颇为方便，整院充满生活气息。

对称式多院落组合空间的庭园，一般多用于建筑性质比较庄重、功能比较复杂、体型比较多的大型建筑中。其院落根据建筑物的主、次轴线作对称布局，依不同用途有规律地组成。例如，中国革命和中国历史博物馆（图3-20），由于它所要求的政治气氛和功能，采用了对称式多院落布局，建筑物沿边摆布，中间形成几个院落，较完整地组成了建筑物的外形轮廓。其前庭用柱廊与天安门广场相隔，把广场空间渗入内院，使博物馆与广场更紧密结合在一起，与对面人大会堂相形对应。两侧庭院均用柱廊与前庭沟通，打破了侧庭的封闭感，使侧庭、前庭的两组庭园空间，有层次地向广场空间过渡，丰富了人们的视野，令人襟胸畅旷，达到了壮丽的整体环境效果。

自由式布置的庭园，也有单院落与多院落之分，其共同的特点是构图手法比较自如、灵活，显得轻巧而富于空间变化。

图 3-18 北京四合院住宅

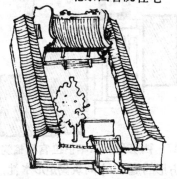

图 3-19 珠江三角洲三合院

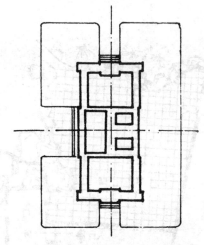

图 3-20 中国革命及中国历史博物馆庭院

自由式单院落空间庭园，在我国古典的小型庭园中有不少范例，它因地制宜，在一块不规则的地段内，灵活安排建筑空间和庭园空间，做得曲折有致。例如苏州半园和鹤园（图3-21），它们两者的园景均围绕着厅堂展开，建筑疏密相间，亭榭错落点缀，其入口位置偏于一角，廊和路把人引到园景一侧，复在主景前多置辅助景稍以作障，以避免园中景观高峰过分暴露。其主景以水为题，水面忽宽忽窄，因势而曲，构出全园的丰富庭景层次。

自由式多院落组合空间的庭园，一般是由建筑物之间的空廊、隔墙、景架或其他景物相联而成，由此分割出来的若干个院落空间，其相互间又相对地保持着独立性，但彼此相互联系，互相渗透，互为因借。每个小园都有各自的使用要求而形成各自的特色。例如承德避暑山庄的万壑松风（图3-22）、北京北海的画舫斋（图3-23）、苏州王洗马巷万宅的花园（图3-24）等，这些庭园均以多个院落组成的，自由灵活地布置得很有气韵，有主有次，重轻分明。在主庭中安排全园的主体建筑——厅堂，利用其较大的建筑体量和庭园空间，有机地联络其他各个小庭，有的用廊来分隔（如北海画舫斋），有的以建筑、廊、墙三者围成（如避暑山庄的万壑松风），也有以建筑、墙、景物限定的（如王洗马巷万宅花园），形状各异，大小不一，或开朗或封闭，可自由地顺理成章。

许多实例表明，自由式多院落庭园的形成，是由于建筑使用规模不断扩大的结果。例如，位于荔湾湖畔的广州泮溪酒家，在解放后经过多次扩建，出现了多种不同大小、不同形状、不同使用标准的餐厅建筑群，各餐厅之间以廊、桥等方式组成各种不同空间的院落，使庭园景象与湖面风光融成一体，呈现出一派畅朗轻盈的岭南庭园格调（图3-25）。

此外，由于城市建筑用地日趋紧张，现代建筑中不断出现了高层建筑。为满足人们室外生活和休息观赏的需要，在室内、楼层或平顶上，模拟自然，出现了室内景园和屋顶花园，这些园都筑在面积有限的建筑物上，受到种种局限，必须认真考虑植物的培植条件，相应地在结构和设备上作出适当的处理；同时，在景观上应尽量避免过分的人工化，务求

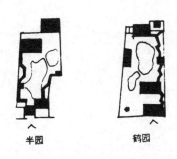

半园   鹤园

图 3-21 苏州半园、鹤园的总平面

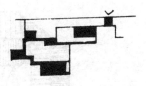

图 3-22 承德避暑山庄万壑松风

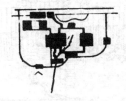

图 3-23 北京北海画舫斋

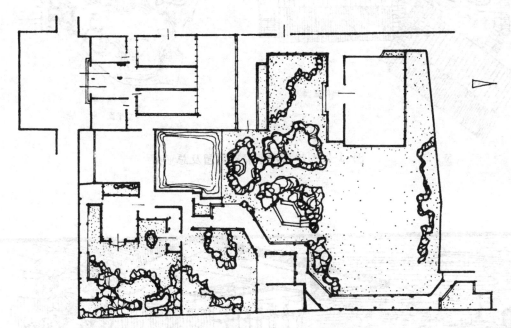

图 3-24 苏州王洗马巷万宅花园

景栽、水石酷若天然。例如广州东方宾馆第九层的屋顶花园(图3-26),其主要建筑是楼梯间、接待厅、小卖部等,它们的位置除取决于交通和功能的要求外,还需注意到整幢建筑物的立面造型和屋顶花园的空间构思。顶层的那些建筑物,常常是屋顶庭园的主景,又起到顶层空间的收敛和约束作用。在平面布局上,接待厅一般放在顶层的两端,一方面可通过大片玻璃窗俯览城区景色,以取得较宽广的视野,同时又能取得较完善的庭园空间。此外,用游廊、花架、通花隔墙等手段来丰富和划分空间,用水池、花草和景石点缀园景,都可以较充分发挥屋顶花园特有的空间效果。

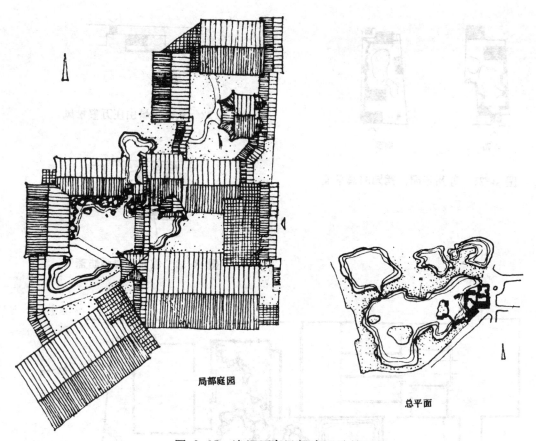

局部庭园

总平面

图 3-25 泮溪酒家局部庭园及总平面

图 3-26 广州东方宾馆屋顶花园

第二节 庭园组景

庭园组景是庭园设计的重要课题，其实质是对庭园空间的景观处理，是庭园意境的具体体现。

一、庭园空间的组合与景物序列

空间，是客观存在的立体境域，通过人的视觉反映出来。庭园空间是由庭园景物构成的空间，人们通过感觉器官和主观思维，对其适用与否和美不美，作出判断和评价。

由于庭园空间不是任意的空间，它只能在一定的条件下才能形成。在同一视点位置上，假如所看到是一片坦平的草地，给人的感觉只是一个平面（图3-27a）；如果在草地偏旁的适当位置摆上一具景石，则骤然出现了景物空间（图3-27b）；届时，倘有阳光照射下来，景石周围就出现了向阳与背阳两种质感不同又相互衬托的，富于变化的景象（图3-27c）；假如这块草坪不是漫无边际，而是有建筑或墙垣"围闭"，使视线约束在一定的范围之内，这就构成了带有某种意境的庭园空间（图3-27d）。——这是一个简单的譬喻图式，从中可以直观地领略庭园空间的形成。实际上，即使在同一庭园空间里，由于不同季节、不同天气、不同处理，给人的感受是不太一样的，千变万化的庭园空间成了造园家和建筑师们极感兴趣的研究课题，其中像日本芦原义信教授所探讨的所谓"外部空间"，对小范围而言，实际上就是庭园空间。

由于庭园位于建筑外部，由建筑物所围成，便与有顶盖罩住的建筑室内空间不同，也有别于不受建筑"围闭"的园林空间，当然更不是漫无止境的自然空间。它指的就是我们常见的，由地面和四周屋宇（或部分廊、墙、篱）构成类似"洞天"那样的空间，这种空间往往因庭而异，因地相宜，其"洞天"可大可小（图3-28），地面可实可虚（图3-29），四周可闭可透（图3-30），至于平面形式、壁面高低、景物设置、色彩质地等，更是有法无式，不能以一格作论。

庭园空间与园林空间由于"围闭"与否，各自相应产生了静观为主和动观为主两者不同的景观。被建筑"围闭"的庭园空间里，景物在有限的范围中，一般供人静观近赏，但是，如果采取适当的组景技法去组织空间的过渡、扩大、引伸，也可以使"围闭"的庭园空间围而不闭。大家知道，不被建筑围闭的园林空间，景物往往资借自然景色，在畅旷的景域中，诸如鸟语花香、泛舟轻歌、艳云漫舞、风驰电掣等天然动态，无一不可供人作动观、浏览。庭园里要使景致充实、更风趣，常常就用模拟或因借手法去塑造动景，使庭中景象来得更真切、更自然。那些花草、树木、禽鱼、水石等景物，在阳光、雨露、风雪、夜月等天然条件下成景，虽寓庭中，宛若野外。这种具有一定天然性的庭园空间，正是与建筑室内空间的区别所在。可见，空间的约束性与景色的天然性，是庭园空间区别园林空间、室内空间的基本特征，它在造园领域中相对独立存在并在不断发展之中。

由景物构成的庭园空间，以不同景物的先后、高低、大小、虚实、光暗、形状、色泽等，组成景象的序列，形成庭园空间的层次和节奏感。最基本的庭园空间层次，从单一空间形式的单院落庭园（图3-31）中可看到。图中Ⅰ是自然空间，Ⅱ是庭园空间，Ⅲ是建筑内部空间。当人未踏入院门，是处于漫无边际的自然空间里，客观上是个庭园空间的预备阶段，它可以用列树、花坛、广场之类的手段，使与Ⅱ空间发生某种联系。一旦从Ⅰ空间

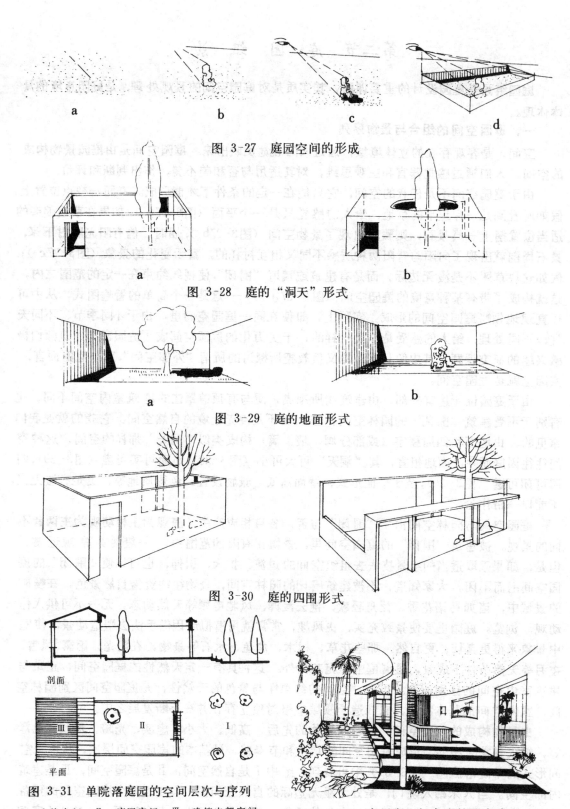

图 3-27　庭园空间的形成

图 3-28　庭的"洞天"形式

图 3-29　庭的地面形式

图 3-30　庭的四围形式

剖面

平面

图 3-31　单院落庭园的空间层次与序列

Ⅰ—自然空间；Ⅱ—庭园空间；Ⅲ—建筑内部空间

图 3-32　广州中山纪念堂接待室庭园

跨入院门，人们即被墙垣围成的庭园空间所吸引，如果院墙高度在60厘米以下时，自然空间与庭园空间的界限，在视觉上只是有所感觉，两者在空间上仍融为一体，将院墙增高到90厘米时，庭园空间的感觉就较明确，如果院墙高达160厘米以上，人的平视线完全在庭园的范围内，和自然空间基本"隔绝"，墙外的高杆乔木和天空景色，在眺望上成了庭园空间之扩大，这种感觉在人坐下来观赏时特别强烈。Ⅲ空间在庭园诱观作用下，使人从庭园空间自然转入建筑内部空间，实际成了Ⅱ空间之引伸。通过这一图例分析，我们可以了解到，有效地利用庭园空间的处理，既可作出空间的序列，又能呈现空间的层次，从而演化出庭景的情趣。这种单院落庭园空间层次与景物序列在四合院或三合院的民居中不难找到。

与单院落庭园相比，多院落庭园在空间组合上有无可比拟的优越性，提供了异常有利的空间层次和景物序列的演化条件。例如广州中山纪念堂接待室庭园（图3-32），它以两个接待室为主体，利用过厅、曲廊、墙垣构成三个园趣不同的小庭院。一进门，敞朗的曲廊与门厅一气呵成，前庭沿廊不置多物，但见绿草如茵，俏木单植，粉墙若纸，花影相绘，显出一幕幽悠深静景象。步曲廊转入过厅，接待室的通长落地窗与厅旁水庭相影，榭屋倒照，赤鱼追波，墙外紫荆些些入胜，构成颇富生活气息的第二庭园空间。绕廊右两步，设另一接待室，石竹依墙，麻石墁地，精美盆栽随宜点缀，托出了雅俗共赏的第三庭景。在百余平方米的建筑地盘里，通过适当的空间组合，构成如此灵活的空间层次和景物序列，真可谓室不呆滞、园不俗套，人工与自然结合得颇有章法。从这个例子我们可以看出，多院落庭园的空间组合，不只是在一个庭园空间里组景，而是在建筑空间的限定、穿插与连络的多种情况下，形成了景物不同、空间不同、景效不同的数个庭园空间，同时又把这些个性各异的庭景，有机地串成一个整体。可见，多院落庭园不能把各个院落孤立地分别考虑，必须以整个庭园的布局作为各庭组景的依据，并按其不同的使用功能来配置各庭景物，构出在统一基调下的各自特色，使全园取得有主有次、有抑有扬、有动有静的安排，既可近赏静观，又能供人徘徊寻踏。这样，从一个庭园空间过渡到另一个庭园空间，景色各异，但一脉相承，呈现出极具韵律的丰富层次。这点我们在湖南韶山陈列馆庭园（图3-33）实例中可以看得更明白。它位于群山之下，掩映于韶山冲林间，由五个高低错落的院落组成，其简朴的入口以泉作序，进门正对的是素雅而穆静的方形主庭，偏旁的侧庭则满水为院，显得居高而深幽，后部扩建的三个庭，按山势逐级安排同系矩形的庭式，通过步廊的有机联络，少量观赏木和灌木丛适以点景，庭景异常清雅素洁，人们从一个展场到另一展场，既活跃了参观情绪，又不影响观展的连续思绪。这样组景不喧宾夺主，所借庭外山色亦不抢高低，用这种洁雅的朴实格调，较好地衬出了纪念性陈列馆的气氛，体现了整个庭园清幽明快的特色，使人不感平淡，反而倍觉亲切之景观效果。

上述二例表明，庭园空间的组合，空间层次的安排和景物序列的塑造不是千篇一律，也不是无规可循的。它往往取决于建筑物的性质和所处位置的使用功能，一般说来，纪念性建筑、宫庭、庙宇之类往往在明确的中轴线上构设庭园空间的层次，用以表达其肃穆神圣的意境。譬如日本的神社和中国的宫庭，其各庭的景物序列均紧紧围绕主题中心来安排，布设牌坊、台阶、华表、列树、地被之类，而一般民用及公共建筑的庭园空间组合，则多以灵活自如取胜。例如广州山庄旅舍庭园（图3-34），它以自由组合的空间布置，采用了传统的前庭、中庭、后庭、侧庭和小院有机结合的方式，较成功地取得了风景别墅庭园的景效。其前庭以小广场、水面、盘道和曲廊依势而设，将旷野的坡地空间划出了有趣的层次，

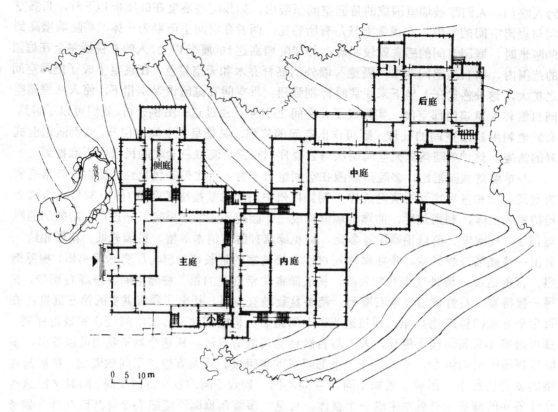

图 3-33 韶山陈列馆庭园平面

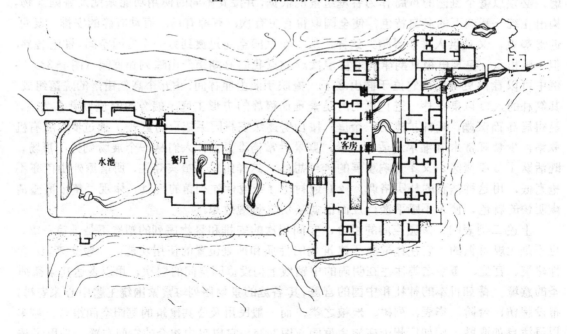

图 3-34 广州山庄旅舍庭园平面

廊前敞朗轻盈，廊后山林可见，分隔了的空间，反而觉得幽深莫测了。入门绕廊进入内庭，板桥横渡，蹬步边设，客房高低错落在花丛林木之中，景象十分舒畅。后庭凭借山涧、野林、壁泉，以桥、亭等小品构成富于野趣的山庭空间，而侧庭却以竹为景，作为餐厅空间之扩展。小院配置灵活，成为卧房、卫生间等空间之渗透景。整个庭园空间组合得异常丰富，且把空间的层次和景物的序列，紧紧与其使用功能结合起来。

二、庭园组景手法

庭园是一种有明确构图意识的立体艺术造型，在满足基本功能的前提下，根据其空间的大小、层次、尺度、景物品类、地面状况和建筑造型等作为庭园组景的手段，构成赋予一定意境的各种庭景，使庭小不觉偏促，园大不感空旷，览之有物，游无倦意。它在空间的铺排上，宜密则密，宜疏则疏，只要认定作园意识，大胆构思，小心收拾，就能意趣横生，各臻其妙。

庭园组景要取得应有的景观质量，一般是通过以下几种处理手法：

（一）围闭与隔断

将庭园景物围成一定程度的封闭性空间，是庭园组景的常见方式，这种方式称为庭园组景的围闭法。它根据庭景主题的需要，来调整所在的建筑空间，以不同程度的隔断方式来取得庭园空间四周不同的围闭程度，用以达到庭园组景所要求的空间环境。使用这种方法一般采取如下三种组合手段：

其一，用建筑物围闭

此式，庭园四周均系建筑物，在建筑物所围闭的庭园空间里，以一定的组景方法组成某种意境的景象。例如韶山陈列馆水庭，四周是展场，庭景只取深而幽静的水际，显得异常清雅高洁，不但适宜展场环境，与庭外韶山风貌也很和谐。杭州玉泉观鱼池三面建筑一面墙亭，其构庭虽与上例类似，庭景性格却迥然不同，前者以平静水面形成深幽静雅格局，使观众的注意力留连于展场序列的连续思绪中，后者水面却珠泉沛涌，簇拥赤鱼遨戏水里，众客来此，绕着水景专心围观细赏，形成一局向心性的动观景象。由此可见，庭园空间相彷并同样取水局为庭景，但组景技法不同时，所得园效是不一样的。

其二，用墙垣和建筑物围闭

此式庭园常常是一面（或两面）是建筑物，其余三面（或两面）由墙垣围成，一般出现在宅园。

这种庭园的观赏点，一般放在室内朝向外空的适当地方，如敞廊、门厅口。因此，庭中围墙高度和室内景框（以门窗或梁柱所形成的观景范围）的尺度，往往成为庭园组景带决定性的因素。一般认为，院墙高度在30～60厘米时，只能勉强区别庭园界限，不存在闭锁性，因为视野（那怕是坐着观赏时的视高）仍保持着与庭园外空间的连续性。但当墙高从90～160厘米的时候，视平线受阻，形成了空间隔断，这就产生了庭园空间的闭锁感，院墙越高，其闭锁感就越明显（图3-35）。

这类庭园的组景，常常运用下述三种手法：一是以屋檐、梁柱、栏杆（或较开敞的大片玻璃窗）作为景框，把庭景收在视域范围里的一定幅面上，形成庭景的主要观赏面（图3-36）；二是在院墙内的适当地面上设置相宜的景物（如景石、景栽、景池、铺地之类），作为庭景中心主题（图3-37），三是将墙外自然景色（如树梢、远山、天空等），作为庭园景物的衬托，使庭园的意境稍稍溢出院外，借以丰富庭园空间的层次，增添庭景的自然气氛（图3-38）。

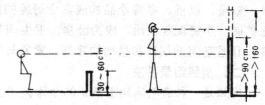

图 3-35 围墙高度对庭园空间的影响

a

b

图 3-37 庭中主景

c

图 3-36 庭园框景

图 3-38 庭外衬景

其三，借助山石环境和建筑物围闭

一些倚山的侧庭或后庭，往往利用山石或土堆作为庭园景物，与建筑物围合出富有野趣的庭景。例如山庄旅舍的后庭（图3-39），利用山石、溪涧、壁泉作景物，涧上渡板桥，台地设山亭；苔蔓滋生，峭石嶙嶙；泉声壁泪，潭影清清；加上名人的壁上题刻，使庭中景意兼优。这种不挖山筑墙而请山貌入园之法，是结合风景建庭的切实可行方法，值得借鉴。而杭州黄龙洞利用宝石山围成的园景，气势很可观，已属多含自然景趣的山庭了。

（二）渗透与延伸

为满足人们观赏需求，庭园组景往往冲破相对固定的空间局限性，在不增加体量的前提下，向相邻空间联络、渗透、扩散和展延，从而获得小中见大、扩大视野、增加层次和丰富庭园组景的效果，此法称之为庭园组景的延伸法。该法往往有意识地把毗邻空间的景物，在视线所及的范围内彼此呼应，一般通过以下三种手法，取得庭景的相互延伸效应。

1.利用空廊互为因借

空廊虽不能围闭空间，但仍起到分割空间的作用。被空廊分割的两个空间，基本上保持着联通关系，使廊两侧的空间景物能相互因借，彼此衬托，从而使相应各个庭园空间的景物各自成为对方的对景、远景或背景，取得庭园组景寓情渊远、层次深邃的延伸效果。例如广州泮溪酒家的水廊（图3-40），人们可以在旧敞厅餐室里渗过这个浮架小岛的水廊，看到荔湾湖上轻舟漂泛、翠带环迥、天水一色的胜景。若从相对的一侧看，透过水廊又可赏识泮溪的酒家景色。苏州拙政园的"小飞虹"使松风亭和香洲二园彼此伸延景致，广东番禺宾馆庭中的桥廊使餐厅与咖啡厅相互呼应，上海虹桥宾馆以空廊作为内外庭的因借手法等，同样都取得了景物组合的良好效果。

2.利用景窗互为渗透

庭园组景常常用"对景"的方法来获得相邻空间的相互渗透，有意地透过景墙上的窗口，很集中地望到另一空间的有趣景物，使视点——窗孔——景物连成一线，形成庭园空

图 3-39 山庄旅舍后庭景观

图 3-40　泮溪酒家庭园水廊景

图 3-41　广州越秀公园花卉馆景窗

图 3-42　拙政园梧竹幽居环洞景观

间景象在纵深线上的延伸。例如广州越秀公园花卉馆景窗(图3-41)，它在廊墙上，前有内庭后有野景，人在庭内赏花时，漫步窗前透视庭外竹林蹬道野景，又是一番情趣。广州海珠花园的书卷窗，设在过厅的对壁上，正与人的视线齐高，窗外光照明媚灿烂，几叶龟背竹遥对窗心，把人的视线从室内引向窗外，导出局外有趣的景象，这些均属庭中组景佳作。

3.利用门洞互为引伸

庭园利用门洞组景，是一种很常见的手法。通常运用门洞隐现出来的景物作游观之诱导，若门上有绝句题额的，更添景意。如苏州拙政园东部从枇杷园门看"香云蔚亭"，或自"别有洞天"看"梧竹幽居"(图3-42)，都是以门得景、游之以导之佳例。这些以门组景的做法具有两种极好的组景功能：一是以门洞的对景作为庭园景象序列之引导，把游人从一个庭院引入另一个庭院，自然地形成一条明确的观览线路；二是利用门位和门形的构图轮廓，将远离的景物纳入门景画面，使之成为庭园中富于画意的景物造型。因此，庭园墙垣的分隔和门洞的开设，常常成为转换庭景和组织统一景线的简单易行的处理手法。

三、庭园空间景效

景，意指景象。庭景系庭园空间里景物组成的景象，在造园中它自成一体，既不同于资借自然山水之风景名胜，也有别于普通园林的序列性景观，一般规模较小，并必与建筑空间相依存。它可以独自成景，也可以作为风景区或普通园林之局部，成为园中之园。

由于庭园空间具有可供观赏的景象，自然与纯为通风采光用的天井不同，它的形成必须在一定的庭园组景的主导思想下进行，即在满足使用要求的基础上巧于造景。譬如"亭中待月迎风，轩外花影墙移"的苏州网师园景致，由于对水、石、花木和建筑的处理得体，庭园空间的景物与自然景色融成一气，使人感到亭不孤寂，墙不虚空，动入静景，静中生趣，使景象赋予一定的寓意和情趣。可见，欲使景生情，就要善于揣摸景的塑造，做到所谓"景到随机"，使庭园的景致变化自如，自然入画。我们看到成功的庭景总是溢出其空间的局限，扩大所需的景域，来增强主题的衬托；丰富景象的层次，完善庭景的图象，从而使意境深化。明代造园家计成在镇江给郑元勋造"影园"，用"架外丛苇……隔墙见石壁二松，亭亭天半"（见《扬州画舫录》）的手法，将自然景观纳入园内景域，把人的视线从园中引伸到园外，看来，这种园有限而景无穷的方法，古今均引为佳作。

古云"重形象，更重意象"，确切表达了我国造园的传统风格，上一章中还就"立意"专门阐述了基本原理，庭景的塑造之前，同样需要一个构思出来的意境，把内在的含义通过一定的景物造型和空间环境把它表现出来。譬如扬州个园，作者以四季景色为立庭意境，在园中巧作春、夏、秋、冬四个庭景，那竹藏石笋的春意、水泊荷香的夏景、山俏亭凉的秋象，雪色石眠的冬态，有如郭熙所描绘的"春山澹冶而如笑，夏山苍翠而如滴，秋山明净而如妆，冬山惨淡而如睡"的韵味，游园一周仿若历经一岁，意象颇深。在庭景中，意境表达得深趣者，最喜取含蓄之法，以我国庭园用石为例，叠山似山却不以山称，命以"小罗浮"、"玉玲珑"、"云坳"一类，让人去琢磨、思忖、寻味，用以抒发庭园近赏静观景致的特有素质。

景之优，不在景物之多寡，贵在特色。这是能使园取胜之又一要领。事实表明，只要能从容地考虑地方景物的利用，就会自然出现与众有别的特征，广州九曜园以具九品"怪"石著称，无锡寄畅园却以八音涧驰名，苏州怡园的松梅、潮阳西园的潭影、扬州史公祠的云曲、济南趵突泉的泉涌等，均以乡土之胜为庭景润色，可见，庭景的取材是值得认真考究的。

从上述情况我们可以认识到，庭园的景要顺应自然，要富于意境，还要具有特色。这样，才能获得良好的组景效果，这种组景效果简称为景效。

景效的取得，一般取决于庭园组景的主题中心，它利用因借、渗透、隔断、延伸、对比、影射和珍品构设等手法，在某种意境的主宰下，塑造出各异其趣的景效。在上述各法中，影射利用、珍品构设和景物对比三法尤具特色，现就此分述于后。

（一）利用影射丰富园景

谚语："近水楼台先得月"，虽属寓意，但从直观之，它竟点出了水池利用倒影获得自然庭景之真意。园林中如杭州西湖三潭印月，庭园中如双桥月，均属此类。《扬州画舫录》记镇江"影园"，就是"以园之柳影、水影、山影而名之也。"可见，"影"在庭园组景中的巧妙运用是我国造园的传统技法之一，它利用水面倒影之特色，不独可借陆上景物之美来增添水局之情趣，也为庭园景色提供了垂直空间的特有层次感。祖咏在《苏氏别业》诗中"别业居幽处，到来生隐心；南山当户牖，澧水映园林"的描绘，使人有身居"别业"，饱览影中庭外山园风光之感。在新庭园中也有不少抒发水影景效的佳例。例如广州东方宾馆内庭（图3-43）不但将水面构成带有岭南传统气息的船厅格局，同时巧妙地利用高楼倒影，在水景中呈现新建筑庭园空间竖向的有趣层次，恰到好处地衬出现代质感。

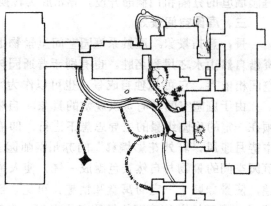

图 3-43　东方宾馆内庭水局景

　　射，指的是利用光的反射取得景效的手段。我国古典庭园中，有用巨幅壁镜的光反射造像原理，把镜前的庭景反映在镜面上，达到间接借景、虚拟扩大空间和丰富庭园水平空间的层次感，确是匠心独运。譬如苏州怡园，在南沿建一"面壁亭"，亭中立大型照镜一个，镜中即映显北面山景上的螺髻亭、小沧浪，和山下的水局景等自然庭景，使位居庭边无所开展的该亭南端，借反射手段虚构出美妙的"扩大空间"（图3-44）出来。最近，深圳东湖宾馆庭园里，在虚设的小院门中装置镜面，把"门"前的庭景显影于门镜中，有若"门"后出现的景致，效果很逼真，颇添景趣（图3-45）。

　　可见，庭园景象的构设，如善于利用水面倒影和镜面反射的手段，对于庭园竖向和水平空间，都易于取得丰富层次和扩大景域的特有效果的。

　　（二）利用对比塑造景象

　　对景物尺度和质量的估量，除与人的观觉条件（如视点、视距等）有关外，运用景物本身的对比，也可以影响实际的景象效果。庭园组景常常运用这种效应，把两种（或多种）具有显著差异因素的景物安排在一起，使其相互烘托出各自特色，达到组景变化多趣的效果。

图 3-44　怡园面壁亭景效图示

我国古典庭园，在布局上惯用"抑"、"扬"、"藏"、"露"的对比手法来塑造庭园空间，特别是在江南庭园里那些面积不大的平庭中，用抑扬间错法，避免了单调枯躁、狭窄局促的闭塞感，常将入口空间处理成狭长曲折、夹巷深幽，予人一种小、近、暗、狭的印象，一旦入园，则豁然开朗，呈现一片廊庑迴环、奇亭巧榭、峰迴路转、水天一色的景貌，予人一种大、远、明、宽，畅朗舒怀之感。这种"欲扬先抑"的手法在苏州留园中最为典型（图3-46），它利用空间的大小、形状、明暗、方向、开阖，以及色泽、粗细、简繁、虚实等对比处理，塑造出千变万化的景物空间，特别是在"五峰仙馆"和

图 3-45　深圳东湖宾馆镜门景

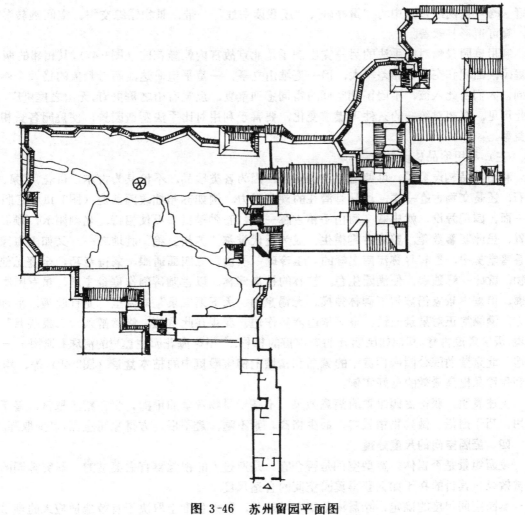

图 3-46　苏州留园平面图

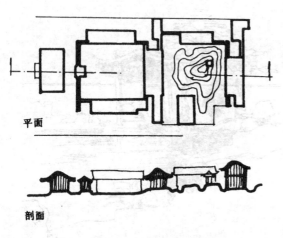

平面

剖面

图 3-47　北京故宫乾隆花园平面

图 3-48　拙政园前庭景

"冠云峰"这两组庭园中的"揖峰轩"、"还我读书处"一带，景物错综交织，空间婉转多趣，真可谓形神兼备。

利用庭园景物对比手法的另一突出例子是北京故宫内乾隆花园（图3-47），其相邻的两个庭园，面积和空间都相差不大，但一庭堆山立亭，一庭平坦旷达，两者景象的格调全然不同，人们由此入彼，不因围闭空间的雷同感到重复，反觉有山之庭更野，无山之庭更广。由此可见，在相对统一的条件下谋求变化，要善于利用对比手法塑造园景，使庭园各景相得益彰。

（三）利用珍品构设景象

利用珍品构设庭景，可使庭景身价倍增，因为各类珍品，不论其为古木、奇花、名泉、怪石，还是文物古迹一类，均具有潜在的观赏魅力。例如苏州拙政园前庭（图3-48），它照壁一面，园门旁设，就中栽文衡山手植古藤一株，苍劲攀虬，石仗相持，名刻附示，顽石旁置，虽此寥寥数笔，整庭古趣横生，成为近代誉称"苏州三绝"胜地之一。又如上海豫园香雪堂庭中，置有号称江南名峰的"玉玲珑"石山，它四面通眼，漏得奇巧，全庭无他景物，就此一峰独起，便满园生色。桂林的桂海碑林，以古迹碑刻作庭景主题，虽有围廊高廊，但庭中景象仍被岩下碑林独揽。无锡惠山"天下第二泉"庭园里，龙首吐液，承池一方，漪澜堂正对泉景而设，泉旁依山就势作垣，深夜在此赏庭，悠然醉入"二泉映月"幽境，极尽泉庭古意。其他如昆明筇竹寺内庭的柳杉、广州珠海花园主庭里的海珠石遗物——古榕，北京紫竹院公园南门庭中的紫竹和清城七佛宝殿庭中的枯木盆景（图3-49）等，均系利用珍品提高景效的良好实例。

上述表明，获得庭园组景的满意效果，不在于景物数量的堆砌，贵在精于取材，善于运用，巧于因借，做到物精景粹，品少格高，素不陋、趣不俗，方得象简意深，以少取胜。

四、庭园空间的尺度处理

庭园组景是否得体，造型空间是否合宜，是通过人的视觉器官去鉴赏的。研究庭园的观赏效果，其目的在于如何获得庭园空间的合适尺度。

庭园空间尺度的确定，除需满足基本功能外，很大程度上取决于有效地适应人的观赏规律。

关于空间尺度的视觉规律，上章有所涉及，从中我们已了解人的眼睛所看到的视野范围，大约为60°顶角的圆锥体，能看到的最大距离约为1200米（图3-50）。这种作为建筑造型和布局控制的创作依据之一的问题，已经逐步成为益趋公认的空间设计的一项重要因素。

庭园空间属外部空间的一种。作为以静观为观赏特征的庭园，那种根据静观状态提炼出来的视角控制,对庭园空间尺度的决定，提供了较为理想的依据。譬如在庭园里栽一棵赏形孤植树（图3-51），观赏的位置设在哪里，离景物应多少距离才能达到最佳的观赏效果？如果这棵不是赏形树，而是赏叶或赏果的，又该如何处理观赏点？这些问题除与选择景栽品类有关外，与庭园空间尺度的确定有很大关系，处理得当，见形得貌，促成庭内一组完善的景物空间;处理失体,形貌皆非,不得其景，反而破坏了整个庭园空间。

人们在平视状态下观赏景物，一般利用其一定的水平视角和垂直视角的控制来获得

图 3-49　七佛宝殿庭中枯木盆景

最佳的观赏条件。用现代测试技术所测定的人们双眼合 同视 野的最佳水平视域为60°夹角，这个数据对景物观赏的实际效果分析是基本贴切的。譬如，我 们鉴赏苏州拙政园玲珑馆，在南北两面，因受山石、景栽和墙垣的牵制，均不得 其 貌，只能在该馆的正面（西面）庭中，即离开馆前相当于该馆宽度的距离时，才获得廊庑 迴绕、庭院深深、玲珑可玩的景效（图3-52）。这种观赏点的视线夹角正是最佳水平视角的观赏点，如果这个中心景物的高度不超过其宽度时，这个观赏点也就是该庭园空间的最佳近赏点 。从图中我们可以知道，最佳近赏点在60°水平视角范围内，其所看到的不是庭园的全体，而是形 成 庭 园空间主题中心的景物——玲珑馆及其必不可少的衬体——回廊、景窗、月门、铺地等，使人觉得小馆不显其小，小庭不觉局促，反而显得开朗而深幽。

人的视野在平视状态下，视距为观赏物高度的两倍是最佳的垂直视角，这个原理在庭园空间组景中也是经常引用的。譬如设计一个水庭的时候，常常水面铺小桥，岸边设景亭。桥与亭的位置如何确定，除与当地具体构图条件有密切关系外，视角选择恰当与否对观赏效果的成败具有重要的作用。如图3-53，当桥与亭的 距离 等于 两倍 ，即 $D = 2H$ 时，如果视平线刚好与亭的地面线贴合，那么，站在桥上就可以看清亭貌。以同样的距离及其高差条件，在陆上取观赏点，也一样能取得观赏亭的 全 貌 的 效果（图3-53a）。假如桥是贴水面架设，而水面至亭的地面的高度为亭的高度的一半，视距拉开至 $D = 3H$ 时（图3-53b），眼前的亭景出现了既有亭的全貌又有岸景和天空景色及其完整的倒影，这样就把

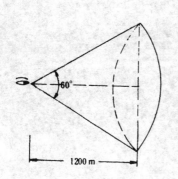

图 3-50　人的双眼合同视野图示

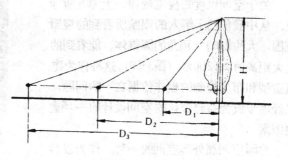

图 3-51　庭园景物观赏点

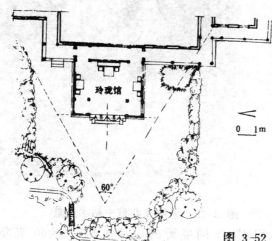

图 3-52　拙政园玲珑馆水平视角分析

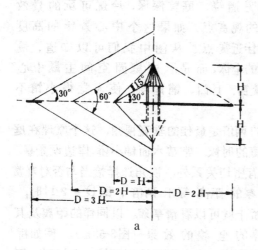

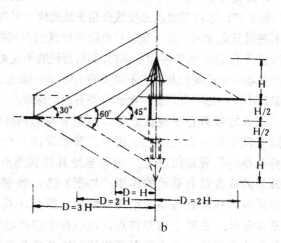

图 3-53　垂直视角分析图示

亭景、水局及局外自然景色，有机构成一组完美的景物空间，小桥便成了赏景亭的最佳观赏点。诚然，在实际设计工作中，确定桥位的具体标高时，还需考虑人们立视（或坐视）的尺寸，而且，如果主题景物的宽度超过其高度，并越出最佳水平视角范围时，视距就得相应拉大。

视角原理表明，如果将视距（D）与景物高度（H）的比率缩小，譬如 D/H＝1 时，情况就有了变化，在平视状态下，人们只能看到景物高度的 1/2（眼睛离站点地面的高度暂不计算时），还有 1/2H 要用仰角 15°来补偿（图3-53 a）。如果比率再缩小，其仰角就越大。这种观赏条件，在建筑内部空间和以近赏为主的庭园空间是经常碰到的，因为这些空间的大多数观赏对象，都是在平视状态下的视野范围内。

经验表明，当观赏对象的高宽比在不太悬殊的条件下，D/H＝1 成为近赏的良好空间感的一种界限，当 D/H＜1 时，空间就感到迫近，当 D/H＞1 时，空间有远离的感觉。如果高宽的比率继续按各自方向发展，其相应反映的观感就更加强烈，即当 D/H＜1 的比值过分小时，便会产生异常挤迫和局促的感觉；而当 D/H＞4 以上时，观赏对象则显得淡泊而疏远。例如，南京瞻园静妙堂旁的侧庭（图3-54），在丈高的院墙上，月门正开，锦窗旁设，古藤趣蟠而挂，景石因藤相配，在廊下观赏，酷似一幅构思奇趣的寥寥数笔的水墨画，其视距正是相当于墙高的庭中廊下。如果景物内容不变，将庭园空间尺度增大或缩小，园趣就会完全不同，不是感到空淡就会觉得迫促。可见，如何运用视觉规律作为设计庭园空间尺度的依据，是十分重要的。一般认为，以近赏为主的庭园空间尺度，其垂直视角控制在 30°～45°之间，即 D/H＝2～1，其比值尺寸可以获得较紧凑的景观效果。

人的眼睛以平视状态观物是自在且易于持久的，因此，景物空间的主题中心总是选择上述法则来确定其空间的尺度。然而，人们观赏景物时，视线不是一直平视的，往往喜欢左顾右盼、上下打量，因此，景物造型和空间尺度不能只从单一方面考虑，应通过庭园组景手法，使人的观赏线，从局部的兴趣点开始，逐步引伸、周旋，最终又回到以景物主题为中心的总体上，使人依着景物从近赏到静赏，视距活动从小到大，即 D/H 的比率从1而2至3，达到对景物空间的整体赏识。

视距，在庭园空间设计中，除与尺度密切有关外，与景物质感的关系也是十分明显的。纹理细致的材料，只能在一定的视距中得到观赏价值，越出一定的距离，就会影响质感。成丛成片的野菊花可供远眺，但清香的玫瑰宜于咫尺近赏。广东省潮阳县西园的前庭中，设有一口乍看不引人注目的泉井，它位于进门左侧的小石屋里，这座用石壁雕琢成的泉井如意门洞（图3-55），在尺度上与井台空间十分贴切，人们站在景门前，当视距 D/H＝2 的位置时，一种青灰色素的壁面、步级、景洞，自然地吸引着人，当走前几步，接近 D/H＝1 时，清晰地发现它全是由自然山石雕琢而成，在浓阴下，那种暗青晶莹的冰凉凉的石质感，使人顿有甘凉生津之味。踏入四尺见方的井屋，室内泉井一口，景致阴润，回首从如意门向庭中窥望，畅朗的庭园景色复又逦还。——从这一实例可以看出，在适当范围内所显示的质感，对景物观赏效果有重大的影响。

我们还经常碰到这种情况，即在庭园内某种墙（或柱）面装修材料，在一定视距中会取得良好的效果，再向前或退后，感受就显然不同。例如广东顺德中旅社支柱层的柱面和墙面，分别以素色粗面和深色滑面两种贴面预制块来装饰，结果，在 D/H＝2 的视距观赏时，柱面质感效果非常好，色泽与整体相协调，饰面纹样还隐约可见，予人一种精雅之感。

图 3-54　南京瞻园侧庭景观

图 3-55　潮阳西园泉井的
石屋入口

但在同样的视距条件下观赏墙面上的饰面效果就不同了，在阴影下，它色深纹细的饰样模糊不清，浑成一块，失去了整体的协调性。然而，若视距缩小，当D/H=１时，情况就不一样，柱面材料觉得粗糙，而墙面材料的质感则有所改善。如果将视距拉大至D/H＞3时，饰面的色质和纹样已完全看不清，这时的饰面质感，给人留下的不过是整体的一点微弱印象。

　　诚然，上述原理和例证，均属庭园空间在静观状态下根据视觉的普遍规律所取得的尺度处理，它无疑成为以静观为主的庭园空间尺度决定的主要依据。但是，人们对庭园空间的观赏，不是单凭视觉取得，而是几乎触及全部感觉器官，并通过主观思维进行的。景物的形、色、声、光、味都直接影响到空间的尺度感。阴暗空间再大也不为人获得开敞的感觉，狭窄的带有声、光的动态空间反使人不觉局促，这是常见的现象。譬如白云宾馆内庭（图3-56），当你还在首层门厅，通过玻璃墙望去的庭景，是狭长的纵深空间，一旦踏入内庭．廊前池面清沏如镜，百丈高楼投影到底，廊后石山飞泉作瀑，骄阳榕荫绘影双壁，使人感到空间虽小不觉小，楼高山大不觉逼，较好地通过水影、水声、水的动态、景栽的色泽、过廊的分隔、树影的摇曳等，调整了人们的尺度感，有如苏州惠荫园八景中藤崖伫月，屏山听瀑、林屋探奇之意象，既协调了庭园空间，还赋予一定的意境。

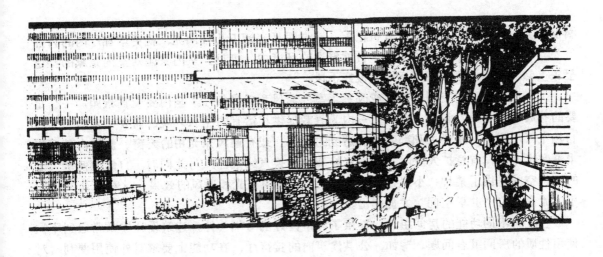

图 3-56　白云宾馆内庭景观

第三节　室内景园

在庭园组景范畴中，如果园景界入了建筑物的室内空间，在室内形成了一定的景致，这种形式的园称为室内景园。

具有室内景园的建筑物里，其上空往往带有通光的顶盖，也有只从外墙采光窗口去满足园中绿化栽培需求的，将自然景物适宜地从室外移入室内，使室内赋于一定程度的园景和野外气息，丰富了室内空间，活跃了室内气氛，从而自然地增强了人们的舒适感。

古代建筑物，由于科学发展的局限性，均以低层形式出现，那时，人们多采用室外庭园的方法来提高建筑环境质量，并藉以过渡和衬托室内空间，在室内极注重陈设、讲究盆栽、瓶插、古玩和精美品石的摆布，把它装点在几案、景窗或博古架上，使室内陈设的景物与院落里的庭园景致融为一体，我国古典庭园这个优良传统一直沿袭至今，且得到了极大的发展，其原委在上一节里已作了系统的论述。

多层建筑，特别是高层建筑和室内空调设备出现后，室内空间与地面上室外园园的直接联系困难了，于是逐渐出现了室内庭园。十九世纪在国外的旅馆建筑中，如丹佛"褐色宫殿"旅馆等已广为采用，到了本世纪七十年代，以美国约翰·波特曼（John Portman）为代表，提出"建筑是为人而不是为物"口号，认为建筑学是为人们日常使用的房屋服务的，如果建筑师能把人们感官上的因素融汇到设计中去，就能创造出一种使所有人都能直觉地感到和谐的环境来。在手法上异常注重室内大庭园的空间处理，把室内庭园视为人们日常生活一部分的共享空间，使室内空间设计进入了新的境界。

室内景园的出现和获得迅速发展，是人们生活水平的逐步提高和现代生活方式需求的结果。从实际效果看，由于它具有如下的基本功能，而愈来愈广泛地被采用。

一、改善室内气氛、美化室内空间。在日常生活中，如果只呆在除了坐椅就是光溜溜的地板、墙壁、天花板的客厅，没有一种景象的东西来唤起某种活的气氛，人的感觉是很单调枯燥的，有若投入牢房。假如这个厅里，墙上悬画一幅，枱上置瓶花一束，墙角还有布置盆栽、古玩一类，室内便会顿时出现生机。如果厅旁还有半席园地，小池一口，清液滴润，笋石悠生，棕竹、蕨草有机相配，透过明瓦，洒下几束阳光，就更增加厅内的自然气息。人们身置此景，有若回到了自然舒适的环境中。可见，室内景园对室内景象的塑造至关重要，是构设建筑空间意境的极好手段。

二、为扩大室内空间，提供或改善了室内通风和采光条件。室内要配置景园，一个重要的构成部分是植物栽培，需要在室内为景栽提供相适宜的生长环境，需要一定的阳光和自然空气，这样，便要求顶部装置有透光的明瓦，或有通风采光用的天窗、侧窗，甚至用半开敞的办法，有意扩大室内空间，来换取通光换气的条件。与此同时，自然地使扩大了的室内空间提供了某种"小气候"，大大地改善了室内采光和通风的效果，这对于公共建筑中人流量大的"共享空间"尤显突出。

三、为不同功能的房间组合，提供了异常良好的分隔条件。建筑设计中常常遇到不同使用性质的房间组合问题，譬如，公共建筑内的接待厅，在功能上要求对外使用便利，对内联系有机；与嘈杂的公共入口要直接但又不受干扰，需有一定的幽静环境，与内部业务用房要联系但又不致混杂入内，这时，如果能在这些内外的关系中设置互相都可适应的室内景园作为过渡空间，既可避免接待厅的过分暴露，又不致太接近业务用房而互相影响，使各自的功能在使用上更为合理，既分别处理又有机相连，形成较为理想的设计组合。

四、为室内一些较特殊的空间提供较好的处理办法。譬如，我们常常见到一些标准较高的公共建筑的门厅里，设置有醒目的楼梯，既供竖向交通、又作为厅内空间的重要装饰来设计，在处理上，梯跑、平台、栏板扶手以至整个梯形一般均能取得与大厅空间的协调，但梯底空间往往容易疏忽而形成死角，或出现封闭呆板的形体，破坏了整体空间的理想效果，倘若利用小小水面、景石和景栽的配置，便可使梯底空间与梯跑形成有机结合的自然景效，这样不但防止了人们越入梯底时易被碰撞的危险，而且也很好地美化了梯底空间，丰富了整个厅景。

五、为室内空间的联络、隔断、渗透、引伸、转换、过渡和点缀，提供了灵活的处理手法。在多种型式的建筑空间组合体中，室内各空间的关系如何才能处理得当，虽与建筑平面布局有关，但与空间上的具体处理尤为密切，许多室内装饰设计和材料应用上难以解决的问题，常常借助于室内景园。譬如：对壁景窗一扇芭蕉、迴廊转角数株棕竹、起居室后潺潺乳泉、会客堂中盈盈涌水、餐厅前后石笋点点、茶座栏下游鱼娓娓、景架壁上巧悬气兰、步廊两旁顽石相伴……从一个空间引到另一个空间，层层唤起室内景致的更易，融化在所有的人都乐于受用的环境里。这些既朴实又简雅的灵活处理手法，把室内空间安排得自然、贴切，很有生活情趣。

室内景园的这些基本功能，可以各种不同的形式来适应室内的各种空间，在不同景物的组合中，各以不同的主题而各具特色。

譬如，以品石为题的室内景园，一般用锦川石，它占地少，形俏色素，稍以棕竹相伴即可成景（图3-57）。假如景园的上空采用彩色塑料作明瓦，阳光透瓦而照，其石身色泽瑰丽多变，更富园趣。广东顺德中旅社主餐厅内，把人造锦川石、彩色顶光和小型水池相组合，就是取得良好景效的实例。该社三号餐厅的腊石山景园（图3-58），位于餐厅的一端，用框景的手法，把灰塑黄腊石山做在有顶光照射的间壁上，光泽洁净并富有山野气息，使通亮的石景园活跃在餐厅内宽绰的景框中，增添了厅内空间的情趣。广州的广东旅店二楼餐厅里，模拟钟乳石，自天花板悬空挂下体态峥莹，很有一番南方岩峒的意境（图3-59）。

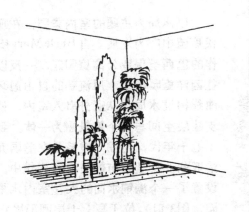

图 3-57 锦川石景园

图 3-58 腊石山景园

图 3-59 钟乳石景园

风景区里的园林建筑，常常将山石引入室内，构成室内石景园。例如桂林芦笛岩风景区休息室露台下的敞厅，顺山景而筑，厅内山石依壁突屹，配以小花池、乱石墙，蹬道相引，蕨翠迥莹，与厅外景色贯成一气（图3-60）。

以巧趣的精美品石作景物者，一般室内不作园式处理，而是采用几案或景架摆设，作为某种点缀。古时喜用山东兖州出产的土玛瑙作景石，它大如拳小如豆，红多而细润者最可玩，让人在几台上伏案细赏。现时多以英石、钟乳石，作为室内空间引伸之对景，或在室内一些偏旁位置作补白，用以丰富室内景趣。

在国外，室内景园用石较少，最近在东南亚个别旅馆建筑中，亦有出现仿作中国园似的石山，用塑料做得异常逼真，在室内大庭园空间里有效地减轻了巨型石山的重量和地下室面层的荷载。

图 3-60 桂林芦笛岩风景区休息室敞厅

以水局为主题的室内景园，在现代庭园中广为发展。自Burle Marx所作的巴西圣保罗公寓庭园起，一反以往西洋庭园传统，用流畅的自由迴环曲线构设水局，从室外串入室内，使支柱层空间与整个庭景融为一体。到了七十年代，约翰·波特曼在美国乔治亚州亚特兰大市桃树广场旅馆中，设置了一个满铺水面的大型室内水景园（图3-61），位于高七十层圆形塔楼与七层高的公共大厅屋顶相接处的下面，这里没有房间，只有客房塔楼的承重柱子和中央电梯井通到大厅底层，屹立在一个很醒目的倒影水池中。在柱与柱之间伸展出一个个船形的小岛，产生许多不同的空间供人们休憩、冷饮和观看大厅内透明电梯、桥廊上来回流动的人物景色，异常宏观、别致。

我国室内水景园，古时以泉、井和景缸等水型为题者多，如杭州虎跑泉、广州甘泉仙馆、苏州寒山寺荷缸等。现代，我国室内水景园仍常常承

图 3-61　美国乔治亚州桃树广场旅馆的室内水景园

袭传统之余辉，利用水局范山仿水，使室内小小的水景不但具有天然风采，还常富于深趣的意境。譬如广州山庄旅舍套房厅内的"三叠泉"水景园（图3-62），壁上出岩三起，假泉顺流三叠，小池作潭，乱石作岸，盆栽巧放，蕨蔓趣生，在不到9平方米的光棚小院里染得野趣浓浓，耐人寻味。广州愉园酒家利用旧房楼上改建成带顶棚天窗的餐厅水景园（图3-63），其布局别具一格，厅的三边为餐室一边，横放楼梯，中央置喷水清池一口，景石因池伏岸，池边植棕竹数株，卵石旁砌，阳光从顶棚天窗照入厅内，光波荡漾，极具庭园风味。这种处理不但在功能上很好地解决了各餐室间的联系，还巧妙地利用水景园的景效，使人有宴坐楼厅俨居室外之感，取得楼上建园之奇效。广州白云宾馆国宾厅内的水景园，采用人工顶光、攀藤绿壁、水池、石滩、地毯等构成浓厚现代色彩的园景，是近年来我国新建宾馆楼厅水景园的一种明显倾向（图3-64）。

以培植水生景栽的花缸和供玩赏的金鱼缸、金鱼柜等景缸水型，一般不作园式，它可以灵活搬动，得景随机，用来点缀室内一些消闲部位，供人闲赏。

室内以盆景作园，除专门性展览馆（如上海龙华盆景园、广州西苑、桂林七星岩盆景园等）按展线摆设盆景，取得十分丰富的景园空间外，一般室内盆景极少以固定园式出现。它布置十分灵活多样，如果摆设得当，室内盆景同样可获深趣意境的景象。

盆景是我国传统造型艺术之一，精髓者有若大自然之缩影，是极富观赏价值的景物。一般而言，赏形如古松、古榆、福建茶、水横枝等。盘根错节，苍劲古趣；赏花如玫瑰、

图 3-62 三叠泉水景园

图 3-63 广州愉园水景园

图 3-64 白云宾馆室内水景园

杜鹃、红杏、芍药、唐菖蒲等，含苞吐艳，落英缤纷；赏叶的如棕竹、铁树、蒲葵；赏果的如金橘、花椒；赏香的如水仙、兰花；花叶共赏的如荷花、菊、牡丹等，以及各式瓶插之类，均各具特色。

这些景物的摆设，必须根据具体场合、使用要求、栽种季节和室内景观需要等因素来综合考虑，方能恰到好处。譬如客厅和书房宜清静、雅致，以艺术赏形的盆栽最好。餐厅宜热切、欢荣，以赏色香之盆栽或瓶插为适。人流量大的厅室如候车站、候机室等，花木较难料理，宜以挂壁或吊盆、花斗等方式处置。会场之类的盆景，则视其使用性质而定，如宣传鼓动需热色景栽，欢庆场合要色、形、香俱备，治丧追悼宜垂柏长青一类，否则会弄巧成拙，适得其反的。

室内的盆景布置应与室内空间的比例尺度和家俱陈设相适应，以取得室内景效之协调。西苑是广州"盆景之家"，在原有旧建筑的基础上改建扩充，其室内空间成功地采用各种景窗和旧式彩色玻璃窗心，使盆景的设置和室内景观都显得精雅大方（图3-65）。桂林盆景园采取悬山展亭的建筑形式，很有乡土气息，其展场入口处，利用古栽一颗，景框相配，不但门厅入口成景，且能透过景框预示场内景物，起到序曲的作用，极尽含义（图3-66）。广东新会盆景园采取竹片制作博古架来装点盆景（图3-67），既有传统气氛又有地方特色，在内外景效相助下，显得格外和谐。此外，用壁龛式（图3-68ª）、花斗式（图3-68b）、和景场式（图3-69）配置景物，不但做法很别致，与周围环境也很协调，对室内空间的分隔和渗透起到了很好的作用。

在国外室内景园中，用盆景者极为普遍，特别是在共享空间里，常以巨大盆缸植乔木，以走廊的栏干作花池，光棚的网架作吊盆，如美国桃树中心室内景园、沃思堡银行室内景园等实例，均取得了很好的景效（图3-70）。

在我国古典庭园中以赏声为景题者不少，诸如鸟语蝉鸣、风呼雨啸、钟声琴韵等，其以声夺人，使人的感情与之共鸣，产生由声连想的意境。如《园冶》中"鹤声送来枕上"、

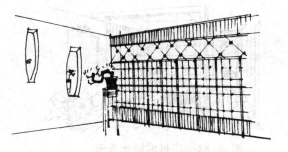

图 3-65　广州西苑盆景园

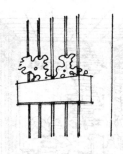

图 3-68b　花斗式

图 3-66　桂林盆景园入口景观

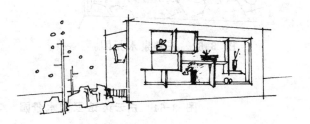

图 3-69　景场式

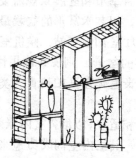

图 3-67　新会盆景园景窗

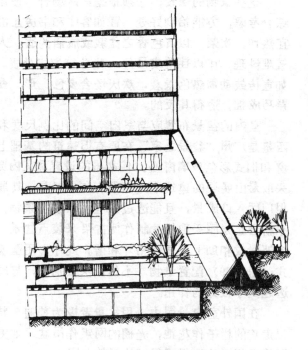

图 3-70　沃思堡银行剖面图

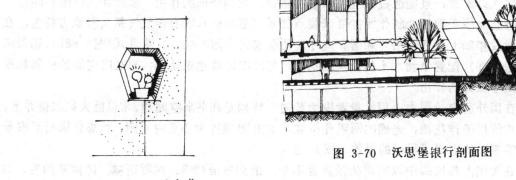

图 3-68a　壁龛式

"夜雨芭蕉，似襟鲛人之泪"、"静扰一榻琴书，动涵半轮秋水"等描述，都极富情趣。古园中以赏声为景题的如：以湖上渔歌为题的惠州西湖"丰湖渔唱"、以古刹钟声为题的杭州西湖的"南屏晚钟"、以雨声为题的苏州留园的"留听阁"、以风声为题的避暑山庄的"万壑松风"、以泉水流声为主题的扬州瘦西湖的"石壁流淙"、以鸟声为主题的杭州西湖的"柳浪闻莺"等，不但取景贴切，其咏叹题文的意境还深而趣。

室内景园以赏声为景题的，多以鸟鸣、泉滴、风涛、琴韵相取。在一些园例中可以遇到这样的情况：当游人潜心欣赏室内某一景物时，忽儿耳边画眉高歌，使人转而醉入赏声境域。如广州海珠花园，在水庭周围的廊榭里布置有金鱼缸、雀笼等景物，当人们观赏水局、戏鱼之际，忽而跃雀欢歌，诱人拭耳寻赏。在中国商品交易会的花鸟馆，广州市内的花鸟店，以及昆明园通寺内接待室旁的鸟廊和广东有些公园里设有室内园的鸟舍等，真有形情俏趣、欢音夺人的境界。在国外，为配合游乐气氛，而采用现代声、光技术的，如埃及在古城卢克索的卡纳克神庙里搞了声、光手段，将古老埃及的历史再现于观众面前，使室内空间的古老气息增添了新的活力，活跃了游者的情趣。波特曼在旧金山艾姆巴卡迪罗旅馆的景园中，采用了伯恩哈特·利特纳（Bernhard Leitner）的"音雕"，给人们的印象是一群飞鸟，停在杆上歌唱。把人造环境和人的心灵联系起来，在声景塑造上，更是匠心独运。

近年来，我国园林建筑中，室内以泉声作景题者不少，如双溪乙座的"读泉"、广州文化公园园中院的"潺潺"等，它以泉为形，以声夺景，构成静穆雅洁的场面，在音乐茶座、客厅、起居室内多用。

从上述情况，我们可以明显看到，室内景园不是单一不变的格式，相反，它充满生活情趣地可以采用多种自然景物，以此产生丰富室内空间的多种多样的手段。就按其对空间处理的作用而言，可以通过室内景园的技艺，用渗透和对比的手法来扩大空间，用约束和隔断的手法来分隔空间，用过渡和引伸的手法来联络空间，用点缀和补白的手法来丰富空间等。诚然，这些手法往往不是单方面去完成，而是与建筑布局、庭园配置、室内空间设计与装修设计等手段，成为有机的结合体。建筑物是由一种或多种使用功能的局部构成的，以民用建筑为例，一般要由门斗、走廊、厅堂、楼梯和房室组成，由这些各个局部的空间组成民用建筑的整个空间。对于局部空间而言，室内景园的作用是如何发挥的呢，我们可以通过一些实例来阐明，由此进一步了解室内景园在不同的室内空间的应用。

用室内景园手段来处理门斗空间的，虽实例不多，但一旦用之景效显著。如苏州城东公园大门（图3-71），在中央位置设室内石景园，作为整个大门的主题，它吸取苏州园林的地方特色，巧妙地以全园门景这个核心来预示内在的格调，用一具品石叠成景，通过漏花墙的渗透，顶棚花架的衬托，使园内外上下空间不是一隔而断，而是虽隔而续，在两旁门闸相配下，成了自然的入口空间。上海西郊公园金鱼廊的门，利用壁上金鱼柜作水景，成为入口装饰的主题，人们观赏水景时，不但鱼趣夺目，还能隐约地透水窥视内部空间的层次，既预示了

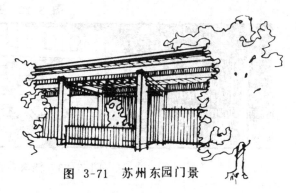

图 3-71 苏州东园门景

该馆的性质，又充分利用水景的特有透明景效，把立面造型、室外池景和室内装修等很好地结合起来，予人一种不入俗套的门景感受。广东南海西樵冰室的门廊空间（图3-72），利用原有两块自然山石（美称 鸳鸯石）为室内景园的主题，配合景窗、景门洞、花架、片墙，构成不对称的入口空间，与西樵山风景融为一体。上述三例表明，建筑物的入口一旦与室内景园相结合，可以冲破一般入口的单调感，使之内外呼应、前后引伸，在占地极少的条件下，收到良好的空间效果。但在塑造入口景物空间时，必须明确三个基本要点：1.抓住反映建筑物性质的根本特征；以某种象征性景象来预示建筑物的性质；2.恰如其分地掌握入口空间的比例尺度，认真处理好门的交通功能和立面造型；3.结合室内外环境条件，灵活组合门式。只有这样才能较完善地塑造出门景空间。

厅堂，是人们公共活动的中心，并具有交通功能，其空间设计一般较讲究。特别是在风景建筑里，如何充分利用水石花木等自然景物资源来设厅景，求得与周围环境的协调是很重要的。例如桂林芦笛岩芳莲岭接待室楼下的敞厅（图3-73），用峭石、壁泉、塑石柱、散石群、蕨草苔蔓、蹬步眺台等，形成一幅巧致的室内景园，使厅的空间景象与室外自然风景联成一气，予人一种寓大于小的感觉。而当人们凭栏望外，那绿色的田野、秀丽的远峰、闪影的湖光和葱郁的山麓尽收眼底。可见，室内景园处理得当，厅景的塑造意匠是无穷的。广州双溪乙座厅景（图3-74），是由多室内景园组合的厅景实例。它位于白云山风景区，其厅由"读泉"厅、过厅和眺台三者组成，过厅与读泉厅以通壁玻璃门相隔，厅内以山石壁泉为景物主题，泉水沿壁润下，壁上野蕨丛生，泉液从叶尖坠入潭中，清脆宛若琴鸣。沿潭设坐栏，对壁陈设沙发几桌，壁上刻有"读泉"二字，使厅的主题异常文雅幽静，

图 3-72 西樵冰室门景

图 3-73 桂林芦笛岩接待室敞厅景

126

图 3-74 双溪乙 座厅景展视

正是我国古典园林中"还我读书处"的真意。人们在此对壁当读，果有诗吟不尽、文作不穷之感。步入过厅，足下鱼池一口，两侧锦窗盆景相设，构成从厅到眺台的过渡景，近可俯视朱鱼戏水，远可眺望缥缈彩云，郁葱的峰峦，缭绕的炊烟，羊城景色层层尽染。在观赏线处理上，厅景如此由低而高、由近而远的有机安排，其空间景象的构设是很成功的。可见，通过景园的组合，在整个建筑空间的布局下，能够组成近赏景、俯视景和眺望景，使厅的空间层次更丰富，景观更自然，室内外景物的配合也显得更为融和。

廊的基本功能是室内交通和对建筑空间的分隔与联络，一般情况下，人们在此停留的时间少，廊中以室内景园来作景的手段不多，除非在共享空间中的廊道，于通栏作花池来陪衬整个空间景观，通常仅用适当的盆景点缀来获得一定的造景气氛，除此以外，多以对景、邻景、借景和壁景来美化廊道的空间。譬如广州中山纪念堂接待室里通向卫生间的走廊处理，它在尽端设一通光井，下砌卵石花池，池中植以棕竹，即成廊中对景，人们从过厅转入此廊，视线首先触及的不是卫生间的牌示，而是这个通亮的小小室内园（图3-75）。这种处理不但对中间走廊的通风采光带来方便，而且使厕浴卫生环境和气氛得到改善，给本来单调的走廊空间赋于美感。广州动物公园山魈馆（图3-76），是个三园组成的平面，外围是游客观赏动物的游廊，在两园相交处，设置小三角形的葵丛景园，成为游廊的室内景点，这在廊景空间的处理上起到了很好的点缀和补白作用，特别是在阳光照耀下，带有花斗的曲廊与葵丛景栽相配成景，使人们在连续观赏动物过程中，起到了一定的调剂作用。可见，廊道空间与室内景园结合得法，是能增添室内空间的功能适应性的。

图 3-75 广州中山纪念堂接待室廊景

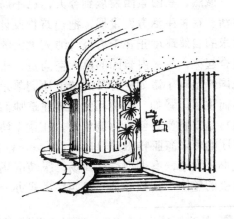

图 3-76 广州动物公园山魈馆廊景

楼梯间是建筑物的竖向交通空间。现代建筑中已愈来愈多地把竖向交通空间作为室内重要的空间组景要素来考虑，而不单纯地处理为垂直交通设施。如果是电梯，采取"让电梯放在墙外，成为一件大型的活动雕塑"（约翰·波特曼语）的玻璃电梯，上下活动在整个共享空间环境中。如果是楼梯，大都打破了以往的封闭的楼梯间的做法，用室内景园的手段来塑造梯景，成为室内空间内一个精美的局部景。

塑造梯景一般有三种方法。一是用水景园的方法组合，如广州友谊剧院门厅的楼梯（图3-77）。它以直角折梯处理梯跑，在梯跑与平台下的这段地面上，用小池处置，既免行人在梯底误过撞头，又能因池成景，变梯底死角为景角，使梯面的装修与梯底的水景溶成一个完整的景物造型。桂林漓江剧院梯景、广州南园酒家飞梯（图3-78）、广州东方宾馆新楼旋梯等，均用此法取得了良好效果。二是以石景园塑造梯景，如桂林芦笛岩接待室梯景（图3-81），借意山石为壁，梯级像山区蹬道那样直跑而上，起步不取普通做法，而以塑石叠砌，使以风景为题材的敞厅空间更富于自然山意。三是以盆景园的方法来塑造梯景，如上海西郊公园接待室梯景（图3-80）。其面积不大，用旋梯解决上下交通。梯底有水池，但梯景不在水，而是用一丛苏铁在梯口平台，组成盆景园式，使摇扶而上的梯跑，旋绕在绿色的景园之中，衬托以玻璃隔断，梯景在厅中异常清新。

室景，在古典庭园里与厅堂楼阁的敞朗华丽不同，它以雅为贵，一般处理得比较封闭、素雅，室外常与清幽侧院相伴。譬如镇江焦山顶的别峰庵郑板桥读书处，小斋三间、一庭花树，迎面门联点出"室雅无须大，花香不在多"，写尽了室景特色。

近年来，在旅游事业发展的推动下，我国旅馆建筑设计中，就客房套间空间处理方面，作了许多新的探索，大都冲破了旧有的封闭性，向多空间发展，特别是利用室内景园，使卧室内添上一定程度的自然气氛。例如广东顺德中旅社中座客房（图3-79），它不但起居室内有类似"三叠泉"那种意构的光棚小院，居室内也力求空间的变化，在南向与东向设立了室内小景园，这些景园的顶盖均用玻璃封闭，既丰富了居室空间，又便于经营管理，创立了高级旅社居室空间构设的新例。室内景园除进了卧室外，还出现在浴室、厕所、办公室、小型文娱活动室等室内空间里，如中山温泉宾馆的温泉浴室、白云山庄的卫生间、东方宾馆九楼的接待室等，室景的发展已逐步明朗化了。

诚然，室内景园发展到今天，已不局限在一廊一室，建筑的空间朝着人们需求的物质生活和精神生活方面发展，把建筑物设计成静止的，互不相干的时代将会成为过去，人类苛求的自然环境正在千方百计纳入庞大的建筑群里，把人们生活中互相关连的建筑物有机组合起来，从室内景园的巨大空间里，十分自如地到达日常生活中所需的去处。基于这点，在国外出现了诸如波特曼的城市协调单元❶，而与协调单元息息相关的室内大景园也就应运而生了。譬如，曾引起全世界建筑师们注意的美国乔治亚州亚特兰市的桃树中心（图3-82），是波特曼首创的协调单元，在这个协调单元里有用室内大景园、玻璃电梯和顶层旋转餐厅的著名海亚特摄政（Hyalt Regency-Atlanta）旅馆，馆内有七层的售货廊，有五幢塔式办公大楼，有大型百货商场、服装市场、停车场、餐厅、剧场等，全都用桥廊联成一个有机的整体，其核心是一组四幢塔式办公大楼，对称地环绕着两个下沉式庭院和售货廊，

---

❶ 城市协调单元是根据每个正常人愿意步行而不需要乘车的平均距离来确定单元大小，各类功能建筑物互相协调布置。

图 3-77　广州友谊剧院梯景

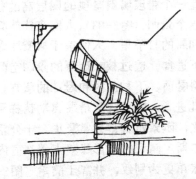

图 3-80　上海西郊公园接待室梯景

图 3-81　桂林芦笛岩接待室梯景

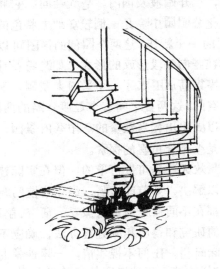

图 3-78　广州南园酒家梯景

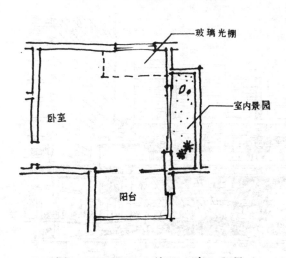

图 3-79　顺德中旅社中座客房景

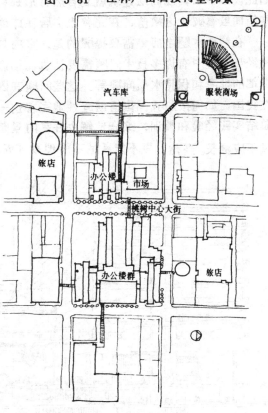

图 3-82　美国桃树中心总平面

庭院是一个带玻璃斜屋顶的四层高的室内景园空间，每幢建筑物均与此相联，每间商店都朝向这个景园（图3-83），人们来住旅馆，又可观光商场，买到惬意的东西，看场好戏，在阳光和熙的日子里，人们乐于从餐厅拿个托盘到另一个商店去拿块夹肉面包，坐在黄色遮阳伞下进食，透过枝叶盘藤的景园空间，可以尽赏周围建筑。在另一个室内景园里，上盖玻璃斜屋顶，下种盆树和悬挂的草卉，清澈的喷水泉辉映着雅致的"午夜太阳"餐厅，人们在此进餐，既可观赏搭乘自动扶梯到各层商店的人流，又能看到自动扶梯底下不时移动的灯光，园景组合得异常繁华、十分活跃。在旧金山，波特曼设计的艾姆巴卡迪罗中心，用恰尔斯·佩利的球形雕塑点缀在室内大景园中，使三角形体的艾姆巴卡迪罗中心海亚特摄政旅馆更为别致，并富于韵律（图3-84），在这个建筑大空间里，乘玻璃电梯能看到逐层向内外悬挑的三角形阶级式的旅馆空间，而上下游动的电梯反过来又成了有趣的"活动雕塑"，地面的涌泉、空中的吊灯、巧趣的球雕和层层的廊道花池垂挂，构成了令人激情的共享空间（图3-85）。这种共享空间式的室内大景园，已开始波及国内。毫无疑问，它将会在我国传统造园的沃土中逐渐成长、完善；广州文化公园园中院是一例较富地方特色的新园式，广州白天鹅宾馆的室内大景园可谓洋为中用的一个新作。这两个园例的详图可以在附录实例中看到。在国外，共享空间的发展，已有在竖向分段形成的形式，如波特曼计划中的时代广场旅馆（图3-86），以竖向分成七层高的零售商店围成了一个室内大景园，而其上又形成了另一个具有三十二层高的大型室内景园空间，这两者之间有个过渡分隔的两层。如此设想下去，超高层建筑就像自然竹形那样，可以演化出相当数量的空中室内景园，这种趋向虽属破土之嫩苗，在完善人类居住环境上却是个十分可喜的探索。

在结束本题之前，需要提醒的是，室内景园的景效无疑是可贵可取的，但在实际建设和经营管理中有许多技术问题需要认真而彻底地予以解决，如节能问题，绿化培植问题，水池的排灌和保持水质问题等。这些问题在国内外都在不同程度地进行探索、研究、解决。在我国，如何按照我国国情创造性地完善这一课题的研究和得出相应处置办法，确应不断总结实践经验和教训，综合地解决好室内景园的实际问题。任何不视实情，一味抄袭的作风不应滋长。当然，更不能裹足不前地默守成规，这样才能真正地把园林科学搞上去。

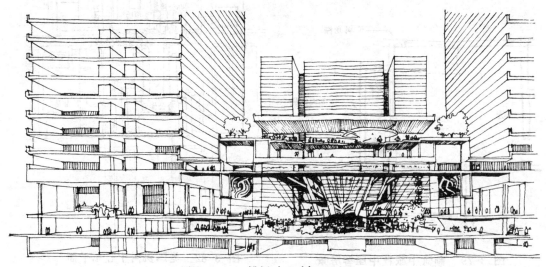

图 3-83　桃树中心剖面透视

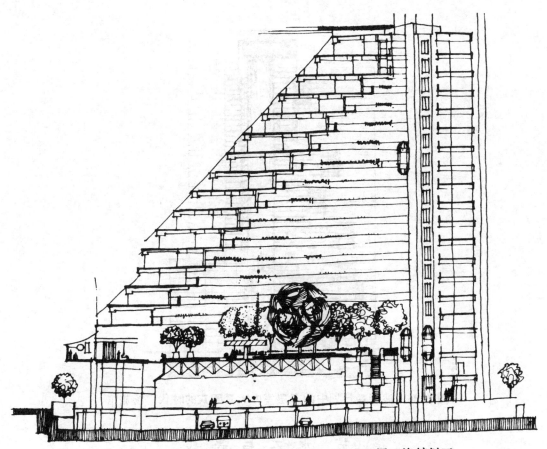

图 3-84 旧金山艾姆巴卡迪罗中心海亚特摄政旅馆剖面

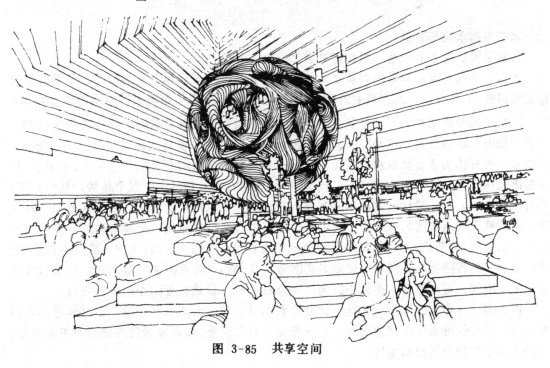

图 3-85 共享空间

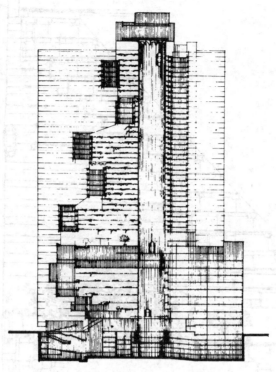

图 3-86　波特曼计划中的多层室内大景园式的时代广场旅馆

第四节　水石与景栽

水石系指水局与石景。

景栽系园林花木的统称。用以区别自然之林木花草。

水石与景栽是庭园构成的要素之一。众所周知，庭园景观和空间的构设，除需合宜的建筑布局外,水石与景栽起到重要的作用,其配置恰当与否,直接影响庭园空间的景观效果。

因此，历来建庭对水石、景栽极为注意。譬如我国明代著名造园大师计成所著《园冶》中的"掇山"篇被誉为"结晶",（见郑元勋对该书《题词》),清代文震亨所写的《长物志》,将花木、水石作为重要篇章放在卷首。我国有关景石、花木的专著历代也不少,如宋有《杜绾石谱》、《宣和石谱》,明有《素园石谱》,其中《宣和石谱》列石六十五个品种,《杜绾石谱》列石一百一十六种,清代有关造园的著作均有论石。专论花木的著述,以唐代贾耽《百花谱》、宋代范大成《菊谱》、《梅谱》、欧阳修《洛阳牡丹记》、赵时庚《金漳南谱》、王贵学《王氏兰谱》、王观《芍药谱》、陈思《海棠谱》、明代王象晋《群芳谱》、王路《花史》、清代陈淏子《花镜》、查彬《采芳随笔》、吴其濬《植物名实图考》、许衍灼《花卉图说》等为著。尽管这些文献均缺乏图解,难加考证,但仍不失为研究今日水石、景栽在造园中的珍贵史料。

古人有"石令人古，水令人远"、"山得水而活，得草木而华"之说。在庭园里，人们对水石、花木的玩赏往往抒情寄意，十分考究。自古而今，水石和景栽在庭园中千姿万态，得到了非常广泛的运用和发展。

一、水局

水在庭园中的运用，除浇花滋木、养鱼育莲、消防降温，洗庭涤院等功能外，常常以水为题，因水得景，用以模拟自然景象，如以叠山引泉、溪流绕室作山水景；以泉滴潭池、雨洒芭蕉作声景；以水面为镜、倒影为图作影射景；以及赤鱼戏水、荷香飘池、古舫泊岸、渔歌盈湖等，构成各种不同意境的水局，使人浮想联翩，心旷而神怡。

诚然，庭园的水局不是漠无边际的水景，它是由一定的水型和岸型所构成的景域。不同的水型和岸型，可以构设出各种各样的水局景，即使是在大致相同的水型和岸型条件下，由于协调不同的建筑环境，也会出现异常新颖的庭景。

水型，可分为水池、瀑布、溪涧、泉、潭、滩、水景缸等诸类。

园林水型的范畴较大，古时称园林水池为"巨浸"，以广称胜。如北京北海、杭州西湖、昆明滇池等，莫不以一望无际、海阔天空的水面构成大型园林之旷野水局。庭园水池，无此之浩瀚，阔者一至数亩，精巧者一席见方，借意"一勺如江湖千里"。如清代广东顺德清晖园（图3-87），内庭设矩形水池一口，池北水亭濒于湖面，古态水杉遥呼左右；池西水榭居中，碧溪草堂隐于北西池角，三者以联廊贯串，衔入门厅，而池北东两岸，仅以饰栏、景树相衬，空间敞然展开，构成半封半敞的水局景，使约亩许之水面，不觉呆滞、局促，反觉空域畅朗、水态丰盈，呈现出岭南水景之素秀风貌。至于水面更小的水池，一般设在小庐阶前或斋院中，其用于室内园时，更形精巧。如果小池中巧以叠山引泉，模拟自然瀑布飞流者，益富情趣。岭南庭园里的小池，常在岸旁植棕竹，龟背竹见隙滋生于顽石间，尤显乡土气息。如广州荔湾湖公园内一小池（图3-88），灰塑竹栏随岸而曲，伏泉激水破石而溅，赤鳞悠然恣戏于龟背竹水濂下，极富水局景趣。

庭园景观以水作动态时，常常模拟瀑布这一自然水型。通常的做法是将石山叠高，山下挖池作潭，水自高泻下，击石喷溅，俨有飞流千尺之势。历史上宋徽宗造艮狱"瀑布屏"，构筑甚妙，它用"紫石，滑净如削，面径数仞，因而为山、贴山卓立，山阴置木柜，绝顶开深池，车驾临幸，则驱水工登其顶，开闸注水，而为瀑布。"（见《艮狱记》）清代乾隆花园里假山上的蓄水柜用作瀑布景，即属此类。古时还有用竹筒承檐溜，暗接石鳞中，叠山凿池而成瀑布景的，自然呈现另一番野趣。现在，城市里均有自来水设备，水引至叠山高处，不需借竹承溜，更不必"驱工登顶开闸"，可以按需随时瀑泻成景。如广州白云宾馆主楼与餐厅之间内庭的瀑布景（图3-89），它在榕荫之下塑石成丘，粗犷而滑削，俨似南岭一峰，瀑从榕根隙缝泻下，客人凭廊观赏，宛若处身黔峪间，收到了天然瀑布水形、落差和水声的一些效果。

溪涧属线形水型，水面狭而曲长。水流因势回绕，不受拘束。大型的风景园林中有天然泉涧时，自成其景。庭园里，一般利用大小水池之间，挖沟成涧，或轻流暗渡，或环屋回萦，使庭园空间变得更自如。例如南京瞻园静妙堂西侧的回流溪涧（图3-90），它联络堂前堂后大小两池，前段湖石沿涧砌筑，与堂前叠山壮景联成一气；后段平坡而渡，涧若大若小，就中架设小石板桥，山石随势置立，苇草沿溪滋生，循涧徐步，涤尽尘俗。

泉的资源，我国极富。在造园中早为先人引用。古有天泉、地泉、甘泉之说，天泉指天然雨雪。秋水白而冽，历来为人喜用；夏日烈，有水调剂自然好，但就水质而论，夏暴雨易浊水景；春冬二水，以春雨为尤，所谓"春雨贵如油"是世上生机滋润之赞，可见春雨对园林的重要；寒冬季节以雪作景题的，在北方园林中是不言而喻的，近年在哈尔滨市

图 3-87 广东顺德清晖园水池

图 3-88 广州荔湾湖小池景

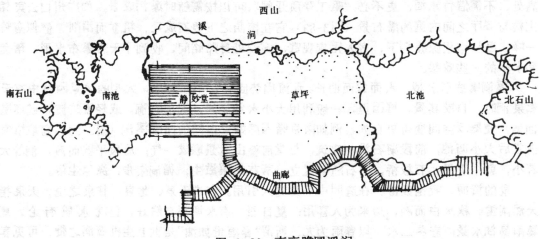

图 3-89 广州白云宾馆内庭瀑布景

图 3-90 南京瞻园溪涧

以冰作园景（图3-91），入夜冰灯尤瑰丽璀璨，异常诱人，打破了以往隆冬园景少人赏识的枯寂景象。这种发挥当地优势造景的创举，是值得同类地区的造园活动效仿的。地泉又称乳泉，即今天常说的泉水。我国以名泉为题的庭园不少，其中以济南趵突泉、无锡惠山泉、杭州虎跑泉为著，这些名胜均以泉作景，历享盛誉。古时寺僧在名山大川尚有丹泉之说，据称其味异常，并能却病，此泉尚无进一步考证，可能就是今天的矿泉或温泉。矿泉或温泉地区，近代多辟为疗养胜地或旅游区，如四川北碚、广东中山温泉、广东从化温泉，广州三元里矿泉等。在现代庭园中为活跃水景，加强庭中的自然气氛，常模拟自然泉景，作成或喷成水柱，或漫溅泉石，或冒地珠涌，或细流涓滴，或砌成井口栏台作甘泉景（图3-92），景效均极生动清趣。

图 3-91　哈尔滨冰灯园景

图 3-92　广州文化公园园中院井泉景

潭，一般指临岸深水之水型。自然景色中，通常在瀑布下，承水成潭。潭的空间一般与峭壁连在一起，水面不大，但较深，在周围崖壁嶙峋形势下，俯瞰潭景，气势险峻，渊深莫测。在庭园中仿潭景者，往往蓄碧水一泓，回环叠出于深岩峭壁，以取其意。广东潮阳西园的"潭影"（图3-93），就是运用这种意匠。历史上扬州瘦西湖的东园和桃花坞亦属此类景物。

滩，一般指水逐岸渐浅的水型。在自然界，河有河滩，海有海滩，景致天成。庭园用滩，常作水局之局部景，以潇洒自如的滩型水景，去破沿池围栏的池岸俗套。历史上唐代王维的辋川别业园里有"白石滩"一景，日本庭园中运用滩景的实例不少。近来，我国新建庭园的许多小院、水庭中，亦喜用白色卵石铺滩作景（图3-94），水清石显，十分别致。

庭园中用陶皿、盆缸或玻璃水柜之类承水作景的水型，属水景缸一类。它不像上述水型位置固定不变，而是可以随意迁摆，一般作为点缀庭园水景用。庭园中的水景缸，常见的如供玩赏金鱼的金鱼缸，亦有植盆荷水栽之类的，如苏州寒山寺的荷缸，它在平庭阶前左右阵列，既不失寺庙之肃穆场面，又缓和了庭内干涸无水的枯燥气氛，铺排上很有灵活处置之法。关于水景盆栽，历史上有个元代掌故：江南常熟有个姓曹的园主，请倪瓒（元末无锡有名的造园家）到他的庭园（即陆庄）赏荷，倪应邀而往，上楼一望，平庭空无所见。欲问，曹不语，先请他到别馆吃饭，膳后复登楼，但见眼前方池荷花怒放，鸳鸯双双戏游。倪大惊。原来，园主预育盆荷数百，用时摆进四尺见深的平庭里，注水入庭，复放

135

图 3-93 潮阳西园"潭影"　　　　　　　图 3-94 滩景

水禽野草，瞬息间即现荷池胜景。——这种盆植水栽作庭景的故事，反映了过去匠师的灵思巧作，在现代水庭中已用于解决育荷（或培育其他水生植物）之难，因为，现代庭园的水池，池底多以钢筋混凝土捣制，蓄水不深又要保持水清，因此，池底多不再复土栽植水生植物，而取水景盆栽隐于池中，这样，不但易于培育，池中造景亦较自如，为构设水局景提供了一种简便有效的方法。

　　水为面，岸为域。庭园水局之成败，除一定的水型外，离不开相应岸型的规划和塑造，协调的岸型可使水局景更好地呈现水在庭园中的作用和特色，把旷畅水面做得更为抒展。

　　岸型属园林范畴的，多顺其自然。庭园水局的岸型亦多以模拟自然取胜。一般而言，我国庭园中的岸型包括洲、岛、隄、矶、岸各类形式。不同的水型，相应采取不同的岸型，不同的岸型可以组成多种变化的水局景。

　　洲渚，是一种濒水的片式岸型，造园中属湖山型的园林里，多有洲渚之胜。如广东惠州西湖有芳华洲、点翠洲（图3-95），明代诗人孔少娥以"西湖西子两相侪，湖面偏宜点翠洲"的诗咏相赞。历史上远如南北朝梁孝王兔园中雁池的"鹤洲"、"凫岛渚"，宋代徽宗良狱大方沼中的"芦渚"、"梅渚"等，对园景的构设自然化了。承德避暑山庄的芳渚临流，图咏中有"亭临曲渚，巨石枕流，湖水自长桥泻出，至此折而南行，亭左右岸石天成"的描述。可见，洲渚的构设在古代是相当考究的。苏州拙政园雪香云蔚亭所在的洲渚，正是这种做法，说明洲渚不是单纯的水面维护，而是与园林小品组成富有天然情趣的水局景的一项重要手段。

　　岛，一般指突出水面的小土丘，属块状岸型。庭园中运用小岛的例子，如扬州瘦西湖荷浦薰风中的浮梅岛，苏州环秀山庄的向泉岛（图3-96），上海南翔漪园的小松冈等。其所用的手法常常是：岛外水面萦回，折桥相引；岛心立亭，四周配以花木景石，形成庭园水局之中心，游人临岛眺望可遍览周围景色。此种岸型与洲渚相彷，但体量较小，造型亦较灵巧。

　　以隄（堤）分隔水面，属带形岸型。在大型园林中如杭州西湖苏堤，承德避暑山庄芝径云隄，既是园林水局中之隄景，又是诱导眺望远景的游览线。在庭园里用小隄作景的，多用作庭内空间的分割，以增添庭景之情趣。如广东清晖园现状的花径（图3-97），把原为相邻的庭园的花径纳入，成为两个水庭的自然分隔线，一边借墙构廊亭，一边植栽铺道，

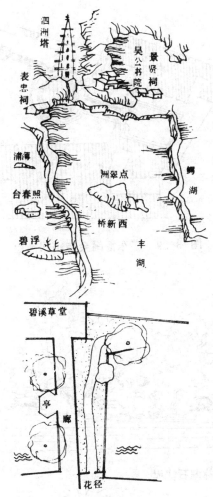

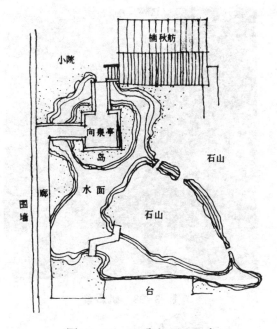

图 3-96 环秀山庄问泉岛

图 3-95 惠州西湖点翠洲（左上）

图 3-97 清晖园花径（左下）

使促成各有特色的水局景。

矶碛，是指突出水面的湖石一类，属点状岸型。造园史上承德避暑山庄有"石矶观鱼"一景，明代苏州拙政园有"钓碛"一景。这种传统手法在近代水局景中引用甚多，一般临岸矶碛多与水栽景相配，或有远景因借，成为游人喜爱的摄影点。位于池中的矶碛，常暗藏喷水龙头，自湖中央溅喷成景（图3-98），也有用矶碛作水上亭榭之衬景的，成为水局之小品。

岸型中最常见的仍数沿池作岸的环状岸型，通称池岸。凡池均有岸，岸式却有规则型与自由型之分。规则型池岸国外古典庭园用得较多，一般是对称布置的矩形、圆形或稍加修饰的各类规则花式平面。善于吸收外来因素的岭南庭园，如广东番禺余荫山房，其方形池和八角环形池的池岸（图3-99），即属此类型。我国传统庭园池岸多属自由型，它因势而曲，随形作岸。一般多以文石砌作，或以湖石、黄石叠成。苏州狮子林的湖石池岸即其一例（图3-100）。近年来，新建庭园之小池池岸，形式多样，采用的材料亦各有不同，如用白色水磨石作成的流线型池岸（图3-101），用小卵石贴砌的池岸（图3-102），大理石碎块嵌镶的池岸（图3-103），小石滩池岸（图3-104），人工灰塑的树桩、竹桩池岸（图3-105），山石式池岸（图3-106），以及结合眺台处理的池岸（图3-107）等。这些岸式一般做得较精致，与

图 3-98 矶罛景

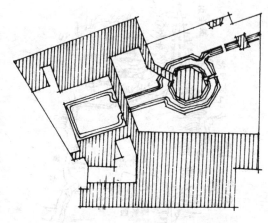

图 3-99 广东番禺余荫山房池岸

图 3-100 苏州狮子林湖石池岸

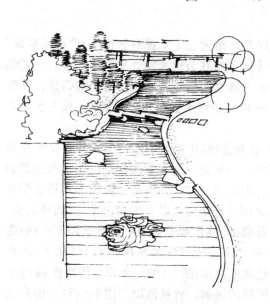

图 3-101 东方宾馆水磨石池岸

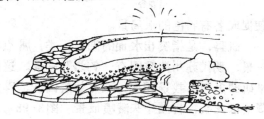

图 3-102 小卵石池岸

图 3-103 大理石碎块池岸

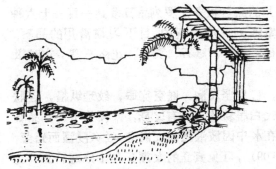

图 3-104　石滩式池岸

图 3-105　灰塑桩池岸

图 3-106　山石式池岸

图 3-107　结合眺台处理的池岸

小池水景很协调，且往往一池采用多种岸式，不同的岸式之间用顽石作衔接（图3-108），使水景更为添色。

石，在园林，特别在庭园中是种重要的造景素材。古有："园可无山，不可无石"，"石配树而华，树配石而坚"诸说，可见，园林对石的运用是很讲究的。

我国古代有关庭园用石的记述颇多，如唐代牛僧孺"置野营第，与石为伍"，宋代米元璋"呼石为兄"，宋徽宗"爱石成癖"等。可见古人在庭园中对景石的钟爱。今天，园林用石尤广，它能固岸、坚桥，又可为人攀高作蹬，围池作栏，叠山构峒，

图 3-108　不同岸式的衔接

指石为坐，以至立壁引泉作瀑，伏池喷水成景。这些石材，过去均来自天然素石。能作石景的天然素石，通称为品石。我国园林用石袭用的品种很多，罗列品石多达一百一十六种（见宋《杜绾石谱》），多属叠山素材，亦有供几案陈列文房清玩的。目下习惯沿用的品石，为数并不多。品石中较典型的有太湖石、锦川石、黄石、腊石、英石、花岗石等，古时极具特色的灵壁石，现已不易得。

太湖石在园林中引用较早，运用亦较广泛，它质坚表润，嵌空穿眼，纹理纵横，连联起隐，叩击有声响，外形多峰峦岩壑之致。唐代白居易称"石有聚族，太湖为甲"，在品石中历来评价较高。太湖石原产自西洞庭湖，石在水中因波浪激啮而嵌空，经久浸濯而光莹，滑如肪，黝如漆，蠢如峰峦，列如屏障（图3-109），可见真正的太湖石是十分奇特的。近代常见的太湖石多属产自山上的旱石，颜不润音不清，仅得其形，自然逊色得多。广东肇庆星湖据传亦产此石，佛山群星草堂里的"十二石斋"就是十二具太湖石佳品，可惜现已毁。

英石，产于广东英德县，以盲仔峡所产为著。石质坚而润，色泽微呈灰黑，节理天然，面有大皱小皱，多棱角，稍莹彻，峭峰如剑戟（图3-110），岭南庭园叠山多取英石，构出峰型和壁型两类假山，其气势与江南园林叠山迥然有别。小而奇巧的英石多作几案小景陈设。

锦川石，表似松皮状如笋，俗称石笋，又叫松皮石。有纯绿色，亦有五色兼备者。新石笋纹眼嵌石子，色亦不佳；旧石笋纹眼嵌空，色质清润，以高丈余者为名贵，一般只长三尺许，园内花丛竹林间散置三两，殊为可观。扬州个园于竹丛花墙下置锦川石，取"雨后春笋"意，作出春景园（图3-111），颇清逸。现在锦川石不易得，近年来广东地区以人工灰塑精心仿作，真真假假，使人不易识破，很有成效。

黄石，质坚色黄，石纹古拙，我国很多地区均有出产，其中以常州黄山、苏州尧峰山、镇江图山所产为著。用黄石叠山，粗犷而富野趣。如北京静心斋叠山。扬州个园中的秋景园里用黄石叠砌秋景山色，尤贴切景意（图3-112）。

腊石色黄，油润如腊。其形浑圆可玩。它没有灵壁石那样柔巧，有异于英石之峭拔，更不同于太湖石之百洞千壑，可谓别饶石趣。广东从化良口及西江鼎湖一带出产腊石，当地造园，常以此石作孤景，散置于草坪、池边或树荫下，既可供坐歇，又能观赏（图3-113）。

花岗石，我国许多地区均有出产，是园林用石的普及素材。其质坚硬，色灰褐，除作山石景外，常用作建材或加工成板桥、铺地、石雕及其他园林工程构件和小品。广东萝岗峒柯木塑所产的花岗石，形如蛋，体量仅一米见方者不少，搬运方便，又能保持原貌，广州地区园林坡地或水池旁，常以此石作散石景（图3-114），予人以犷野纯朴之感。在坡地建筑中为加强山势的石景，用它亦很能取得自然效应。

以上品石是我国景石品种的一部分，但在园林景石中有较强的代表性。选取石材时，应尽量考虑使用当地产品，这不但可节省车马费，且能较好地体现当地特色。

一定的品石，在景石造型中，可作庭园的点缀、陪衬的小品，也可以石为主题构成庭园的景观中心。在运用品石时，要根据具体素材，反复琢磨，取其形，立其意，借状天然，方能"片山多致，寸石生情"（《园冶》语）的增色庭景。

我国传统的庭园景石造型，有法无式，变化万千，大致可分成两类：一为塑物型，一为筑山型。前者借意人间物象，虽只几分形似，妙在神传，有若中国写意画，介乎似与不

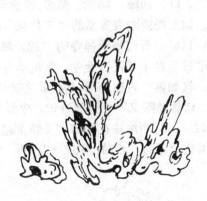

图 3-109 太湖石

图 3-110 英石

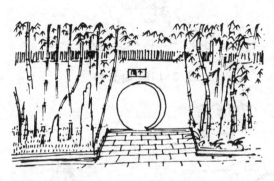

图 3-111 扬州春景园

图 3-112 扬州秋景园

图 3-113 腊石景

图 3-114 散石景

似之间。后者仿作自然山体，虽一峰一岭，亦讲究气势。

　　塑物型景石，其所选的品石素材本身就具有一定的形状特征，或酷似风物禽鱼，或若兽若人，神貌兼有；或稍以加工，寄意于形。唐代诗人白居易咏石文中有过这样的描述："有盘拗秀出如灵邱鲜云者，有端俨挺立如真官吏人者，有缜润削成如圭瓒者，有廉棱锐剿如剑戟者。又有如虬如凤，若跧若动，将翔将踊，如鬼如兽，若行若骤，将攫将斗"。（见《太湖石记》）。清初名师张南垣造石景就很注重气质和态势，其石脉之所奔注，伏而起，突而怒，如狮蹲，如兽攫，口鼻含呀，牙错距跃，极有形趣。

塑物型景石作为庭中观赏的孤赏石时，一般布置在入口、前庭、廊侧、路端、景窗旁、水池边或景栽下。江南庭园里珍贵的塑物型景石不少，如上海豫园香雪堂的"玉玲珑"(图3-115)，这个隋唐时物和明代的苏州"瑞云峰"（图3-116），石门福严禅寺的"绉云峰"（图3-117），被誉为江南三峰称著。广州九曜园的九曜石历经千年留存至今，更是不可多得的珍贵景石，它两组在岸上，七组在池中，白如雪，状如兽，古拙相应，尽石景之趣(图3-118)。宋代书画家米襄阳（米芾）以"瑰奇九怪石，错落动乾文"相赞的诗句，今天在园中仍可见到。此外，苏州留园的"冠云峰"（图3-12）、广州海珠花园的"飞鹏展翅"（图3-119）、苏州狮子林的"嬉狮石"(图3-120)和扬州史公祠的"云曲"(图3-121)等，均

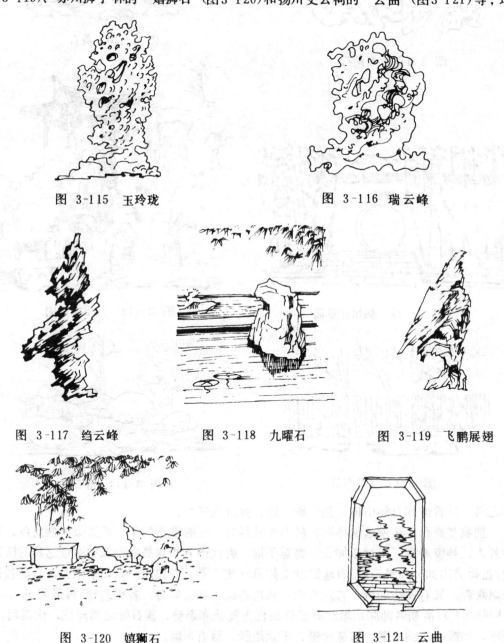

图 3-115 玉玲珑　　　　　　　　　　　　　图 3-116 瑞云峰

图 3-117 绉云峰　　　　　图 3-118 九曜石　　　　　图 3-119 飞鹏展翅

图 3-120 嬉狮石　　　　　　　　　　图 3-121 云曲

是以一定的主题来表达景石的一定意境的，它置于庭中，往往就成了庭园的景观中心，而深化园意，丰润庭景。

筑山型景石，在传统上非常注重山型各部分特征的塑造。如砌筑山峰，一般筑成下大上小，山骨毕露，峰棱如剑的峭拔峰，也有筑成下小上大，似"有飞舞势"之奇峰。作峰还常与岭相辅作景，把挺拔的峭峰置于"翻若长鲸"之伏岭间，对比之下，峰更峭，岭愈顺，逶迤起伏，气若颠峦。如果要使峰筑得更奇险，常用岩、壁、峡、峒之手法去强化，如用两峭壁间的峡峪，使峰更险；如用上伸下收的悬崖，使临水山态更奇；如用环山屏立，岩下伏洞，使山景深邃得更有层次。灵活运用这些方法，就能较准确地抓住自然山形的特征，体现在假石山上，达到所谓"一峰华山千寻，一勺江湖万里"的意境。

在我国造园史上，筑山技艺的造诣是很深的。从记载上我们了解到，如北魏张伦造景阳山，那是"重岩复岭，嵚崟相属，深蹊洞壑，逦逶连接……崎岖石路，似壅而通，峥嵘涧道，盘迂复直。"唐代王维在《山水诀》中说："主峰最宜高耸，客山须是奔趋"。元末维则筑山却以"奇峰怪石，突兀嵌空，俯仰万变"称胜。明、清时代的计成、石涛、张南垣、李笠翁、戈裕良等，更是名师辈出，在江南江北筑山，留迹至今，足以佐证。近人汪星伯提出筑山"十要"、"六忌"、"四不可"❶（见汪星伯《假山》），较全面较概括地谈到了筑山的正反要领。

由于品石不同，地区不同，历代匠师叠山，风格不尽相同。江南园林与北方园林的叠山，由于历史上的相互渗透，虽各有其个性，但多有相通处。岭南园林里的叠山有较明显的地方色彩，从传统的岭南石谱中，可看出它是在自然山形中提炼出一些筑山意境，定型成"局"，如"山潭局"、"壁潭局"、"岩洞局"、"蹲兽局"、"一峰独秀局"等，其布局方法是，主峰一般不居山势之中，常偏一侧或靠后，群山环抱，峰峦起伏，层次分明。较好地反映了岭南山貌。

近年来，广州地区广泛采用人工塑山（图3-122）。它以砖砌体为躯干，饰以颜色水泥砂浆、山形、色质和气势颇清新，能够根据不同的庭景来塑造。例如，最近在广州文化公园内落成的一座园中院，其西、中、东庭都以人工塑制的山石，构成三种不同意境的水石庭，使支柱层下的各式平庭，显得新颖而富野趣。其西庭（图3-123）位于电梯间与卫生间之间，花架、水廊前后呼应。大胆利用庭南的梯壁，塑出岩岭突屹、洞壑深深的壁型山岩洞局。中庭（图3-124）与西庭不同，壁上的山石不采取嶙峋突屹的山，而是将至顶的全部墙面塑成整片峭壁，壁上满刻民间传说的浮雕，壁下一片池水，给此壁潭局水石庭赋予了崭新的意境。东庭（图3-125），也是水石庭，却以山潭局的方法来构设，它巧妙地利用了北厅与贵宾室建筑的高差，使塑出的山石具有巍巍山颠之感，相形之下山下池潭变得更为幽深。此外，该园中还启用了具有鲜明的岭南"群散"式布局的北面的水石庭（图3-126）、启用了以孤赏石为主题的芭蕉院（图3-127），启用了以井泉为主题的"廉泉"室内景园（图3-128），启用了用英石叠砌的岭南传统的壁形山（图3-129），可谓对我国岭南传统水型和景石的继承和运用作了较全面的探索。在这个实例中也可以看出，一定的水型与相应的景石的

❶ 十要：要宾主、要层次、要起伏、要曲折、要凹凸、要顾盼、要呼应、要疏密、要轻重、要虚实。

六忌：忌如香炉蜡烛、忌如笔架花瓶、忌如刀山剑树、忌如铜墙铁壁、忌如城廓堡垒、忌如鼠穴蚁垤。

四不可：石不可染、纹不可乱、块不可匀、缝不可多。

图 3-122 人工塑山

图 3-123 园中院西庭

图 3-124 园中院 中庭

图 3-125 园中院 东庭

图 3-126 园中院北庭景观

图 3-127 园中院芭蕉院景

图 3-129 园中院壁形山景

图 3-128 园中院廉泉景

结合，已越来越多地成为庭园构设的主要手段了。

二、景栽

我国庭园花木的配置和栽植，在传统上非常注重景的塑造。我们的祖先将景与栽巧妙地结合在庭中是有悠久历史和深厚造诣的。所谓"庭园无石不奇，无花木则无生气"，说明庭景不但与景石有关，与景栽的配合也至关重要；做到远观近赏，怡情育物，要求栽植务得其宜。譬如，蕃篱庭植，三径盘盘，使得庭园里自春而冬，四季都能生气盎然，丰姿多采。清代文震亨在论及庭园花木时说："若庭除槛畔，必以虬枝古干，异种奇名，枝叶扶疏，位置疏密，或水边石际，横偃斜披，或一望成林，或孤枝独秀，草木不可繁杂，随处植之，取其四时不断者，皆入图画。"（见《长物志》）。在这方面计成讲得也很细腻、透彻，他认为："景到随机，在涧共修兰芷。径缘三益，业拟千秋，围墙隐约于萝间，架屋蜿蜒于木末。山楼凭远，纵目皆然；竹坞寻幽，醉心即是。轩楹高爽，窗户虚邻；纳千顷之汪洋，收四时之烂缦。梧阴匝地，槐荫当庭；插柳沿堤，栽梅绕屋；结茅竹里，潆一派之长源；障锦山屏，列千寻之耸翠，虽由人作，宛自天开"（见《园冶》）。

随着环保科学的迅速发展，景栽除供人们精神方面的鉴赏外，正在挖掘和发展园林花木在环境保护功能上的作用。人们都知道，景栽的绿化效能可以制氧，吸收二氧化碳，改善小气候，甚至可以滤尘防噪，吸收有害气体，净化水体，灭菌防火，改良土壤等，根据研究材料表明：一公顷林木，每天吸收二氧化碳一吨，放出氧气0.73吨。夏天，草坪表面比裸露泥地表面降温6～7℃；外墙面如有藤本植物垂直绿化，比没有绿化的降温5.5～14℃；树荫下气温比无林地带气温降低3℃；冬季却反过来，草坪表面温度比裸露地表温度要高4℃，林内气温与无林地带气温，在散热上要少0.1～0.5℃。可见，绿化对建筑环境的夏凉冬暖有明显作用，庭园里用"槐荫当庭"、"栽梅绕屋"、"架屋蟠花"、"草铺如茵"、"移竹当窗"、"分梨为院"等诸般景栽手法，从调节气温这个角度来看，也是不无道理的。由于气温调节，引起庭内气流交换加速而出现的建筑环境小气候。这种小气候带来适宜的温湿度，确实给人增添了舒适感。

如果说得具体一些，我们可以从一些绿化品种的实际环保效能，进一步得到理解。譬如，用五爪金龙垂直绿化的街区比无垂直绿化的街区，尘灰要少22%（广州测试资料）。如果采用乔木来减尘的话，以黄槿、大叶榕、高山榕的效能最高。如果有些工厂的车间发散出二氧化硫的话，种上构树、木麻黄、印度榕、小叶驳骨丹最好，它们抗性既强，净化能力又较高。如需要抗氟性能较强的树种，可以是紫藤、女贞、柑橘等。有些植物能够分泌杀菌素，如柠檬桉能灭结核菌、肺炎菌；松能灭白喉、痢疾、肺结核；鸡脚草、看麦娘、草木樨等草本能灭土中的大肠菌；凤眼莲可以吸收水中有毒的镉、汞、酚；蒲公英和北方五叶地锦能吸收有害气体氟化氢；白藜能抗氯、氨；南方长春藤能抗汞雾；狗牙根能抗光化学烟雾；而银杏却是在防火方面适应性较强的品种，等等。

上述资料表明，绿化的环保功能是毋庸置疑的，其各种绿化品种的效能的每一次新发现，均为庭园景栽的选种、规划、配植和组合提供了新的科学根据，为庭园景栽现代化开辟了广阔前景。

庭园花木，品类繁多，但古今中外均立足于乡土品种。随着科学技术的发展和广泛的文化、经济交流，庭园花木品种经过不断引进和驯化，正在不断发展中。根据历史记载，我国唐宋时代的庭园花木就有垂柳、素馨、华山松、余甘子、拓桑、梅、李等17种，元明时代增加了云南山茶、慈竹、丁香、杜鹃、辛夷、垂丝海棠、板栗、银杏、柿、槐、枇杷、樸桃等73种，至解放前已达187种，其中从国外引进的有葡萄、石榴、胡桃、茉莉、杉木、无花果、西香莲、倒挂金钟、夹竹桃、洋紫藤、兰桉、银桦等。时至今日，由于花木资源的开发，许多地区将野外花草树木移植庭内，与国外，省外的交流日趋频繁，庭园花木的品种数，目前尚难作出确切的统计。在上述品种中，有的经历代培育，留存至今仍不失生机，如云南黑龙潭有仍壮健生长已达一千高龄的宋柏，昆明西山太华寺有经历过670个春秋的银杏，还有嘉定孔庙的枫杨、广东萝岗的九里香、广州海幢寺的菩提等，均属不可多得的庭园古木珍品。

众所周知，园林中的植物，一般以乔木，灌木、藤本、草本分类，也有按观赏性能分为赏花，赏果、赏叶、赏形和赏香五类。前者系一般植物学科分类法，后者具有庭园特征，便于引用和鉴别。我国南方气候温和，各类品种较多，以广州为例，常用的就有二百多种。其中乡土树种有木棉、榕树、荔枝，龙眼等。其常用的乔木有木棉、榕树、银桦、相思、石栗、木麻黄、千层、樟树、苦楝、乌桕、桉树、楹树、紫荆、刺桐、南洋楹，蒲葵、金山葵、桄榔、假槟榔、南洋杉、水松、白兰、桂花、荷花玉兰、九里香、桃、梅、李、松，竹、棕竹、荔枝、橄榄、蒲桃、凤眼果、仁面、芭蕉、芒果、枇杷、龙眼、人心果、黄皮、杨桃、梨、落叶松、榆、猫尾木、罗伞树、菩提树、黄槐、大叶紫薇、阴香、水杉、梧桐、法国梧桐、鸡蛋花、龙芽花、石榴、八角枫、木芙蓉、雪松、合欢、黄槿、鸭脚木、印度橡胶、紫薇、紫甲、桐树等。常用的灌木有：大红花、夹竹桃、洋素馨、山子甲、洋灵霄、铁树、洒金蓉、米仔兰、绯红、红桑、红杏、一品红、八角梅（冬红）、山丹、杜鹃、含笑、夜合、茉莉、冬青、红背桂等。常用的藤本有：炮仗花、簕杜鹃、紫藤、金银花、秋海棠、鹰爪、夜香、七姊妹、葡萄、山葡萄、胧花、牵牛花、狮子尾、使君子、爬山虎等。常用的草本有：台湾草、八足草、红草、蒲草、厥类等。这些景栽各自均有其一定的习性、树形、花色和花期。

景栽品种的选择，除庭园性质、园景布局、传统手法和特定功能要求外，最好选用乡土品种，这不但易于培育，而且易于取得与众不同的地方特色，如果系长寿品种，经一定时期后还可成为景栽珍品。譬如北京的白皮松、广州的木棉、重庆的黄葛树、福州的小叶榕、广西的桂花、台湾的相思，以及云南的山茶花、山东的牡丹花，海南岛的椰树、新会的蒲葵等，其中有的早已名扬四域，人们见到它就由衷地想到了它的故乡，难怪国外有些国家和地区，以及我国的一些城市，爱以花称代。誉为国花、市花之类。诚然，要使景栽不断适应现代生活的需要，不能只着眼于乡土品种，应该在发展乡土品种的同时，积极引进外来的先进、优良品种，譬如杭州西湖，近年来除搞好传统的垂柳、碧桃、杉、竹、梅以外，大力培育雪松、龙柏、樟树、桂花、山茶、紫薇、广玉兰、七叶树等长寿树种，取得了良好效果。在国外，如法国巴黎也是那样，它除用欧洲七叶树、红花七叶树、欧洲椴、欧洲杂种椴、欧洲小叶椴外，同时也把挪威槭、假桐槭、荷兰榆、欧洲云杉等长寿品种作为带关键性树种来发展。

庭园花木如何充分发挥观赏效能，是景栽的首要问题。所谓"粉墙庄不谢之花，华屋有庄春之景"。

然而，要搞好景栽并非一件轻而易举的事。俗话说："弄花一岁，看花一日"，经营景栽确需一番精心巧作，如何把各种不同性格、不同形态、不同颜色、不同花讯、不同栽培要求的花木，根据不同院落和空间特点，做到"景到随机"，不独讲求艺术性，尤先注重其科学性，把科学的培植与艺术的组合密切结合起来，才能真正达到预期的观赏效能。

景栽观赏，一般可分赏形、赏色和赏香三种。不同的庭园景观，可以通过各种不同的景栽观赏品类进行组合，有节奏、有韵律地利用其形、色、香，去演化所企求的各种庭景效果。

观赏景栽姿态称为赏形。由树干、树枝和树冠组成景栽的形态。自然界的树形可谓千姿百态，但不同的品类总有其相对固定的形态，譬如：苍柏古雅苍劲、古榕浓郁蔽天、香桉潇洒俏洁、碧竹清丽疏秀、红棉刚直不阿、垂柳婀娜多姿、葡萄柔劲蜿蜒、桄榔刺若天穿、蒲葵伏地成群、草本缦地不宣，等等，构成庭园景栽空间的各种形态和格调。需要指出的是，在赏形景栽中，由于属性不同，有的是赏识其整个形态，有的却主要赏识其树冠，有的主要是赏枝，有的主要是赏叶。这样，在组合林相时，就可以有机地配置各种不同性质的赏形景栽。

赏冠的景栽有天然型和人工型两式，前者自然成冠（图3-130），有圆锥形、伞形、宝塔形、多球型、椭圆形等各种；后者一般多取于灌木，用人工剪成规则式（图3-131）。一

a   b

图 3-130　天然型赏冠景栽

图 3-131　人工型赏冠景栽

　般地说，树冠是景栽林相的主要轮廓线。天然型赏冠景栽一般协调于自然式庭景布置。人工型赏冠景栽常以孤植或丛植方式布置在草坪或作绿篱、绿屏。庭园中的孤赏景栽一般均选择具有一定特点的树冠作为赏形景栽，以取得多方面的观赏角度。

　　赏叶景栽多取叶形奇趣的品种，以此作景栽的局部景，景石的衬景，甚至作为水局景的点景，如广州庭园中常用风车草（水葵）、棕竹、龟背竹（图3-132）、蕨、兰、荷等，它们的叶形都各有其趣，置于水中或岸旁特有野趣。

　　赏枝系主要鉴赏景栽的枝形势态。赏枝景栽的枝形一般有单杆无枝、一杆多枝和少数丛生的多杆少枝（或多杆多枝）三类。一般景栽多系一杆多枝形，其余两类多属亚热带植物。就枝形而言，又分扬枝、垂枝和平枝各种形式。不同的枝形，其风韵亦随之而异，如梅枝横溢、松枝苍劲、竹枝纤苣清隐、柳枝垂拂 轻舞……落叶类花木枝杆更形突出，每年秋末时就叶落干露，常常作为表达冬景的景栽，协调于某些庭园意境里。单杆无枝属棕榈类景栽（图3-133），以它来体现南国风貌，是岭南庭园里常见的手法。单杆多枝形景栽品类最多，其中以榕树最为风趣，它主干粗浑而多变态，各枝又曲劲横生，根部盘根错节，

图 3-132 龟背竹

图 3-133 棕榈

还能枝生气根落地成杆，浓郁不凋，干拨苍古，枝叶婆娑，是一种极尽古雅风情的赏形树（图3-134）。

　　赏色是观赏景栽的另一种类型。庭园里的花草树木，其色泽自然而富有魅力，每当开花时节，百花争艳，令人陶醉。古人常常运用景栽来表达人们的感情，使庭景赋予某种特有的性格，以助游兴。譬如，以菊喻隐逸，以牡丹喻富贵，以竹喻高洁，莲出污而不染喻纯操，岁寒之后知松柏喻高风亮节等，这些若处置贴切时，确能深化庭意，获得教益。此外，以红花、朱叶象征壮烈，白兰、丝柳以示柔情，翠榕、仁面反映深邃宁静等，均属寓情寄意的一种表达。这在古时诗情画意中也诸多借用。

　　赏色景栽，一般以观赏花色的品种为多。但不只着眼于花色，俗话说：红花还得绿叶衬，说明单凭花色是不够的。况且，有些景栽的叶色或树皮的颜色就特有一格，在绿相中很是醒目。如枫树入秋叶红如醉。柠檬桉（有称白皮桉）干直皮色嫩白，在绿丛中显得异常俊秀，热带肉质植物色形兼趣，落羽松（图3-135）的颜色一年四变等，均系观赏叶色、干色的重要品种。

　　许多景栽的花甚至叶或根干，能播散出一种悦人的香味，增添了诱人的赏香情趣。赏香，一般是鉴赏花香，由于香花的香味质别不同，人们又将不同的赏香景栽分成浓香、芳香和幽香三种，如素馨、洋子甲属浓香，桂花、茉莉属芳香，兰花、米仔兰属幽香。在不同作用的庭园中配置不同香味的花木，可以丰富花木的赏香效能，如果设置得当，庭中香得富于诗画和联想的深情意境。古时白玉蟾有"南枝才放两三花，雪里咏香弄粉些；淡淡著烟浓著月，深深笼水浅笼沙"（《千家诗》）的诗咏，将花香雪气的香景，揉出庭中早春园色的意境（图3-136），即为赏香庭景一例。

图 3-134 榕树

图 3-135 水松（水松）落羽

图 3-136 白玉蟾"早春"春景图

图 3-137 白云山庄铁冬青

　　根据上述一些较典型的景栽品种及其观赏效能，如能合理挑选，配植得宜，是可以构出好庭景的。然而，景栽的配植是一门实践性很强的工作，它必须根据庭园的具体情况，去选择合适的景栽品种，在一定的园景构思下，组成庭园景栽的配置，从而合理安排主从、先后、完善地构出庭景的空间层次，获得庭园功能的充分适应。

　　配置庭园景栽，一般有孤植、丛栽、群林、带植、花池、草地、漫生等方法。庭园空间里多以数种景栽配置方法组合，使景观丰富而自然。

　　孤植，是用单株种植为主的方法，一般选择观赏性特强的景栽，它不但具备较好的形状，较奇特的树姿冠态，而且还往往是群芳谱里的珍品，显得格外名贵。譬如，玉堂春这个每年春节期间开花的花木，据说在封建时代必须具备一定官阶的人才能配植，今天还之于民，自然其意。有些较稀罕的景栽品种，也是孤植的选材，供人鉴赏。白云山庄门前的铁冬青（图 3-137），就是不常见但配得恰是好处的品种，远观近看都能赏识其树姿和态势，组成良好的入口空间。

　　丛栽，是由为数不多的花木成丛配植的方法，一般置于垣旁、院角、池边、坡地或建筑空间的较空隙的地方。布局上高低前后应配备恰当，避免堆砌感。广州地区的庭园里，常用三、五棵桄榔，（或棕榈、南洋杉、金山葵、洋素馨、灵霄）组成丛景（图3-138）。亦有用蒲葵、鱼尾葵独立成丛的（图3-139）。北方地区常有丛栽雪松，景效均很好。

图 3-138 假槟榔丛栽

a

b

图 3-139 葵丛

群林的配植法，以竹林、梅林、松林为常。南方更有椰林、棕林、葵林等，极具地方特色。古代庭园中，群林的配植法亦不少见，如《洛阳名园记》中所记载的"苗帅园"里，"其北，竹万余竿，皆大满二三围，疎筠琅玕，如碧玉缘。"宋代艮狱里的"梅岭"、"丁嶂"等均属群林一类。广州兰圃，位于市内交通干道旁，它以竹林、松林配植。既减轻了闹市干道的干扰，又为园中造出所需之深邃景效（图 3-140），使景栽效能得到较充分发挥。

带植法是一种带形景观的配植方法，一般在庭园的水池边、园道旁，传统的"垂柳夹岸"即是。近代园中多沿池设栏，游人绕池漫步或凭栏闲眺，使带形景观更为生动。国外庭园里多用传统的人工剪栽的灌木带，构成各种图案的带状景（图 3-141），园效亦很优美。

花池，应按不同院落布置，一般设置在围墙下、建筑物入口、或在池边路旁（图3-142），

图 3-140　兰圃群林（左上）

图 3-141　国外灌木带园景（右上）

图 3-142　花池（下）

a　　　　　　　　　　　　　　　b

花池里的花草不宜多，更不宜杂，疏密配搭，做到远看丛花一片，近赏主次分明，如果有
水石相衬，池景物更饶趣味。南方地区近来在许多园林建筑中，以小花斗的形式装置在景
墙上，点缀得异常精致，有的花斗挂在栏杆上或柱子上（图3-143）。有的作吊盆，挂在棚
架上或装置在大厅空间里。为庭园的竖向绿化景观开辟了新的渠道。国外的花池传统上多

图 3-143 花斗

a　　b

图 3-144 国外花池

属规则式，利用花色组成各式纹样，风格迥然不同（图3-144）。

草地，或按坡铺设，或于庭间铺伏成毡，倘以景石点缀一、二，倍感清雅（图3-145）。庭园草地一般多用八足草、台湾草，这两种草在南方地区极易生长，特别是八足草。但此草较粗野，并易长杂草，而台湾草纤滑如毯，异常精美，且不易长杂草，虽目前成本较高，但自行培育不难，在庭中小块绿地上配植是很好的，把它植于铺地的石隙间，可使庭园铺地更有生趣。

漫生法是随意配植一些苔藓类、蕨类或一些荫生草本之类，使庭园景栽更接近自然景观，这在传统庭园里是常见的，现代庭园中也常有仿效。如中山温泉宾馆庭景中，把气氛搞得野绿葱葱（图3-146），使人若入溪峪间。

上述景栽配植的组合方法，在我国庭园中运用得十分灵活，各种不同品类的景栽，务求量材配植，各尽其能地发挥各自的特点。不同功用的庭，要有相应的组合方法。例如，前庭宜开朗，但又不要把主体建筑全貌毕露，这就要求景栽配植有虚有实，若隐若显，其树形、体量不宜过于

图 3-145 草地

图 3-146 漫生庭景

庞大，枝条宜秀，叶色宜鲜，疏密应与建筑物配合得宜。这样才能较好地组合前庭景观。广州地区多用红花紫荆、南洋杉、松柏、洒金蓉、金山葵、假槟榔、勒杜鹃之类，作为前庭花木（图3-147），使其空间敞朗又具有一定的热烈气氛。

内庭是景园之心腹，花木布置要适于人们静观近赏。在景栽选择上，要求树形秀丽，枝条疏密有致，树冠要易于通光透气，花叶色泽鲜艳柔和、芬芳宜人。白兰、九里香、丹桂、粉丹竹、佛肚竹、金丝竹、蜡梅、绯桃、葡萄、山海棠、鹰爪、含笑、茉莉等均是内庭花木的良好品种。如果内庭是采用水石庭式，则需加以睡莲、蕨类、龟背竹之类的水生景栽来衬托庭景。有些内庭的水石池边放几块景石，石上植兰科，水中栽风车草，岸上斜插垂柳、水翁，使画面带有"疏影横斜"，便能产生一些情趣（图3-148）。

侧庭宜清静淡雅，可植竹、相思、紫藤之类，它多作书斋院落、餐厅小院，供人小憩（图3-149）。后庭，一般位于屋北，可植果木，在风景区里可结合自然景色处理（图3-150）。

小院系小空间庭院，多用以点缀庭园空间，构思较精巧，景栽的选用也很考究，常成为庭园的珍品（图3-151）。

图 3-147　前庭景栽

图 3-149　侧庭景栽

图 3-148　内庭景栽

图 3-150　后庭景栽

图 3-151　小院景栽

第四章 园林建筑个体设计

第一节 亭

一、亭的运用

亭子在我国园林中是运用得最多的一种建筑形式。无论是在传统的古典园林中，或是在解放后新建的公园及风景游览区，都可以看到有各种各样的亭子。或伫立于山岗之上；或依附在建筑之旁；或漂浮在水池之畔。以玲珑美丽、丰富多彩的形象与园林中的其他建筑、山水、绿化等相结合，构成一幅幅生动的画面。亭子成了为满足人们"观景"与"点景"的要求而通常选用的一种建筑类型。之所以如此，是由于亭子具有如下的一些特点：

1.在造型上，亭子一般小而集中，有其相对独立而完整的建筑形象。亭的立面一般可划分为屋顶、柱身、台基三个部分。柱身部分一般作得很空灵；屋顶形式变化丰富；台基随环境而异。它的立面造型、比例关系比其他建筑能更自由地按设计者的意图来确定。因此，从四面八方各个角度去看它，都显得独立而完整，玲珑而轻巧，很适合园林布局的要求。

2.亭子的结构与构造，虽繁简不一，但大多都比较简单，施工上也比较方便。过去筑亭，通常以木构瓦顶为主，亭体不大，用料较小，建造方便。现在多用钢筋混凝土结构，也有用预制构件及竹、石等地方性材料的，也都经济便利。亭子所占地盘不大，小的仅几平方米，因此建造起来比较自由灵活。

3.亭子在功能上，主要是为了解决人们在游赏活动的过程中，驻足休息、纳凉避雨、纵目眺望的需要，在使用功能上没有严格的要求。单体式亭与其他建筑物之间也没有什么必须的内在的联系。因此，就可以主要从园林建筑的空间构图的需要出发，自由安排，最大限度地发挥其园林艺术特色。

在我国传统的园林中，建筑的份量比较大，其中亭子在建筑中占有相当的比重。在北京颐和园、北海、承德避暑山庄等这类大型的皇家园林中，亭子不占突出的地位，但在一些重要的观景点及风景点上却少不了它。在江浙一带的私家园林及广东的岭南园林等规模较小的园林中，亭子的作用就显得更为重要，有些亭子常常成为组景的主体或构图的中心。在杭州、桂林、黄山、武夷山、青岛这类风景游览胜地，亭子就成了为自然山水"增美"的重要点缀品，应用得更为自由、活泼。

我国园林中亭子的运用，最早的史料开始于南朝和隋唐时代。距今已有约一千五百年的历史。据《大业杂记》载：隋炀帝广辟地周二百里为西苑（即今洛阳），"其中有逍遥亭，八面合成，结构之丽，冠绝今古"。又《长安志》载唐大内的三苑中皆筑有观赏用的园亭，其中"禁苑在宫城之北，苑中宫亭凡二十四所"。从敦煌莫高窟唐代修建的洞窟壁画中，我们可以看到那个时代亭子的一些形象的史料：那时亭的形式已相当丰富，有四方亭、六角亭、八角亭、圆亭；有攒尖顶、歇山顶、重檐顶；有独立式的，也有与廊结合的角亭等。但多为佛寺建筑，顶上有刹。此外，西安碑林中现存宋代摹刻的唐兴庆宫图中，有沉香亭是面阔三间的重檐攒尖顶方亭，相当宏丽壮观。这些资料都说明：唐代的亭子，已经基本上和沿习至明清时代的亭是相同的。唐代园林中及游宴场所，亭是很普遍使用的一种建筑，官僚士大夫的邸宅、衙署、别业中筑亭甚多。据史书记载，唐代的统治阶级到了炎热的季节，建有凉殿或"自雨亭子"，这种自动下雨的亭子，每当暑热的夏天，雨水从屋檐上往四外飞流，形成一道水帘，在亭子里就会感到凉快。

到了宋代，从绘画及文字记载中所看到的亭子的资料就更多了。宋史《地理志》记载徽宗"叠石为山、凿池为海，作石梁以升山亭，筑山岗以植杏林。"著名的汴梁艮狱，是利用景龙江水在平地上挖湖堆山，人工造园。其中亭子很多，形式也很丰富，并开始运用对景、借景等设计手法，把亭子与山水绿化结合起来 共同组景，从北宋王希孟所绘《千里江山图》中，我们还可以看到那时的江南水乡在村宅之旁，江湖之畔建有各种形式的亭、榭，与自然环境非常融洽。

明、清以后还在陵墓、庙宇、祠堂等处设亭。此外，还有路亭、井亭、碑亭等，现存实物很多。园林中的亭式在造型、形制、使用各方面都比以前大为发展。今天在古典园林中看到的亭子，绝大部分是这一时期的遗物。《园冶》一书中，还辟有专门的篇幅论述亭子的形式、构造及选址等。所有这些都为我们提供了可资借鉴的宝贵资料。

解放后，随着新园林的建设与发展，以及古典园林的保护与重建，园林建筑中的亭也取得了很多的成就。在建筑的造型风格上，既继承和发扬了祖国建筑的优良传统，又致力于革新的尝试，根据不同的地形和环境，结合山石、绿化，作到灵活多变，形式丰富。同时，还根据我国各地区的气候特点与传统作法，运用各种地方性材料，用水泥塑制成竹、木等模仿自然的造型，很富地方特色。在使用功能上，还利用亭子作为小卖、图书、展览、摄影、儿童游戏等用途，更好地为人民群众服务。

二、亭的造型与类型

亭子的体量不大，但造型上的变化却是非常多样、灵活的。亭的造型主要取决于其平面形状、平面上的组合及屋顶形式等。我国古代亭子起初的形式是不大的四方亭，木构草顶，结构简易，施工方便。以后随着技术水平的提高，逐渐发展成为多角形、圆形、十字形等较复杂的形体。在单体建筑平面上寻求多变的同时，又在亭与亭的组合；亭与廊、墙、房屋、石壁的结合；以及在立体造型上（如出现了重檐、三重檐、二层的亭式等）进行创造，产生了极为绚丽多彩的形体，达到了园林建筑创作上的一个高峰（图4-1～图4-4）。中收集近九十个不同形式亭的实例，这仅是我国园林中亭式的一部分。可以这样说：在世界园林建筑中，我国园林中的亭、廊、墙等这些园林建筑类型是最为丰富多样，也最富民族的特色，这是我国人民群众在长期实践中的创造，是我国艺术中一份可贵的遗产。

下面，按亭子的平面形状和立体造型分别进行一些分析和研究。

从亭子的平面形状上，大致可分为：单体式、组合式、与廊墙相结合的形式三类。最常见的有下列几种：

1.正多边形亭：如正三角形亭、正方形亭、正五角形亭、正六角形亭、正八角形亭、正十字形亭等（图4-1独立式亭）。

2.圆亭、蘑菇亭、伞亭等（图4-1）。

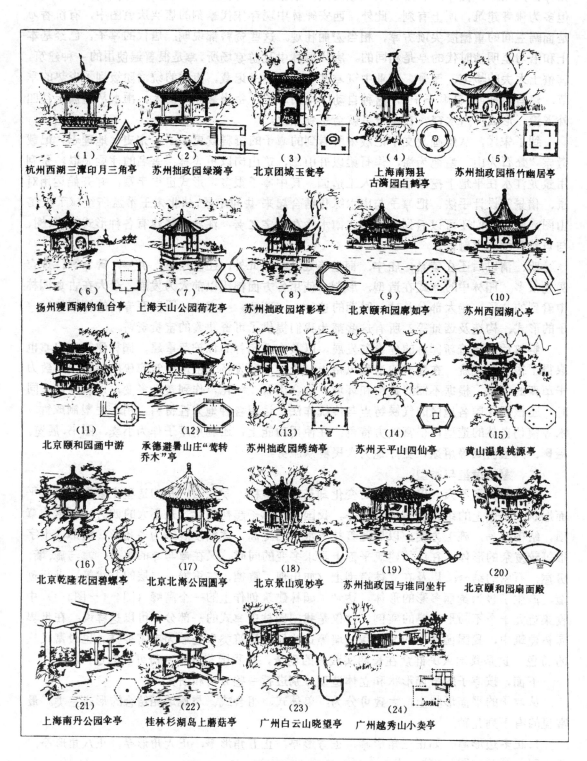

图 4-1 以平面形式划分的独立式亭

（1）杭州西湖三潭印月三角亭　（2）苏州拙政园绿漪亭　（3）北京团城玉瓮亭　（4）上海南翔县古漪园白鹤亭　（5）苏州拙政园梧竹幽居亭

（6）扬州瘦西湖钓鱼台亭　（7）上海天山公园荷花亭　（8）苏州拙政园塔影亭　（9）北京颐和园廓如亭　（10）苏州西园湖心亭

（11）北京颐和园画中游　（12）承德避暑山庄"莺转乔木"亭　（13）苏州拙政园绣绮亭　（14）苏州天平山四仙亭　（15）黄山温泉桃源亭

（16）北京乾隆花园碧螺亭　（17）北京北海公园圆亭　（18）北京景山观妙亭　（19）苏州拙政园与谁同坐轩　（20）北京颐和园扇面殿

（21）上海南丹公园伞亭　（22）桂林杉湖岛上蘑菇亭　（23）广州白云山晓望亭　（24）广州越秀山小卖亭

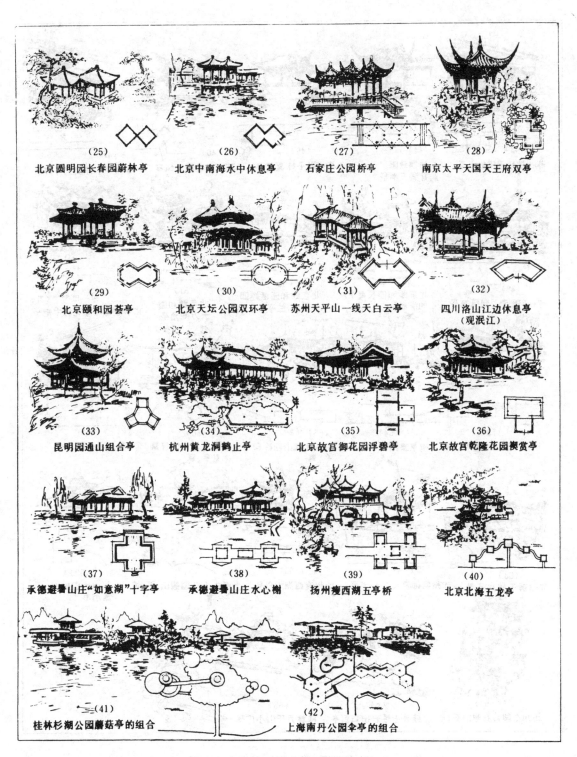

（25）
北京圆明园长春园蔚林亭

（26）
北京中南海水中休息亭

（27）
石家庄公园桥亭

（28）
南京太平天国天王府双亭

（29）
北京颐和园荟亭

（30）
北京天坛公园双环亭

（31）
苏州天平山一线天白云亭

（32）
四川洛山江边休息亭
（观岷江）

（33）
昆明园通山组合亭

（34）
杭州黄龙洞鹤止亭

（35）
北京故宫御花园浮碧亭

（36）
北京故宫乾隆花园禊赏亭

（37）
承德避暑山庄"如意湖"十字亭

（38）
承德避暑山庄水心榭

（39）
扬州瘦西湖五亭桥

（40）
北京北海五龙亭

（41）
桂林杉湖公园蘑菇亭的组合

（42）
上海南丹公园伞亭的组合

图 4-2 以平面形式划分的组合式亭

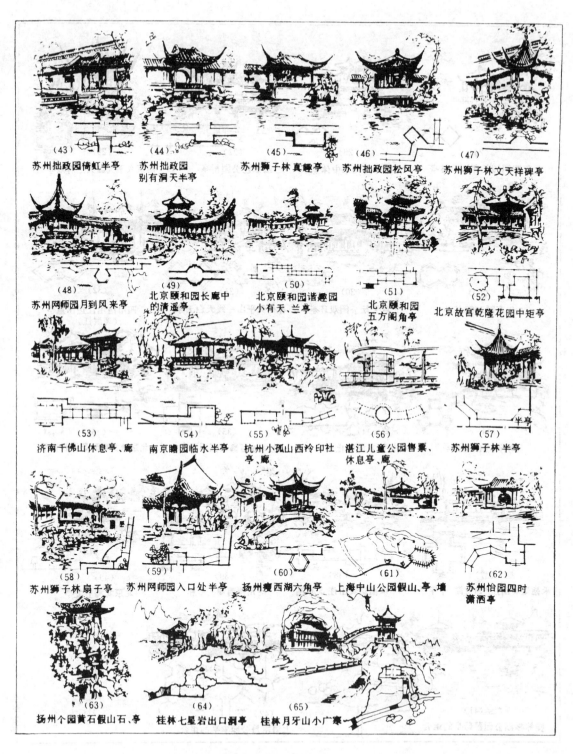

(43) 苏州拙政园倚虹半亭

(44) 苏州拙政园别有洞天半亭

(45) 苏州狮子林真趣亭

(46) 苏州拙政园松风亭

(47) 苏州狮子林文天祥碑亭

(48) 苏州网师园月到风来亭

(49) 北京颐和园长廊中的清遥亭

(50) 北京颐和园谐趣园小有天、兰亭

(51) 北京颐和园五方阁角亭

(52) 北京故宫乾隆花园中矩亭

(53) 济南千佛山休息亭、廊

(54) 南京瞻园临水半亭

(55) 杭州小孤山西泠印社亭、廊

(56) 湛江儿童公园售票、休息亭、廊

(57) 苏州狮子林半亭

(58) 苏州狮子林扇子亭

(59) 苏州网师园入口处半亭

(60) 扬州瘦西湖六角亭

(61) 上海中山公园假山、亭、墙

(62) 苏州怡园四时潇洒亭

(63) 扬州个园黄石假山石、亭

(64) 桂林七星岩出口洞亭

(65) 桂林月牙山小广寒

图 4-3 以平面形式划分的与廊墙相结合的亭

160

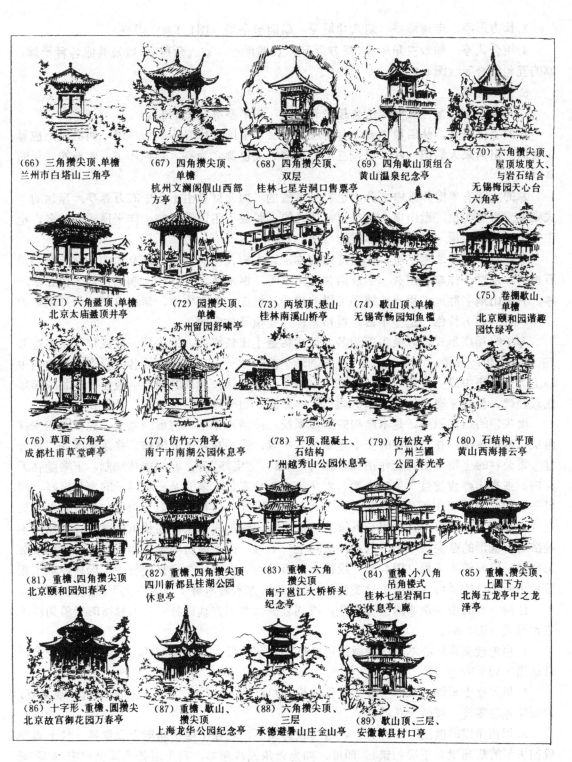

(66) 三角攒尖顶、单檐
兰州市白塔山三角亭

(67) 四角攒尖顶、单檐
杭州文澜阁假山西部方亭

(68) 四角攒尖顶、双层
桂林七星岩洞口售票亭

(69) 四角歇山顶组合
黄山温泉纪念亭

(70) 六角攒尖顶、屋顶坡度大、与岩石结合
无锡梅园天心台六角亭

(71) 六角盝顶、单檐
北京太庙盝顶井亭

(72) 园攒尖顶、单檐
苏州留园舒啸亭

(73) 两坡顶、悬山
桂林南溪山桥亭

(74) 歇山顶、单檐
无锡寄畅园知鱼槛

(75) 卷棚歇山、单檐
北京颐和园谐趣园饮绿亭

(76) 草顶、六角亭
成都杜甫草堂碑亭

(77) 仿竹六角亭
南宁市南湖公园休息亭

(78) 平顶、混凝土、石结构
广州越秀山公园休息亭

(79) 仿松皮亭
广州兰圃公园春光亭

(80) 石结构、平顶
黄山西海排云亭

(81) 重檐、四角攒尖顶
北京颐和园知春亭

(82) 重檐、四角攒尖顶
四川新都县桂湖公园休息亭

(83) 重檐、六角攒尖顶
南宁邕江大桥桥头纪念亭

(84) 重檐、小八角吊角楼式
桂林七星岩洞口休息亭、廊

(85) 重檐、攒尖顶、上圆下方
北海五龙亭中之龙泽亭

(86) 十字形、重檐、圆攒尖
北京故宫御花园万春亭

(87) 重檐、歇山、攒尖顶
上海龙华公园纪念亭

(88) 六角攒尖顶、三层
承德避暑山庄金山亭

(89) 歇山顶、三层、安徽歙县村口亭

图 4-4 以屋顶形式、立体造型划分的亭

3.长方形亭、圭角形亭、扁八角形亭、扇面形亭等（图4-1独立式亭）。

4.组合式亭：如双三角形亭、双方形亭、双圆形亭、双六角形亭。以及其他各种形体、亭的互相组合等（图4-2）。

5.平顶式亭。

6.与墙、廊、屋、石壁等结合起来的亭式。如半亭等（图4-3）。

亭的立体造型，从层数上看，有单层和两层。中国古代的亭本为单层，两层以上应算作楼阁。但后来人们把一些二层或三层类似亭的阁也称之为亭，并创作了一些新的二层的亭式。

亭的立面有单檐和重檐之分，也有三重檐的，如北京景山上正中的万春亭。屋顶的形式则多采用攒尖顶、歇山顶，也有用盝顶式的，解放后用钢筋混凝土作平顶式亭较多，也作了不少仿攒尖顶、歇山顶等形式的（图4-4）。

从建筑材料的选用上讲，中国传统的亭子以木构瓦顶的居多，也有木构草顶及全部是石构的。用竹子作亭不耐久。解放后各地用水泥、钢木等多种材料，制成仿竹、仿松木的亭，有些山地名胜地，用当地随手可得的树干、树皮、条石构亭，亲切自然，与环境融为一体，更具地方特色，造型丰富，性格多样，是值得推广的。

亭子的屋顶形式，以攒尖顶为多，结构构造上比较特殊。攒尖顶一般应用于正多边形（三角、四角、五角、六角、八角等）和圆形平面的亭子上。攒尖顶的各戗脊由各柱中向中心上方逐渐集中成一尖顶，用"顶饰"来结束，成伞状。屋顶的檐角一般反翘，北方起翘比较轻微，显得平缓、持重；南方戗角兜转耸起，如半月形翘得很高，显得轻巧雅逸。

攒尖顶的结构做法，是木结构的梁架系统。按清式做法，方形的亭子，先在四角安抹角梁以构成梁架，在抹角梁的正中立童柱或木墩，然后在其上安檩枋，叠落至顶安"雷公柱"。雷公柱的上端伸出屋面作顶饰，称为"室顶"、"宝瓶"等，瓦制或琉璃制，下端隐在天花内，或露出雕成旋纹，莲瓣之类。六角亭、八角亭最重要的是先将檩子的步架定好，两根平行的长扒梁搁在两头的柱子上，在其上搭短扒梁，然后在放射形角梁与扒梁的水平交点处承以童柱或木墩。这种用长扒梁及短扒梁互相叠落的作法，在长扒梁过长时显然是不经济的。圆形的攒尖顶亭子，基本作法同上，不过，因为额枋等全需作成亭形的，比较费工费料，因此较少采用（图4-5）。根据承德市文物局古建队在修复避暑山庄园林建筑工程过程中所统计的材料，像亭子这类建筑，大约每平方米需木材1立方米上下，造价400多元。

江浙一带的攒尖顶亭的梁架构造，按刘敦桢《苏州古典园林》一书总结的经验为以下三种形式（图4-6）：

1.用老戗支撑灯心木。这种做法可在灯心木下做轩，加强装饰性。但由于刚性较差，只适用于较小的亭。

2.用大梁支承灯心木。一般大梁仅一根，如亭较大，可架二根大梁，或平行，或垂直，但因梁架较零乱，须做天花遮蔽。

3.用搭角梁的做法。如为方亭，结构较为简易，只在下层搭角梁上立童柱，柱上再架成四方形的搭角梁与下层相错45°即可。如为六角或八角亭，则上层搭角梁也相应地须成六角形或八角形，以便架老戗。梁架下可做轩或天花，也可开敞。

翼角的做法，北方的官式建筑，从宋到清都是不高翘的。一般是仔角梁贴伏在老角梁

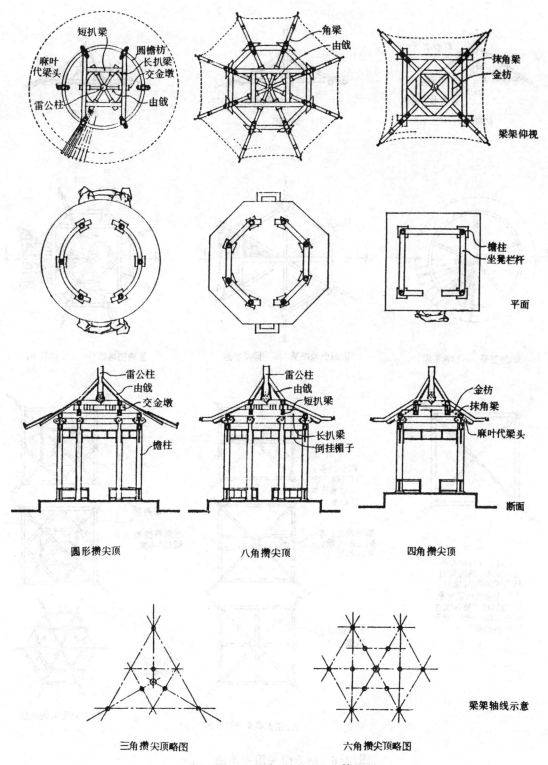

图 4-5 清式攒尖顶亭的结构做法

圆形攒尖顶　　　　八角攒尖顶　　　　四角攒尖顶

三角攒尖顶略图　　　　六角攒尖顶略图

梁架仰视

平面

断面

梁架轴线示意

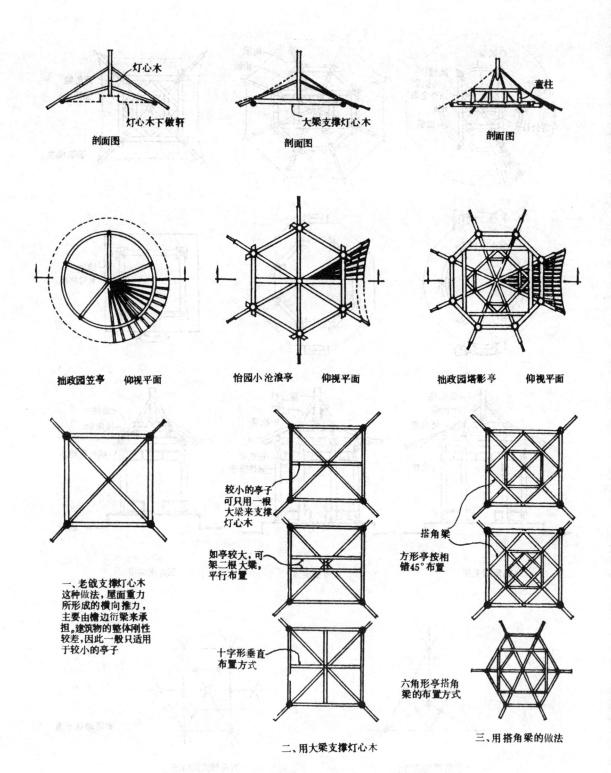

灯心木

灯心木下做轩

剖面图

大梁支撑灯心木

剖面图

童柱

剖面图

拙政园笠亭　　仰视平面

怡园小沧浪亭　　仰视平面

拙政园塔影亭　　仰视平面

一、老戗支撑灯心木
这种做法，屋面重力
所形成的横向推力，
主要由檐边衍梁来承
担，建筑物的整体刚性
较差，因此一般只适用
于较小的亭子

较小的亭子
可只用一根
大梁来支撑
灯心木

如亭较大，可
架二根大梁，
平行布置

十字形垂直
布置方式

二、用大梁支撑灯心木

搭角梁

方形亭按相
错45°布置

六角形亭搭角
梁的布置方式

三、用搭角梁的做法

图 4·6　南方攒尖顶亭做法

164

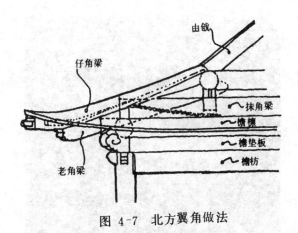

图 4-7 北方翼角做法

背上，前段稍稍昂起，翼角的出椽也是斜出并逐渐向角梁处抬高，以构成平面上及立面上的曲势，它和屋面的曲线一起形成了中国建筑所特有的造型美（图4-7）。

江南的屋角反翘式样通常分为嫩戗发戗与水戗发戗两种。嫩戗发戗的构造比较复杂，老戗的下端伸出于檐柱之外，在它的尽头上向外斜向镶合嫩戗，用菱角木、箴木、扁檐木等把嫩戗与老戗固牢，这样就使屋檐两端升起较大，形成展翅欲飞的趋势。水戗发戗没有嫩戗，木构件本身不起翘，仅戗脊端部利用铁件及泥灰形成翘角，屋檐也基本上是平直的，因此构造比较简便（图4-8）。

岭南园林中的建筑，体型一般轻快，通透开敞、体量较小。出檐翼角，没有北方用老角梁仔角梁的沉重，也不如江南戗出的纤巧，是介于两者之间的做法，构造简易，造型轮廓柔和稳定，比较朴实。

屋面构造，除桁椽等外一般为铺瓦作脊。南方一般用小青瓦，考究的或官式建筑则多用筒瓦及琉璃瓦。瓦底于檐口处置下垂的尖圆形的滴水瓦，它们使亭子的檐口部位形成了细致的花边，在阳光照射下形成了生动的影界。

解放以后，利用钢筋混凝土现浇或预制结构，作成几块薄壳组成亭子的屋面，用水泥作成瓦垄，各种局部构件按传统形象作简化处理，大大方便了施工，也很简洁、生动（图4-9）。但通常感到不足的地方是屋檐底面过分光、平，缺少细部处理。

歇山顶亭与平屋顶亭的构造做法与一般建筑相同，就不在此叙述了。

以下，对亭子的造型按通常所见的几种形式分别作简要介绍：

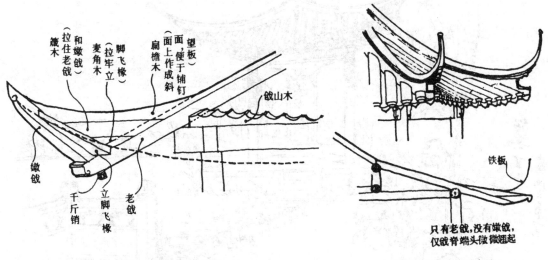

南方 嫩戗发戗屋角构造图

南方 水戗发戗屋角做法及外观

图 4-8 南方翼角做法

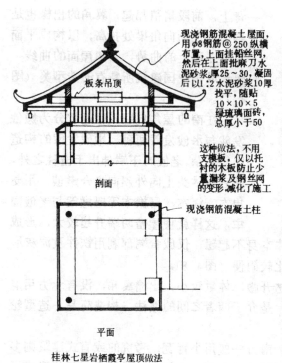

板条吊顶

剖面

现浇钢筋混凝土柱

平面

桂林七星岩栖霞亭屋顶做法

现浇钢筋混凝土屋面,用φ8钢筋@250纵横布置,上面挂铅丝网,然后在上面批麻刀水泥砂浆厚25～30,凝固后以1:2水泥砂浆10厚找平,随贴10×10×5绿琉璃面砖,总厚小于50

这种做法,不用支模板,仅以托衬的木板防止少量漏浆及钢丝网的变形,减化了施工

图 4-9　钢筋混凝土攒尖顶亭做法

图 4-11　广州烈士陵园三角休息亭

图 4-10　绍兴兰亭鹅池三角亭

166

1.三角攒尖亭，不多见。杭州西湖"三潭印月"的三角亭，兰州白塔山上的三角亭及绍兴"鹅池"三角亭、广州烈士陵园中三角休息亭都是实例（图4-1）（图4-4）（图4-10）、（图4-11）。

三角亭因为只有三根支柱，因而显得最为轻巧。"三潭印月"的三角亭是个桥亭，它位于一组折桥的拐角上，与东南面的一个正方形攒尖顶亭在构图上收到了不对称均衡的效果，从北部的船码头上岸经折桥走过来，两个驾水凌空、玲珑透漏、形状各异的桥亭漂浮在开阔的水面之上，在折桥的转折处，又从水中立起一座造型生动爬满藤萝的山石。亭与石都成了水中之景，给初登这个湖中之园的游客以意料不到的感觉（图4-12）。

图 4-12　杭州"三潭印月"桥亭

兰州白塔山上的三角亭，是利用民间收集的各种零散材料巧妙地组合拼装设计而成，它矗立于山坡陡立的突出部位，俯视着滚滚东去的黄河与市区，亭顶平缓，层层挑出的斗栱把檐角挑出得特别深远，看上去好像是三角攒尖的屋顶扣在三组倒立的斗栱群上，再传力到三根支柱上。因此，浑厚中见秀丽；稳重中见轻巧（图4-13）。

2.正方形、六角形、八角形单檐攒尖顶亭是最常见的形式，形态端庄，结构简易。图4-14为杭州文澜阁前院一组大假山上西部的攒尖顶方亭，它与东部另一方亭对称布置，相互呼应，登高置身亭中可远眺西湖景色。它姿态挺秀，局部和细部都很精致。

图4-15为宁波天一阁前院中的方亭，建在假山的东南角最高处，与西北角入口处倚墙而筑的大角形攒尖顶亭，一高一低，形态各异地布置于庭院两翼，与

图 4-13　兰州白塔山三角亭

图 4-14 杭州文澜阁前院方亭　　　　　　　　图 4-15 宁波天一阁庭院

山石水池一起增加了立体构图的生动性。

图4-16是广州白云宾馆前庭院中，利用山势在一个机房上部巧妙修筑的一个方亭。混凝土结构、仿竹、青黄色调，颇富自然情趣并增添了中国式庭园的气氛。

图4-17是新修复的绍兴小兰亭。四方攒尖顶，但顶部仿古代的塔刹，作山华蕉叶形装饰以相轮结束。翼角翘得很高，为一般江南嫩戗作风。

图4-18为无锡梅园的天心台六角单檐攒尖顶亭。梅园南临太湖，北倚龙山，环境幽雅，以梅饰山而得名。天心台依山构筑，颇称精巧，足使湖山增色。它的屋顶坡度大，更增加了集中向上的感觉，连同顶饰的"宝瓶"在内，屋顶的高度约为柱高的两倍，立于假山之上，更增加了庄重、挺秀之感。登上天心台，北可观梅山及宝塔（图4-19）、掩映在树丛中的楠木厅、清芬轩等，向南可远眺太湖、小箕山、鼋头渚等景色。

四川峨眉山清音阁前的牛心亭，也是一个六角攒尖顶亭（图4-20）。位置选在两条溪水的交汇处，亭的左右横跨着两座石拱小桥。坐在亭内，但见两股飞瀑直泄而下，冲击着前面水潭中的牛心怪石，溅起层层水花，两侧石壁陡峭，繁密丛林，令人深感处于大自然的环抱之中。亭子的顶饰、翼角、花牙子、扶王靠椅等细部装修，都是典型的四川地方民间做法，轻巧、精致。

海棠亭、梅花亭均为多角（海棠四角、梅花五角）攒尖顶亭。亭子的台基、栏杆、枋

图 4-16 广州白云宾馆前庭方亭

图 4-17 绍兴小兰亭

图 4-18 无锡梅山天心台六角亭

图 4-19 由天心台内北望梅山

图 4-20 峨眉山清音阁牛心亭

和椽、屋檐的边缘轮廓，从平面上看，成为海棠或梅花形。柱断面的形状有时也如此。这些在《园冶》中都有记载，但实例已不多见。

上海南翔县的古漪园（明代园林）中，现存一白鹤亭（图4-21）。亭的顶部为一展翅高飞的白鹤，南翔镇也因此而得名。亭子为五角攒尖顶，五角梅花式座，造型生动细腻，比例精巧，是上乘之作。此外，还有杭州龙井的五角梅花亭等。

上海天山公园中的"荷花亭"，是近几年新建的（图4-22）。亭为六角攒尖顶，建于水边，以太湖石为座，架空于水面之上。柱、梁、屋顶均为混凝土结构，屋面平直，盖墨绿色琉璃瓦，屋脊及顶饰均用白水泥粉光，戗角用预制件外挑，柱身为白色磨石子饰面，硬杂木与扁铁作的坐椅及栏杆也很细致，地面与天花都对应地作荷花与荷叶形装饰，水中点缀着荷花与叠石。亭子造型轻巧，清新挺丽，革新中有传统，色调与环境也很协调。

3.重檐攒尖顶亭。有两重及三重，重檐较单檐在轮廓线上更加丰富，结构上也稍复杂。亭与廊结合时往往采用重檐形式。在北方的皇家园林中，园林的规模大，对建筑要求体型丰富而持重，因此采用重檐式亭很多。比较有名的如颐和园知春亭、长廊中间的"留佳"、"寄澜"、"秋水"、"清遥"四个八角亭、西堤六桥的桥亭；北海公园中的五龙亭、景山上的五个亭子；承德避暑山庄水心榭三个亭子等都是重檐式亭的实例。其中，景山正中的"万春亭"是三重檐四方亭，两边的"富览"、"周赏"为重檐八角亭，"辑芳"、"观妙"为重檐圆亭（图4-23）。

图 4-21　南翔古漪园白鹤亭　　　　图 4-22　上海天山公园荷花亭

图 4-23　北京景山万春亭

图 4-24　颐和园荇桥万字亭

图 4-25　颐和园廊如亭

颐和园荇桥上的万字亭，为长方形重檐，顶部并不汇集成一攒尖，而是仿盝顶形式，在顶的正中作一扁方敦实的顶饰，屋脊平缓舒展，与石桥汉白玉栏杆及桥墩上精致的石狮等构成一组完整和谐的桥亭造型（图4-24）。

颐和园十七孔桥东端岸边上的廊如亭，是一座八角重檐特大型的亭子，它不仅是颐和园四十多座亭子中尺度最大的一座，在我国现存的同类建筑中也是最大的一个。面积达一百三十多平方米，由内外三圈二十四根圆柱和十六根方柱支承，体形隐重，气势雄浑，颇为壮观。在构图上，好像只有这么大的份量，才能取得与十七孔桥及南湖岛大体均衡的架势（图4-26）。

在南方园林中，重檐的多角亭也常见。近几年新建的亭中还有一些很好的实例。如位于南宁市邕江大桥桥头一端公园中的"冬泳纪念亭"，六角重檐攒尖顶，混凝土筑，仿民族传统形式，但作了革新与简化，比例匀称，细部精致，与周围的廊子、栏杆、灯具、绿化配合一起组成了和谐的环境（图4-27）。

图4-28是广州白云山上新建的六角重檐攒尖顶亭，亭子立在山崖之边，预制混凝土坡顶，六根支柱支承着几片飘浮着的薄壳，显得轻巧、透漏、简练。

图4-29是桂林七星岩洞口新建的一组休息亭、廊建筑，在三跨双层廊的两头，分别布置了一个单檐正方形攒尖顶亭及一个重檐的正方形抹小八角的双层亭。而重檐亭的底部立于平台的下部的岩石上，通过平台上的洞口石级与下层平面取得联系，高高低低，出出进进，在本来很小的一块基

地上，把建筑与地形环境结合得十分巧妙（图4-30）。悬挑在外的重檐亭的顶层是最好的观赏点。建筑形象本身吸取了广西少数民族的吊脚楼形式，并作了革新，底部收缩，上部层层外挑扩大，把柱子作成垂帘柱式样，有民族风味又有地方特色。

北京北海五龙亭中央的龙泽亭，把方亭重檐的顶部作成圆攒尖形，以追求变化，突出中心的构图，是一种特例（图4-2⑩）故宫御花园中的"千秋"、"万春"二亭是在十字形平面上，把顶层作成圆形攒尖顶，显得特别丰富华丽，也是一种特例（图4-4㊳）。苏州天平山的御碑亭是重檐八角攒尖顶，但上檐戗脊在中途作四脊，使顶部不致过份拥挤繁复，手法很巧（图4-31）。

还有一种盝顶的亭子，一般为正多边形，也可以看作是攒尖顶的一种变格，通常用于井亭。由于井亭顶部需透光，顶中央开孔，因此用天井枋构成的框来支承屋顶，在檐柱的外圈上面作成平脊加小坡檐而构成了盝顶的外形。北京太庙中的井亭即是（图4-32）。广州兰圃公园中的"兰生香满路"路亭，是双层平顶八角形亭，体积很大，布置在主要游览路线的中央，分划了公园的空间层次，在四周布满了兰花、休息座椅，令人到此不得不停下来欣赏一番（图4-33）。

4.有正脊顶的亭。有两坡、歇山、捲棚等形式，采用梁架结构，平面可作长方、扁八角、圭角形、梯形、扇面形等。

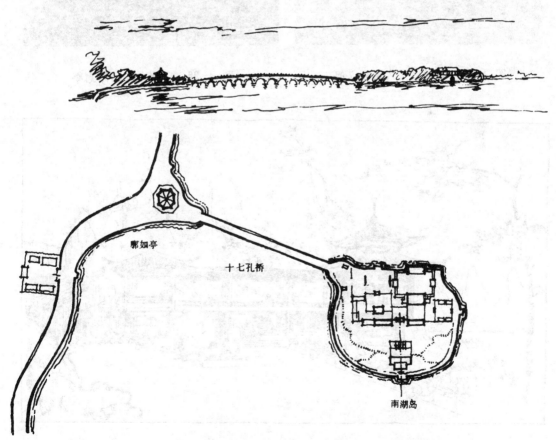

图 4-26　廊如亭与十七孔桥、南湖岛之间的构图关系

图 4-27　南宁邕江大桥桥头亭　　　　　　　图 4-28　广州白云山休息亭

图 4-29　桂林七星岩洞口休息亭、廊

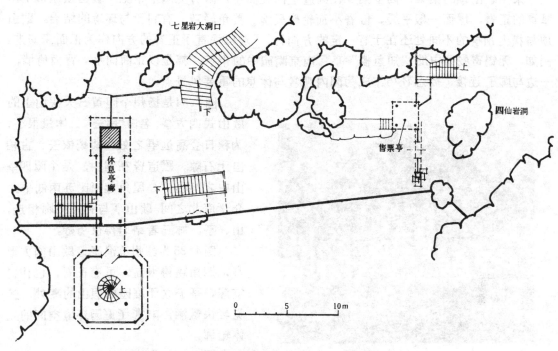

图 4-30　桂林七星岩洞口休息亭、廊平面

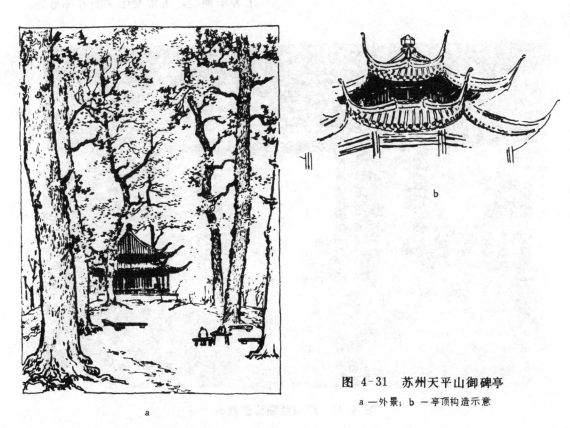

图 4-31　苏州天平山御碑亭

a —外景；b —亭顶构造示意

采用歇山顶的梁架，因步架少在构造上比较简易，南方庭园中常见。歇山顶通常不作厚重的正脊，屋面一般平缓，戗脊小而轮廓柔婉，翼角轻巧，有利于与环境的结合。歇山顶与攒尖顶亭的不同处还在于有一定的方向性，一般以垂直于正脊的方向作为正面来安排。例如，无锡寄畅园中的"知鱼槛"亭、南京瞻园中的半亭，都是以正面向水，背面倚墙，一边与廊子连接，姿态轻巧，成为园内观赏与休息的重要风景点。

图 4-32　北京太庙井亭

图4-34是扬州个园黄石大假山上的歇山式四方亭，名曰"拂云"，体量很小，为秋日登高远望之处，峻峭依云，古柏出于石隙，蹬道皆在洞中，是个园四季山中之"秋山"。屋角起翘比苏南低平，介于南北之间。歇山亭与两层楼廊相连，山、亭、廊三者结合得很巧妙。

图4-35为苏州沧浪亭，歇山四方形亭，四角翘得很高，虽有正脊，也作得空漏，亭子立于庭园内假山的高处，感觉轻快飘洒，丰富了庭园环境空间的立体轮廓。

还有一种自由变体式亭，长方形变化为扇面形，方形变化为斜方梯形等，

图 4-33　广州兰圃公园路亭

也多用梁架系统作成歇山顶形式。一般用于池岸、道路、游廊的转折处，把开畅的一面对着景色以扩大视野，短的一面作成实墙，上开什锦花窗。如苏州狮子林的扇子亭；拙政园的"与谁同坐轩"成都杜甫草堂中的扇面亭等(图4-36)。

5.复合式亭。有两种基本方式：一种是两个或两个以上相同形体的组合；另一种是一个主体与若干附体的组合。

前者是同一类型体亭在平面上的组合，构造上并不特殊。如图4-2㉙是北京颐和园万寿山东山脊上的荟亭，平面上是两个六角形亭的并列组合，单檐攒尖顶。从昆明湖上望上去，仿佛是两把并排打开的大伞，婷婷玉立在山脊之上，显得轻盈。图4-2㉘是南京太平天国天王府花园的一组双亭，平面为两个套连着的正方形，屋顶成半月形翘起，顶饰以琉璃宝瓶，柱子修长，细部精致，从各个角度看，两个亭子都互相陪衬着，构图上丰富完整。图4-2㉗为石家庄公园

图 4-34 扬州个园"拂云"亭

图 4-35 苏州沧浪亭

图 4-36 成都杜甫草堂中的扇面亭

新建的一组桥亭，平面为三个斜放而连在一起的正方形。体型比较丰富，但各部位之间的比例关系欠佳。图4-37为北京天坛公园两个套连在一起的双环亭，它与低矮的长廊组成一个群体，显得圆浑、雄壮。

　　复合式亭一般是几种不同屋顶形式的组合。图4-38、图4-39是苏州天平山"一线天"悬岩旁利用地形作的一个名曰"白云亭"的复合式亭，亭由一个长方形和两侧斜放的两个方形亭组合而成，呈环抱状。屋顶用梁架作成坡顶，平台及体型上都显得自由活泼，与所在环境结合得很紧密。

　　杭州黄龙洞的鹤止亭在体型组合上更为自由（图4-2）。亭依山而筑，按地形及山石之起伏错落布置亭柱，屋顶用草架，结构随地形随宜安排，不拘一格，造型自然，富于变化。内部功能布置也能适应需要（现作为茶室），很有参考价值。

　　昆明园通山组合亭（图4-2）及四川乐山乌尤寺泯江悬壁边的"青衣亭"，都是属于灵活组合的亭式。青衣亭位于

图 4-37 北京天坛公园双环亭

图 4-38 苏州天平山白云亭

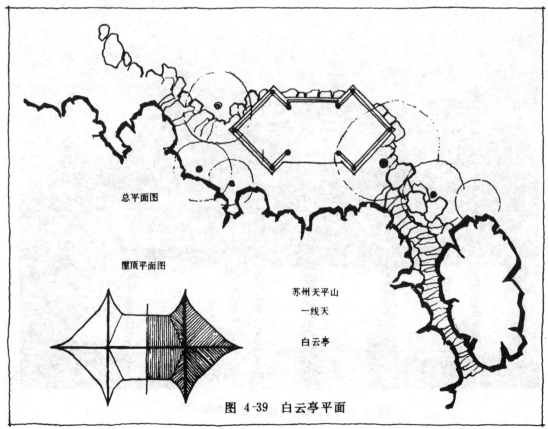

总平面图

崖顶平面图

苏州天平山

一线天

白云亭

图 4-39 白云亭平面

乌尤寺山门入口的左侧，紧贴江岸悬岩，平面顺着道路的拐弯而作成扇面形。入亭向外眺望，大佛寺、乐山市、三江汇合口尽收眼底。结构上采用四川传统的穿斗架形式，冷摊瓦水泥垅，翼角与屋脊上都装饰着碎碗片拼砌的花纹。精致耐看又有地方特色（图4-40）。

6.半亭。亭依墙建造，自然形成半亭。半亭有单独的；有位于围廊中间或其一端的。靠墙，多为方亭、长方亭，多角亭则截去倚墙一面的屋檐，屋顶有攒尖和歇山式。位于墙角或围廊的转折处时，往往处理成多角形亭或扇亭，也有作成四分之一圆亭的。

图4-3⑤9是苏州网师园入口处庭园中的一个半亭，屋顶呈歇山形式，两个戗角翘得很高，一侧与矮廊相连，另一侧为假山围绕，在两层高明快白粉墙背景的衬托下，轮廓线条非常秀丽，乌黑的片片青瓦，赭黑色的梁枋构架，看上去宛若墨笔勾勒一般，显得清逸淡雅。图4-41是网师园明轩中的一个半亭。

图4-3⑤7为苏州狮子林古五松堂前庭院中的角亭，平面呈六角形，与一折廊相连，和叠石、绿化、漏窗、铺地一起，在实墙的转角处构成了生动画面。

图4-3⑤8为狮子林西北角卡在九十度游廊之间的扇子亭，地形位置稍高，在扇面正面九十度的视界范围内，可观赏到园林内的大部分景色，它不仅是一个观赏点，而且也解决了游廊转折处的过渡。

还有一些在自然风景区中与天然岩壁、石洞结合在一起的半亭，顺自然形势，就地取材，取得了与环境的融合。如桂林七星岩出口的洞亭、黄山西海的排云亭等（图4-3⑥4、图4-4⑧0）。

图 4-40　四川乐山乌尤寺青衣亭

图 4-41　苏州网师园明轩中的半亭

图 4-42　上海南丹公园伞亭

图 4-43　桂林杉湖蘑菇亭

图 4-44　广州白云山晓望亭

7.在亭子的造型中，近年来，还可看到一些新的形式，如伞亭、蘑菇亭等。(图4-2、42)为上海南丹公园新建的一组伞亭，从主要入口处望过去，左面三个，右面五个，其间以低矮的折线形厚墙作连系。亭以大小、高低错落布置，组成了跳动的队形，加上它们落到前面水池中的倒影，更显得清新生动(图4-42)。伞亭独立支柱的顶部有向上张开的喇叭口柱帽，稍加装饰以作过渡。伞亭因为只有一根中心支柱，屋顶为一片薄板，因此，最为轻巧。伞亭也有作成钢筋混凝土预制结构的，杯形基础，柱身中预埋落水管道，屋顶面积较大时周边向上反折。独立或成组的伞亭在四周加上玻璃幕墙，在园林中或城市绿地中可供小卖部、书亭、茶室、冷饮店等用。把伞亭拼合一起组成任意的灵活平面，在国外也得到广泛运用。

图4-43为桂林杉湖小岛上的一组蘑菇亭，也是大大小小、高高低低地错落布置着。和

蘑菇亭相对应着的围廊及平台也作成一个个的圆圈形。蘑菇亭与伞亭一样，也只有中心一根支柱，屋面作成半球体，参错地掩映于绿化丛中，有一种天然的情趣。这一组蘑菇亭与座落在岸边的十二层漓江饭店相呼应，在体量大小、高低组合上相衬托，丰富了杉湖的空间环境。

8.平顶式亭。近年来在广州、上海、南宁等地的园林中兴建了不少采用钢筋混凝土结构的平顶式亭，平面上由于没有攒尖、歇山顶等的限制可根据设计要求更自由、灵活地进行布局，以平面、体型上的错落变化、虚实对比等手法来弥补屋顶造型上的不足。

图4-44为广州白云山晓望亭，平面呈突出的半圆形，朝东一面立两根白色的圆柱，后部采用毛石墙连接叠落的折廊。材料的质感上有对比，虚实的关系上表示了亭子的方向性。

图4-1○24及图4-4○78为广州越秀公园山上的两个休息亭，其中一个兼作小卖部。利用方柱、圆柱、漏窗、花格、毛石墙等组合，造型上自由活泼，与环境配合也很协调。

三、亭的位置选择

在园林建筑的设计中，亭的设计要处理好以下两个方面的问题：即位置的选择和亭子本身的造型。其中，第一个问题是园林空间规划上的问题，是首要的。第二个问题是在选点确定之后，根据所在地段的周围环境，进一步研究亭子本身的造型，使其能与环境很好地结合。

亭子位置的选择，一方面是为了观景，即供游人驻足休息，眺望景色；另一方面是为了点景，即点缀风景。

眺望景色，主要应满足观赏距离和观赏角度这两方面的要求。而对于不同的观赏对象，所要求的观赏距离与观赏角度是很不相同的。例如，在素有"天下第一江山"之称的江苏镇江北固山上，立于百丈悬崖陡壁的岩石边建有一个"凌云亭"，又名"祭江亭"。北固山三面突出于长江之中，我们站在这"第一江山第一亭"中观察奔腾大江的巨大场面：低头俯视，万里长江奔腾而过，"洪涛滚滚静中听"；极目远望，"行云流水交相映"；左右环顾，金、焦二山像碧玉般浮在江面之上，"浮玉东西两点青"；气势极大。这样，通过"俯视"、"远望"、"环眺"这些不同的观赏角度与观赏距离，使得"凌云亭"成了观望长江景色的著名风景点。再如，北京颐和园中的"知春亭"，是颐和园主要的观景点之一。在这个位置上，大致可以纵观颐和园前山景区的主要景色，在180°的视域范围内，从北面的万寿山前山区、西堤、玉泉山、西山、直至南面的龙王庙小岛、十七孔桥、廓如亭，视线横扫过去，形成了恰似中国画长卷式、单一面完整的风景构图立体画面。在距离上，"知春亭"距万寿山前山中部中心建筑群及龙王庙小岛500~600米的视距范围内，这个范围，大致是人们正常视力能把建筑群体轮廓看得比较清晰的一个极限，成了画面的中景。而作为远景的玉泉山、西山侧剪影式地退在远方，而从东堤上看万寿山，"知春亭"又成了使画面大大丰富起来的近景。从乐寿堂前面望南看，知春亭小岛遮住了平淡的东堤，增加了湖面的层次。"知春亭"位置的选择在"观景"与"点景"两方面看都是极其成功的（图4-45）。

江南的庭园，多半是在平地上人工创造的以建筑为基础的综合性园林，因而着重以直接的景物形象和间接的联想境界，互相影响，互相衬托。在园林建筑的构图手法上特别讲究互相之间的对应关系，运用"对景"、"借景"、"框景"等手段来创造各种形式的美好画面。其中，亭的位置的选择，就十分注意满足园林总的构图上的要求及本身观景上的需要。例如，拙政园西部的扇子亭——"与谁同坐轩"，它位于一个小岛的尽端转角处，三面临水，一面背山，前面正对"别有洞天"的圆洞门入口，彼此呼应。在扇面前方180°的视角范围内，水池对岸曲曲折折的波形廊飘动在水面之上。扇面亭两侧实墙上开着两个模仿古代陶器形式的洞口，一个对着"倒影楼"，另一个对着"三十六鸳鸯馆"，这就在平面上确定了它们之间的对应关系及观赏的视界范围。可以看出，它在位置上的经营和亭子形式的选择上是很精道的（图4-46）。

还必须指出，亭及其它园林建筑位置上的经营，不能仅从平面图上去进行推敲，还必须从游人在主要游览路线上所能看到的"透视画面"来确定。有时我们看苏州一些园林的平面图，某些亭及建筑物并不是正南正北地布置着，而是变幻着角度，廊子、墙等也是曲

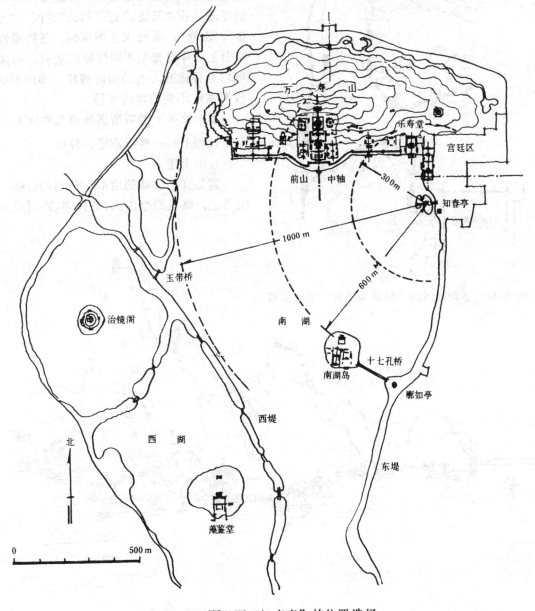

图 4-45 颐和园"知春亭"的位置选择

曲折折，好像很不规则，但身临其境，从视觉的"静观"与"动观"中才逐步领悟到它们的奥妙。

在《园冶》一书中讨论到亭、榭的位置时，有下面一段话："花间隐榭，水际安亭，斯园林而得致者。惟榭只隐花间，亭胡拘水际，通泉竹里，按景山颠，或翠筠茂密之阿；苍松蟠郁之麓；或借濠濮之上，入想观鱼；倘支沧浪之中，非歌濯足。亭安有式，基立无凭。"这里指的"花间"、"水际"、"山巅"、泉流水注的溪涧、苍松翠竹的山上，等等都是不同情趣的景致，有的可以纵目远瞻，有的幽僻清静，均可置亭。没有固定不变的程式可循。

下面就亭子经常所选择的几种地形环境在处理上的一些特点进行分析。

1.山上建亭

这是宜于远眺的地形。特别是山巅、山脊上，眺览的范围大，方向多，同时也为

图 4-46 苏州拙政园"与谁同坐轩"及其环境

图 4-47 肇庆七星岩星湖公园亭的设置

登山中的休憩提供一个坐坐看看的环境。山上建亭，不仅丰富了山的立体轮廓，使山色更有生气，也为人们观望山景提供了合宜的尺度。

我国著名的风景游览地，在山上最好的观景点上常常设亭。加上各代名人到此常常根据亭之位置及观赏到的风景特色而吟诗题字，使亭的名称与周围的风景更紧密地联系了起来，在"实景"的观赏与"虚景"的联想之间架起了"桥梁"。例如，桂林的叠采山是鸟瞰整个桂林风景面貌的最佳观景点之一。从山脚到山顶在不同高度上建了三个形状各异的亭子，最下面的是"叠采亭"，游人到此而展开观景的"序幕"，亭中悬"叠采山"匾额，点出主题。亭侧的崖壁上刻有明人的题字"江山会景处"，使人一望而知，这是风景荟萃的地方。行至半山，有"望江亭"，青罗带似的漓江就在山脚下盘旋而过。登上"明月峰"绝顶，有"拏云亭"，"明月"、"拏云"的称呼不仅使人想见其高，而且站在亭中，极目千里，真有"天外奇峰挑玉笋"、"如为碧玉水青罗"之胜，整个桂林的城市面貌及玉笋峰、象鼻山、穿山等美景尽收眼底。

广东肇庆七星岩星湖公园中的"天柱阁"与"石室峰"上都设置有亭（图4-47）。既可观赏整个星湖景色，也丰富了七星岩山景的立体轮廓，生动别致。同时，由于这两个山峰位于星湖的中心部位，在山顶设亭，也起到了控制整个星湖风景的作用。

著名的黄山风景区中，在纵观西海群峰的万丈悬崖处设置了"排云亭"；在远眺始信峰、"梦笔生花"的北海狮子林山巅处设置了"六角亭"；在温泉风景区的桃花溪上游，面对桃花峰与人字瀑处设置有两层的"桃源亭"，这几处亭子，都成了黄山风景的极好观赏点，吸引着无数的游人。

于山上建亭，来控制景区范围最成功的实例之一要数承德避暑山庄了。清康熙帝选中这块有山区、有平原、有水面的地段进行建园的初期，首先决定在最接近平原和水面的西北部几个山峰上建"北枕双峰"、"南山积雪"、"锤峰落照"三个亭子，随着山区园林建筑的发展，又在山区西北部的山峰制高点上建"四面云山"亭，共四个亭子。这样，就大致在空间的范围内把全园的景物控制在一个立体交叉的视线网络中，把平原风景区与山区建筑群在空间上联系了起来。到乾隆年间，又在山庄最北部的山峰最高处建"古俱亭"，其目的在于俯视北宫墙外狮子沟北山坡上建起的"罗汉堂"、广安寺、"殊象寺"、"普陀宗乘庙"、"须弥福寿庙"等，进一步使山庄与这几组建筑群在空间上取得连系与呼应。这五个亭子数量不多，但作用很大，规划手法上很成功（图4-48）。

北京颐和园内，不同形式的亭子有四十多座。建在万寿山前山上的亭子，从规划布局上看，有两个主要的特点：第一，所有的亭子都是作为陪衬与烘托以佛香阁为中心的强烈中轴线而大体匀衡、对称地布置着，这就有助于形成这个皇家园林主体建筑群的宏伟场面。第二，所有的亭子按照观赏上的要求，分别布置在山脊、山腰、山脚三条主要游览路线上，这样就在不同的高度上获得了不同的风景效果。在这个整体布局的基础上，亭子的个体造型与其周围的环境又紧密地配合起来，形式各不相同，在严整中求变化，以增添园林建筑的气氛。

北京景山上的"万春亭"，是个很特别的例子，它位于贯穿全城南北中轴线的中心制高点上，起着联系与加强南起正阳门、天安门、端门、午门、故宫三大殿、神武门，北至钟楼、鼓楼的枢纽作用。为突出强调它的地位，"万春亭"本身不仅作成了三重檐的宏丽、壮观形象，而在其两翼山脊上分别建造了相应对称布局的"缉芳"、"富览"和"周赏"、"观妙"四亭，较小而有变化，使一组五亭相互呼应，主次有序,联成一气,起到作为故宫背景的陪衬作用（图4-23）。

　　苏州园林中建在山石上的亭子，在丰富园林的空间构图上所起的作用是很突出的。如留园中部假山上的"可亭"；拙政园中部假山上的"北山亭"，沧浪亭园林中部山石上的"沧浪亭"等,它们与周围的建筑物之间都形成了相互呼应的观赏线,成为园林内山池景物的重心。但它们的尺度一般都比皇家园林中的亭子小得多，私家园林中的假山一般在五米以下，因此山上建亭特别注意建筑的尺度，像怡园中部假山上的六角形"罗阶亭"，各边长

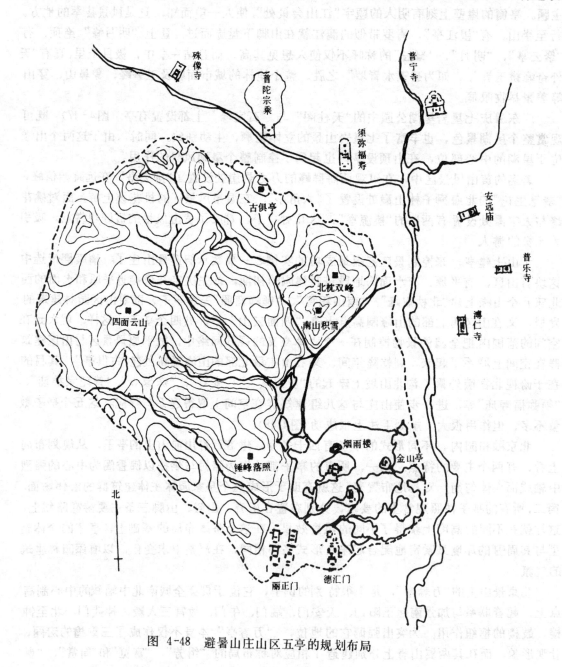

图 4-48　避暑山庄山区五亭的规划布局

图 4-49　水面设亭丰富水景

仅1米，柱高2.3米；留园的六角形"可亭"，
各边长1.3米，柱高2.5米。虽是咫尺园林，
却也小中见大。

2.临水建亭

在我国园林中，水是重要的构成因素，
山石、建筑一般是静止的东西，而水则是流
动的，在各种光影的作用下，色调也是变
化着的。由于水的透明性质还能产生各种
倒影。这种"静"与"动"的对比，增加
了园林景物的层次和变幻效果。因此，水
面是构成丰富多变的风景画面的重要因素。
同时、清澈、坦荡的水面给人以明朗、宁
静的感觉。所以在水边设亭，一方面是为
了观赏水面的景色，另一方面也可丰富水
景效果（图4-49）。

图 4-50　扬州瘦西湖"吹台"内观景

水面设亭，一般应尽量贴近水面，宜
低不宜高，突出水中为三面或四面水面所
环绕。如扬州瘦西湖中的"吹台"，是个两重檐攒尖顶的四方亭，《宋书》载："徐湛之筑吹台，
盖取其三面濒水，湖光山色映人眉宇，春秋佳日，临水作乐，真湖山之佳境也"。经清代
改建，亭子三面临水，一面由长堤引入水中，盖见瘦西湖之瘦。步至亭入口处，但见亭子

圆洞门中五亭桥及白塔正好嵌入其中，宛如两幅天然图画 (图4-50)。

拙政园中的"荷风四面亭"有同样的妙招。它是个单檐攒尖顶六角亭，三面环水，一面邻山．西、南两角处各驾曲桥与岸连系。从亭内向东、西方向眺望，可看到拙政园中部湖面及周围建筑的最大进深，湖南岸的远香堂、南轩；湖北岛上的北山亭、雪香云蔚亭、低矮折桥那边的"香洲"、"别有洞天"等都隐约可见。傍晚"月到风来"，"爽偕清风明皆月，动观流水静观山"，别有一番诗情画意 (图4-51)。

图 4-51 拙政园 "风荷四面亭" 周围景物

广州兰圃公园中的"春光亭"位于湖心岛的顶端，是公园游览线的结束点。亭为两层形式，游人通过"松皮茅舍"后面的小桥步入湖心岛，走到岛的尽端即进入春光亭的顶层，布置于湖对岸浓密竹林中的石塔成了它的对景。由亭边的石磴道盘旋而下，可达亭的底层，底层比顶层面积宽大，作成飘台形式在水面上延伸着，为人们观赏景致提供了两个不同的高度。虽湖北岸竹林外已属城市交通干线，但经过地形处理及绿化布置，使这个小小的湖面显得特别幽静和富有野趣 (图4-52)。

北京颐和园谐趣园中的"饮绿"亭；苏州留园的"濠濮亭"；拙政园的"与谁同坐轩"；沧浪亭的"观鱼亭"；上海天山公园的"荷花亭"；长风公园突出于岛的端部的休息亭；杭州西湖的"平湖秋月"；广州晓港公园湖边的双层水亭……都是把亭建于池岸石矶之上，三面临水的良好实例。

凸入水中或完全驾临于水面之上的亭，也常立基于岛、半岛或水中石台之上，以堤、桥与岸相连。如颐和园的"知春亭"；苏州西园的"湖心亭"；绍兴剑湖的"鹤亭"(图4-53)；武昌东湖的湖心亭；上海城隍庙的湖心亭等均属之。完全临水的亭，应尽可能贴近水面，切忌用混凝土柱墩把亭子高高架起，使亭子失去了与水面之间的贴切关系，比例失调。为了造成亭子有漂浮于水面的感觉，设计时还应尽可能把亭子下部的柱墩缩到挑出的底板边缘的后面去，或选用天然的石料包住混凝土柱墩，并在亭边的沿岸和水中散置叠石，以增添自然情趣。如拙政园的"塔影亭"就架在湖石柱墩之上,有石板桥与岸相连,前后水面虽小,但已具水亭的意味,并成了拙政园西部水湾的一个生动的结束点。

近年新建的扬州瘦西湖大门,由入口、售票亭、展廊及一个深入水中的方亭组成。整

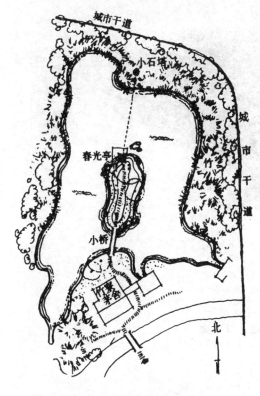

图 4-52　广州兰圃春光亭

图 4-53　绍兴剑湖"鹤亭"

座建筑富有浓厚的园林性格。跨入水中的亭子,不仅在造型上突出,在长河上为入口确定了明确的标志,而且从这里可顺着河面观赏四桥烟雨等处纵深的景色,含蓄地预示着瘦西湖的特色(图4-54)。

水面设亭在体量上的大小,主要看它所面对的水面的大小而定。如苏州各园林临池的亭,体量一般不大。有些是由曲廊变化而成的半亭,适合于较小的空间和水面。位于开阔湖面的亭子的尺度一般较大,有时为了强调一定的气势和满足园林规划上的需要,还把几个亭子组织起来,成为一组亭子组群,形成层次丰富、体型变化的建筑形象,给人以强烈的印象。例如:北海的"五龙亭";承德的避暑山庄"水心榭";扬州瘦西湖的"五亭桥";广东肇庆星湖公园中的湖心五亭等。它们都成了公园中的著名风景点,都突出于水中,有桥与岸相连,在园林中处于构图中心的地位,从各个角度都能看到它们生动、丰富的形象(图4-55)。

桥上置亭,也是我国园林艺术处理上的一个常见手法。设计得好,锦上添花。北京颐和园西堤六桥中的柳桥、练桥、镜桥、豳风桥和石舫近旁的荇桥上,都建有桥亭(图4-56)。这五个桥亭,结构各异、长方、四方、八方、单檐、重檐等,与桥身都很协调,与全园金碧辉煌的建筑风格也很统一,成为从万寿山西麓延伸到昆明湖最南端绣绮桥去的一条精致的练环。从东岸看过去,这条练带增加了空间上的层次,丰富了湖面的景色。

图 4-54 扬州瘦西湖入口亭廊

图 4-55 扬州瘦西湖五亭桥

3.平地建亭

通常位于道路的交叉口上；路侧的林荫之间，有时为一片花圃、草坪、湖石所围绕；或位于厅、堂、廊、室与建筑之一侧，供户外活动之用。有的自然风景区在进入主要景区之前，在路边或路中筑亭，作为一种标志和点缀。亭子的造型、材料、色彩要与所在的具体环境统一起来考虑。

广西南湖公园在一片翠绿的金丝竹丛中，建有一个六角形的"竹亭"（图4-57），亭为钢筋混凝土结构，装饰上用白水泥、石粉和黄粉塑制成竹子的形状，竹节中还嵌有绿色的有机玻璃，随同一起磨光，与真的金丝竹很相似。亭柱、屋脊、梁枋、靠椅全塑成竹竿状，瓦垄、顶饰等塑成竹叶片状，亭的比例、尺度良好，感觉亲切、动人，与环境气氛很统一。

上海中山公园假山园的六角亭采取与花架、院墙结合在一起的形式。绿色筒瓦的小亭建在草地微微升起的土坡上，一边与一个不等边的环状花架相衔接，一片曲折的白色院墙将庭园分划成前后两个空间，墙上开着六角形的漏窗、门洞，这样，亭、廊、墙就随着地形的起伏而参差错落地布置着，亭旁保留了原有的几棵大树，还新添植了一片竹林，形成以亭为中心，生动、别致的园林空间（图4-58）。

在通向武夷山风景区一个独立"景区"的入口处，建有一个路亭，取木构坡顶形式，造型上与当地民居形式相近，与两旁山谷的形势也很协调，平面、立面都很自由灵活，朴实无华(图4-59)。

与建筑物结合起来筑亭，有的与建筑物贴得很紧，成为一种半亭的形式，与建筑物合为一个整体。有的则完全独立设置，用廊子或墙相连。这时，亭子的

图 4-56 颐和园桥亭

图 4-57 南宁南湖公园"竹亭"

图 4-58　上海中山公园假山园休息亭

形象与尺度大小应主要服从主体建筑的风格及总体上空间的要求。例如，承德避暑山庄烟雨楼，在主体建筑的三个角上布置了三个不同形状但风格一致的亭子。东部的两个小亭，北面一座为八角亭，南面一座为四方亭；西南角黄石大假山上的则为六角亭。它们之间互相呼应，高低错落，陪衬着主体，从湖的四周各个角度都能看到其优美生动的形象（图4-60）。

综上所述，有关亭的设计归纳起来应掌握下面几个要点：

第一，首先必须选择好位置，按照总的规划意图选点。无论是山顶、高地、池岸水矶、茂林修林、曲径深处，都应使亭置于特定的景物环境之中。要发挥亭子基地小、受地形、立基、方位影响小的特点，运用"对景"、"借景"等手法，使亭子的位置充分发挥观景与点景的作用。

第二，亭的体量与造型的选择，主要应看它所处的周围环境的大小、性质等，因地制宜而定。较小的庭园，亭子不宜过大，但亭作为主要的景物中心时，也不宜过小，在造型上也宜丰富些。在大型园林的大空间中设亭，要有足够的体量，有时为突出亭子特定的气氛，还成组地布置，形成亭子或亭廊组群。山顶、山脊上建亭，造型应求高耸向上，以丰富、明确山与

图 4-59　武夷山风景区路亭

透视图

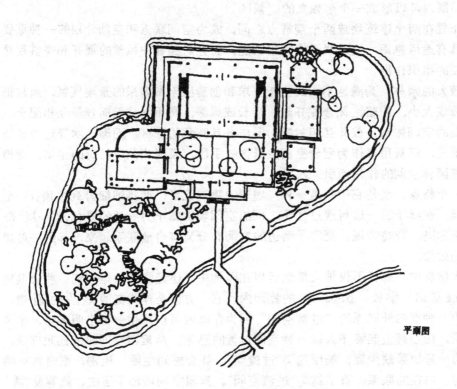

平面图

图 4-60 避暑山庄烟雨楼亭的布置

亭之轮廓；周围环境平淡、单一时，亭子造型可丰富些，周围环境丰富，变化多时，亭子造型宜简洁。总之，亭之体量与造型要与周围的山石、绿化、水面及临近的建筑很好地搭配、组合、谐调起来，要因地制宜，没有固定的"模式"可循。

第三，亭子的材料及色彩，应力求就地选用地方性材料，不独加工便利，又易于配合自然。竹木、粗石、树皮、茅草的巧妙设计与加工，也可作出别开生面的亭子，不必过分地追求人工的雕琢。

第二节　廊

廊子本来是作为建筑物之间的联系而出现的。中国属木构架体系的建筑物，一般个体建筑的平面形状都比较简单，经常通过廊、墙等把一幢幢的单体建筑组织起来，形成空间层次丰富多变的建筑群体。无论在宫庭、庙宇、民居中，都可以看到这种手法的运用，这也正是中国传统建筑的特色之一。

在园林设计中廊子被运用以来，它的形式和设计手法就益为丰富多采。当我们观察一些中国园林的平面图时就会看到：如果我们把整个园林作为一个"面"来看；那么，亭、榭、轩、馆等建筑物在园林中可视作"点"；而廊、墙这类建筑则可视作"线"。通过这些"线"的连络，把各分散的"点"连系成有机的整体，它们与山石、绿化、水面相配合，在园林"面"的总体范围内可以形成一个个独立的"景区"。

廊子通常布置在两个建筑物或两个观赏点之间，成为空间联系和空间分划的一种重要手段。它不仅具有遮风避雨、交通联系的实用功能，而且对园林中风景的展开和观赏程序的层次起着重要的组织作用。

我国一些较大的园林，为满足不同的功能要求和创造出丰富多采的景观气氛，通常把全园的空间划分成大小、明暗、闭合或开敞、横长或纵深、高而深或低而浅等互相配合、有对比、有节奏的空间体系，彼此互相衬托，形成各具特色的景区。而廊、墙等这类长条状的园林建筑形式，每被用来作为划分空间或景区的手段，表现出其所特有的丰富、变换空间层次或过渡园林空间的作用而引人入胜。

廊子还有一个特点，就是它一般是一种"虚"的建筑元素，两排细细的列柱顶着一个不太厚实的廊顶。在廊子的一边可透过柱子之间的空间观赏廊子另一边的景色，像一层"帘子"一样，似隔非隔、若隐若现、把廊子两边的空间有分又有合地联系起来，起到一般建筑元素达不到的效果。

在近、现代建筑中，廊子不仅被大量地运用在园林中，还经常地被运用到一些公共建筑（如旅馆、展览馆、学校、医院等）的庭园内，它一方面是作为交通联系的通道，另一方面又作为一种室内外联系的"过渡空间"。因为在廊内可以产生一种半明半暗、半室内半室外的效果，在心理上能够予人以一种空间过渡的感觉。从庭园空间的视觉角度说，某些庭园空间的处理如果缺少廊、畅厅这类"过渡间"，就会感到生硬、板滞，室内外空间之间缺乏必要的、内在的联系；有了这类"过渡空间"，庭园空间增添了层次，就容易"活"起来，仿佛在绘画中除了"白"与"黑"的色调外，又增加了"灰调子"。这种"灰色空间"把室内、外空间紧密地联系在一起，互相渗透、融合，形成生动、诱人的一种空间环境。

廊子的结构构造及施工一般也比较简单。过去中国传统建筑中的廊通常为木构架系统，屋顶多为坡顶、卷棚顶形式。解放后新建的园林建筑中，廊多采用钢筋混凝土结构，取平屋顶形式，还有完全用竹子作成的竹廊等，结构与施工上都不困难。过去江浙一带的私家园林中的廊子宽度较窄，很少超过1.5米，高度也很矮。北京颐和园的长廊是属于宽的，也仅2.5米。由于构造与施工上比较简易，廊子在总体造型上就比其他建筑物有更大的自由度，它本身可长可短，可直可曲，也可建造于起伏较大的山地上，运用起来灵活多变。可以"随形而弯，依势而曲。或蟠山腰，或穷水际。通花渡壑，蜿蜒无尽。"《园冶》

下面，就廊的基本类型和经营位置作一些简要的叙述：

一、廊的基本类型及其特点

廊子的基本类型，如果从廊的横剖面上来进行分析，大致可分成下面四种形式：双面空廊、单面空廊、复廊和双层廊。其中最基本、运用最多的是双面空廊的形式。在双面空廊的一侧列柱间砌有实墙或半空半实墙的，就成为单面空廊。完全贴在墙或建筑边沿上的廊子也属这种类型，只是屋顶有时作成单坡的形状，以利排水。在双面空廊的中间夹一道墙，就形成了复廊的形式，或称之为"内外廊"。因为在廊内分成两条走道，所以廊子的跨度一般要宽一些。把廊子作成两层，上下都是廊道，即变成了双层廊的形式，或称"楼廊"。除上述者外，有时用钢筋混凝土结构把廊子作成只有中间一排列柱的形式，屋顶两端略向上反翘，落水管设在柱子中间，这种新的形式，可称之为"单支柱式廊"。

如果从廊子的总体造型及其与地形、环境的结合的角度来考虑，又可把廊分成：直廊、曲廊、回廊、爬山廊、叠落廊、水廊、桥廊等等（图4-61）。

下面，分别按其类型及特点作一些介绍：

1.双面空廊

在建筑物之间按一定的设计意图连系起来的直廊、折廊、回廊、抄手廊等多采用双面空廊的形式。不论在风景层次深远的大空间中，或在曲折灵巧的小空间中均可运用。廊子两边景色的主题可相应不同，但当顺着廊子这条导游路线行进时，必须有景可观。

北京颐和园的长廊是这类廊子的一个突出的实例（图4-62）。它始建于1750年，1860年被英法联军烧毁，清光绪年间重建。它东起"邀月门"，西至石丈亭，共二百七十三间，全长七百二十八米，是我国园林中最长的廊子。整个长廊北依万寿山，南临昆明湖，穿花透树，曲折蜿蜒，把万寿山前山的十几组建筑群在水平方向上联系起来，增加了景色的空间层次和整体感，成为交通的纽带。同时，它又是作为万寿山与昆明湖之间的过渡空间来处理的，在长廊上漫步，一边是整片松柏的山景和掩映在绿树丛中的一组组建筑群，另一边是开阔坦荡的湖面，通过长廊伸向湖边的水榭及伸向山脚的"湖光山色共一楼"等建筑，可在不同角度和高度上变幻地观赏自然景色。为避免单调，在长廊中间还建有四座八角重檐顶亭，丰富了总体的形象。

苏州留园中部西北两面的曲廊，长而曲折，是一种用"占边"的手法设计得很巧妙的双面空廊（图4-63）。它的位置南起"涵碧山房"，结束于东北角上的"远翠阁"，视山势之高低，环境之需要，高高低低、曲曲折折，除三处紧贴外墙其余皆脱空布置。有时空出一些三角形的小空间，置以叠石、绿化作为点景；有时空出水头，使廊跨越水上。北部几折与墙相间的几处小空间内，布置了不同品种的花木和不同形态的叠石，在整片白墙的衬托下，犹如一幅幅中国水墨画，清新、素雅。人们沿廊行进时，随着廊子的转折而不断变幻着观赏的角度，收到步移景异的效果。空廊虽主要面向中央的山池，另一面的小空间内也有景

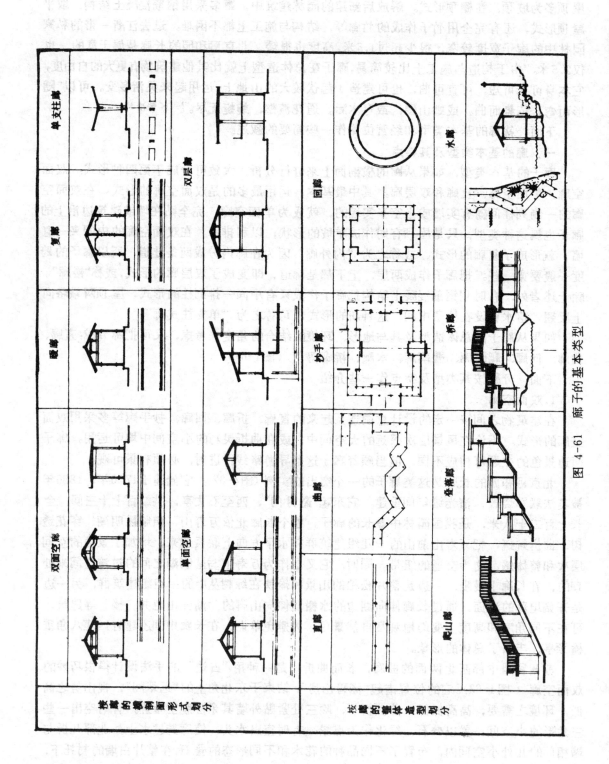

图 4-61 廊子的基本类型

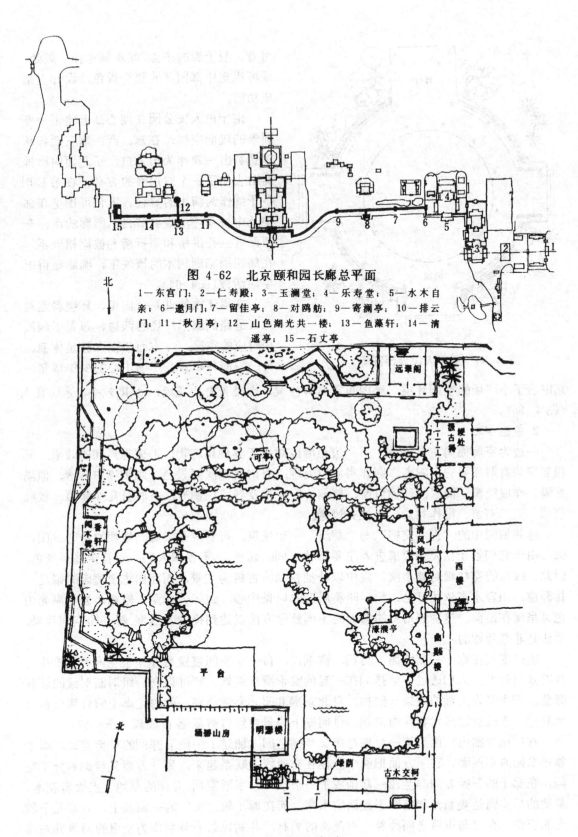

图 4-62 北京颐和园长廊总平面

1—东宫门；2—仁寿殿；3—玉澜堂；4—乐寿堂；5—水木自
亲；6—邀月门；7—留佳亭；8—对鸥舫；9—寄澜亭；10—排云
门；11—秋月亭；12—山色湖光共一楼；13—鱼藻轩；14—清
遥亭；15—石丈亭

图 4-63 苏州留园折廊

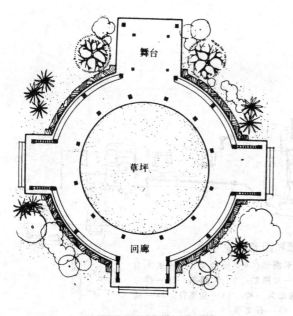

图 4-64　南宁人民公园圆廊

可看。登上廊的中点"闻木樨香轩"高处，便可纵观中部园林的整个景色，设计上是成功的。

南宁市人民公园在湖心岛上建了一座圆形的双面空廊，在东、西、南三面各从廊边突出一跨作为出入口，正北面向廊外突出去作了一个双层檐的方亭，在节日时亭子就作为演出的舞台，人们可围坐在廊中及中央草坪上观看节目。圆廊的南、东两面有三孔拱桥和平折桥与彼岸相联系。在岛四周临湖树木的掩映下，圆廊显得很生动活泼（图4-64）。

在湛江市的儿童公园里，环绕着面对入口道路的圆形广场的两边，布置了两段相对应的空廊，一方面供游人驻足休息，另一方面与布置在广场中心的少年雕塑一起围合了小广场的空间环境。廊内布置靠背座凳，点缀景窗、花墙，尺度较小、亲切宜人（图4-65）。

2.单面空廊

一边为空廊面向主要景色，另一边沿墙或附属于其他建筑物，形成半封闭的效果。其相邻空间有时需要完全隔离，则作实墙的处理；有时宜添次要景色，则须隔中有透、似隔非隔，作成空窗、漏窗、什锦灯窗、格扇、空花格及各式门洞等。有时虽几竿修篁、数叶芭蕉、三二石笋，得作衬景，亦饶有风趣。

苏州留园中的"古木交柯"与"绿荫"一组建筑，可看成是敞廊与敞榭的结合（图4-66）。由于它们处于由大门通道进入主要园林空间的起点上，不希望人们一眼看穿整个景色，因此，敞廊的空柱廊对着小院，院中以朴拙苍劲的古树为主景，而面向主要庭园的则是一排漏窗，山容水态依稀可见，预示即将展开的风景中心。到了"绿荫"敞榭，整个湖光山色才呈现在面前。这种利用廊的墙面的不同处理方法以达到掩映、透漏、敞开的空间效果，手法是非常巧妙的。

通过安置在廊子一侧墙面上的门、窗洞口，自一个空间窥视另外一个空间可以产生一种对景的效果。人们透过连续排列在一起的窗洞漫步观景，则可得到一组时断时续的景物形象，产生引人入胜的效果。例如，自北京颐和园乐寿堂临湖一侧的走廊上的什锦灯窗往南眺望，透过这组形状各异的窗洞，昆明湖上的景色经过剪裁各自成画（图4-67）。

在广州兰圃内，位于第一兰棚与第二兰棚之间，加建了一段五开间的单面空廊，廊子靠近公园的东围墙，它一方面把两个兰棚在交通线上联系起来，另一方面又帮助划分了空间。在廊子的开畅方向与兰棚一起围成了一个"冂"字形空间，开阔的草地上点缀着花木，草地的尽头则是观鱼池和凌架于池面的水榭。而在廊子较"实"的一面墙上，开着几个较大的空窗，在廊与围墙之间种着一列茂密的竹林，并衬以景石分别作为空窗的对景并与廊内主景相呼应（图4-68）。

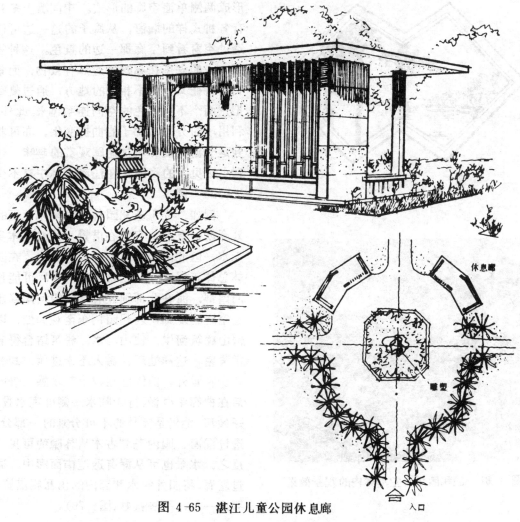

图 4-65　湛江儿童公园休息廊

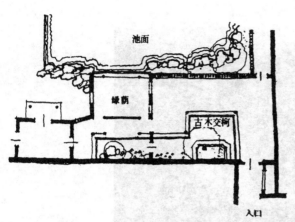

图 4-66　留园入口一组敞廊处理

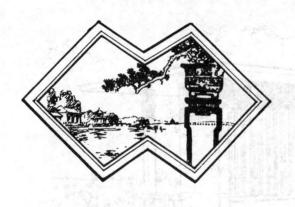

图 4-67　颐和园乐寿堂游廊内的观景效果

上海西郊公园的金鱼廊也采取了单面空廊的形式（图4-69）。廊子呈半圆形，开敞的一面环抱着一个水池，以山石、喷泉点缀其中。而在另一侧布置着三个口袋形的展室，在展室的墙面上依次安排玻璃展窗，廊子的入口处以空廊围合成一个小天井，其中布置着一个大盆景，廊子临湖一侧以宽畅平台伸向湖面。在廊子的结束处是一个独立支柱的伞亭，边缘上以金属条片作成金鱼装饰。整座建筑平面通畅、富于变化，立面新颖活泼、亲切自然，与环境结合也很紧密。

3.复廊

复廊是在双面空廊的中间隔一道墙，形成两侧单面空廊的形式。中间墙上多开有各种式样的漏窗，从廊子的这一边可以透过空窗看到空廊那一边的景色。这种复廊，一般安排在廊的两边都有景物，而景物的特征又有各不相同的地方，通过复廊把这两个不同景色的空间连系起来。此外，利用墙的分划与廊子的曲折变化，亦可收到延长游览线和增加游廊观赏的趣味，达到小中见大的目的。在江南园林中有不少优秀的实例。

例如，位于苏州园林沧浪亭东北面的复廊就很有名。它妙在借景，沧浪亭本身无水，但北部园外有河有池，因此，在园林总体布局时一开始就把建筑物尽可能移向南部，而在北部则顺着弯曲的河岸修建起空透的复廊，西起园门东至观鱼处，以假山砌筑河岸，使山、水、建筑结合得非常紧密。这样处理，游人还未进园，却有"身在园外，仿佛已在园中"之感。进园后在曲廊中漫游，行于临水一侧可观水景，好像河、池仍是园林的不可分割的一部分，透过漏窗，园内苍翠古木丛林隐约可见。反之，水景也可从漏窗透至南面廊中。通过复廊，将园外的水和园内的山互相借资，联成一气，手法甚妙(图4-70)。

透视图

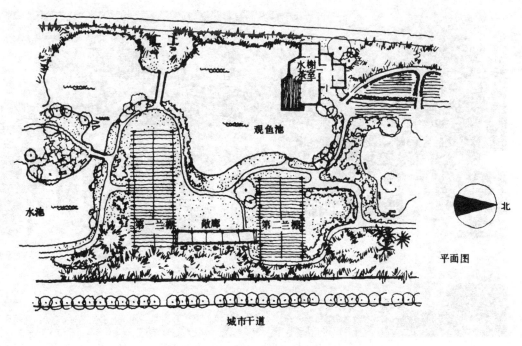

水榭茶室

观鱼池

水池

第一兰棚　敞廊　第二兰棚

北

平面图

城市干道

图 4-68　广州兰圃单面空廊

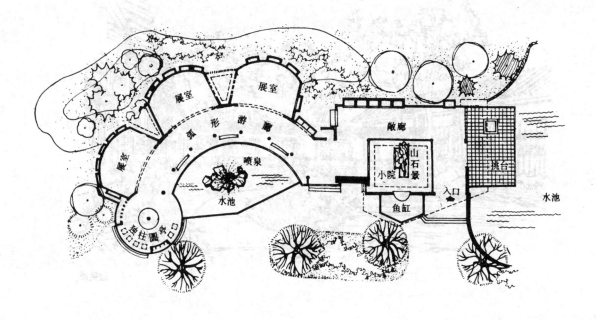

展室　展室

弧形游廊

展室　　喷泉

水池

独柱圆亭

敞廊

山石景

小院

鱼缸

入口

挑台

水池

图 4-69　上海西郊公园金鱼廊平面及外景

怡园的复廊取意于沧浪亭。沧浪亭是里外隔，怡园是东西隔。怡园原来东、西是两家，以复廊为线，东部是以"坡仙琴馆"、"拜石轩"为主体建筑的庭园空间；西部则以水石山景为园林空间的主要内容；复廊的穿插分划了这两个大小、性质各不相同的空间环境，成为怡园的两个主要景区。复廊中设有精致的漏窗，也是很有代表性的（图4-71）。

上海豫园中也有一段复廊，长度仅12米左右，但在空间的分划与景物的空间组织上却起着重要的作用。它在平面上分别连系了"会心不远"与"万花楼"、"两宜轩"三个建筑物，使之互相结合得很紧凑，很自然。通过复廊及跨越山溪的白墙，把"仰山堂"前大假山与"点春堂"之间的庭园分划成性质不同的三个空间。廊子平面三折，变换着视线的角度。复廊的中间实墙上开了一些形状各不相同的大空窗，透过空窗窥视对面园景，收到可望而不可即的效果（图4-72）。

4. 双层廊（又称"楼廊"）

双层廊可提供人们在上、下两层不同高度的廊中观赏景色的效果。有时，也便于联系不同标高的建筑物或风景点以组织人流。同时，由于它富于层次上的变化，也有助于丰富

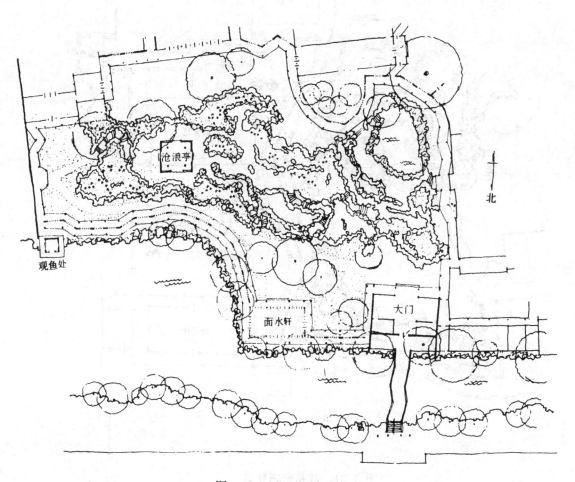

图 4-70　苏州沧浪亭复廊

203

园林建筑的体型轮廓。依山、傍水、平地上均可建造。

　　北海琼岛北端的"延楼"，是呈半圆形弧状的双层廊，共六十个开间，面对着北海的主要水面，环抱着山，东、西对称地布置，东起"倚晴楼"，西至"分凉阁"，从湖的北岸看过来，这条两层长廊仿佛把琼岛北麓各组建筑群都兜抱起来连成了一个整体，很像是白塔及山上建筑群的一个巨大基座，将整个琼岛簇拥起来，游廊塔山倒影水中，景色奇丽。廊外

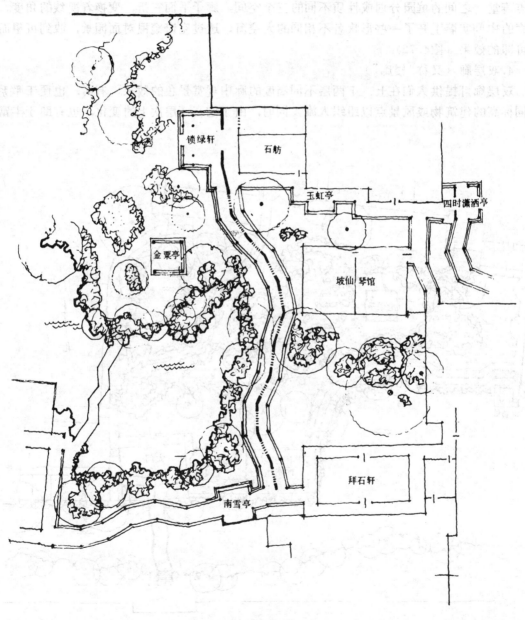

图 4-71　苏州怡园复廊

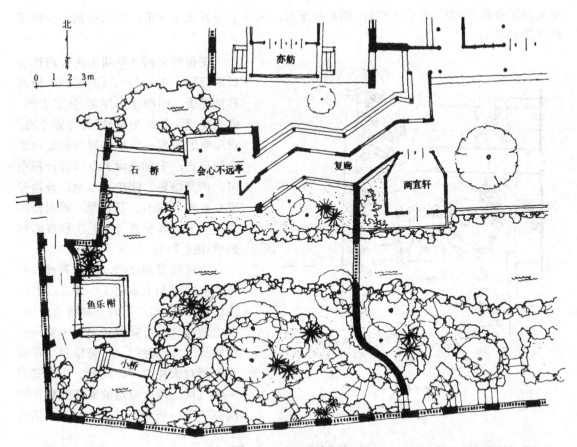

图 4-72 上海豫园复廊

图 4-73 北海公园"延楼"

沿着湖岸有长约300米的白玉栏杆，蜿蜒如玉带。从廊上望五龙亭一带，水天空阔，金碧照影（图4-73）。

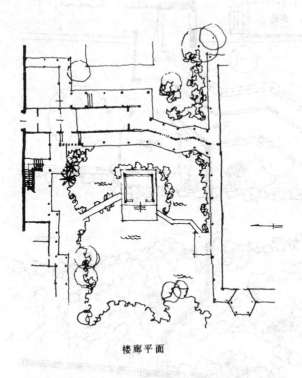

楼廊平面

扬州的何园（寄啸山庄），用双层折廊分划了前宅与后园的空间，楼廊高低曲折，回缭于各厅堂、住宅之间成为交通上的纽带，经复廊可通全园。双层廊的主要一段取游廊与复道相结合的形式，中间夹墙上点缀着什锦空窗，颇具特色。园中有水池，池边安置有戏亭、假山、花台等。通过楼廊的上、下立体交通可多层次欣赏园林景色(图4-74)。

上海的黄浦公园，位于黄浦江与苏州河的拐角上新建了一座双层的江边休息廊。它与江岸的环境结合紧密。登上游廊顶层可眺望黄浦江上穿梭的轮船及"外白渡桥"一带景色，游廊里侧面对大片草坪、花坛，完全是另一种气氛。两个空透的悬梯在廊子的两头一横一竖地安排着，与人流活动

图 4-74　扬州何园楼廊

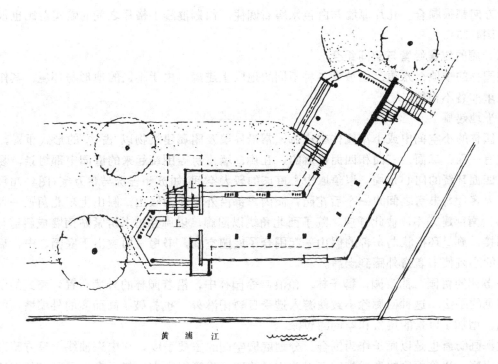

黄 浦 江

平面

外景

图 4-75 上海黄浦公园江边廊

的几个方向都很顺合。几片厚墙与白色水磨石圆柱、预制混凝土格片之间的虚实对比也很生动（图4-75）。

二、廊的位置经营与空间组合

在园林的平地、水边、山坡等各种不同的地段上建廊，由于不同的地形与环境，其作用及要求亦各不相同。

1.平地建廊

在园林的小空间中或小型园林中建廊，常沿界墙及附属建筑物以"占边"的形式布置，形制上有一面、二面、三面和四面建廊的，在廊、墙、房等围绕起来的庭园中部组景，易于形成四面环绕的向心布局，以争取中心庭园的较大空间。如苏州王洗马巷万宅（图4-76），为住宅大客厅与书房之间的一个后花园，园内东部沿外墙叠砌假山，假山上东北角置一六角小亭，南部建方亭，彼此呼应。院子西北角绕以回廊，以廊穿过书房紧贴南墙成斜道与方亭相接，廊呈环抱状与东部的假山一起围合了庭园空间，书房三面突出于庭园之中，后面空出的小院使书斋格外感到幽静。

在苏州的留园、拙政园、狮子林、沧浪亭等园林中，沿着园林的外墙布置环路式的游廊是常见的手法。这种回廊除不致使游人遭受日晒雨淋外，也打破了高而实的外墙墙面的单调感，增加了风景的层次和空间的纵深。

北海画舫斋也是以廊子作为围合、分划庭园空间的主要手段。在中央轴线上呈方整形布置的水庭，以单面廊的形式把四面对称安排的四个建筑组合在一起，在廊子外侧的白墙上开着一个个的什锦灯窗，从而与外部空间有一定的联系。东部的一个不规则小园——古柯庭园，是以折廊及曲廊与三幢建筑组合成的内向庭园，园内以古槐、湖石、花卉组景，使它与画舫斋的水庭各异其趣：规则方整与曲折变化；单一空间与多向空间；波光廊影的水景与静雅古柯的旱庭。两庭之间互为因借，相互陪衬，成为有机的整体。其中，达到这种空间效果的一个重要手段，就是廊与墙在其间的巧妙分隔，运用回廊、折廊、曲廊、灯窗廊、长短廊等等形式，分划、围合空间，达到多样统一的空间效果（图4-77）。

苏州怡园的入口处，布置了一个由廊、亭、墙围合成的庭园空间（图4-78）。这个庭园主要是作为过渡空间来处理的。一方面，当人们通过保留着住宅特征的比较"实"的大门及一个比较封闭的前庭进入这个四周以折廊环绕的庭园空间后，感到空间开朗，曲折有致，在折廊与外墙间嵌着几个小院，进一步丰富了空间环境。另一方面，这个庭园通过建筑轴线上的对应关系，引导人流方向的转折，由"四时潇洒"亭的圆门洞而进入"坡山琴馆"——"拜石轩"一组庭院（见图4-71）。

承德避暑山庄"万壑松风"一组建筑群，是利用折廊巧妙地把以"万壑松风殿"为中心的五幢单体建筑串连起来，组成了大小不同的几个空间院落（图4-79）。廊子有时用双面空廊，有时用单面空廊；有时廊子主要面向内庭，有时则主要面向外庭的松林。经过廊子的分划，使各庭园空间相对独立完整又彼此穿插连系，既使内部庭园空间雅静、尺度适宜，又使建筑群的外部空间与周围环境极为协调。一组建筑，着墨不多，寥寥数笔，即点出了园中千变万化的胜景。

平地上建廊，还作为动观的导游路线来设计，经常连接于各风景点之间，廊子平面上的曲折变化完全视其两侧的景观效果与地形环境来确定，随形而弯，依势而曲，蜿蜒逶迤，自由变化。有时，为分划景区，增加空间层次，使相邻空间造成既有分割又有连系的效果，

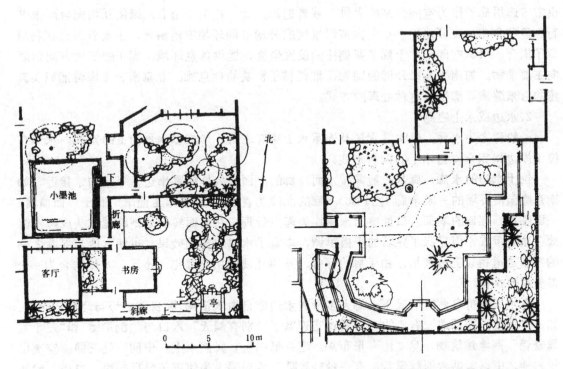

图 4-76 苏州王洗马巷万宅庭园   图 4-78 苏州怡园入口处庭园空间

图 4-77 北海画舫斋的廊、墙处理

也常常选用廊子作为空间分划的手段。或者把廊、墙、花架、山石、绿化互相配合起来进行。近些年来，在新建的一些公园或风景区的开阔空间环境中建游廊，主要着眼点在利用廊子围合、组织空间，并于廊子两侧柱间设置坐椅，提供休息环境，廊子的平面方向则面向主要景物。如南宁人民公园的圆廊；湘江桔子洲头的休息廊；北京密云水库游船码头新建的百米游廊等都采取这种处理的方式。

2. 水边或水上建廊

一般称之为水廊，供欣赏水景及连系水上建筑之用，形成以水景为主的空间。水廊有位于岸边和完全凌驾水上的两种形式。

位于岸边的水廊，廊基一般紧接水面，廊的平面也大体贴紧岸边，尽量与水接近。如南京瞻园沿界墙的一段水廊（图4-80）。廊的北段为直线形，廊基即是池岸，廊子一面倚墙，一面临水。在廊的端部入口处突出水榭作为起点处理，在南面转折处则跨越水头成跨水游廊。廊的布置不但克服了界墙的平板单调，丰富了水岸的构图效果，也使水池与界墙之间的窄狭通道得以充分利用，由于廊的穿插、连络还使假山、绿化、建筑、水体结合为一个很美观的整体。

在水岸曲折自然的情况下，廊大多沿着水边成自由式格局，顺自然之势与环境相融合。如苏州拙政园西部那段有名的波形廊，它连系了"别有洞天"入口与"倒影楼"和"三十六鸳鸯馆"两幢建筑物，呈"L"形布局。它高低曲折，翼然水上。中间一处三面凌空突出于水池之中，紧贴水面飘浮着，有一种轻盈跳跃的动感。为使廊子显得轻快、自由，除注意使其尺度较小外，还特别注意廊下部的支承处理，有时选用天然的湖石作为支点，有时从墙上伸出挑板隐蔽支承，以增加廊漂浮于水面的感觉（图4-81）。

北京颐和园谐趣园迤逦曲折的游廊，基本上也是顺着池边布置，为求自由活泼，廊子

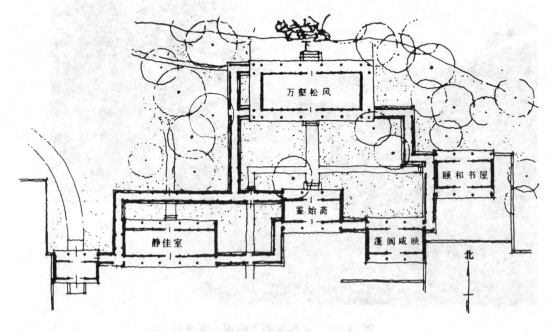

图 4-79 避暑山庄"万壑松风"一组建筑群

图 4-80 南京瞻园水廊

有曲有直，有时跨越溪涧，有时退入池岸深处，穿插于翠竹、松林、叠石之间。通过游廊把建筑、山池等结合为一个整体，没有零乱散漫的感觉，在宏大皇家园林一隅，自成格局地形成一个以水面为主体的园中之园（见第388页实录图）。

驾临水面之上的水廊，以露出水面的石台或石墩为基，廊基一般宜低不宜高，最好使廊的底板尽可能贴近水面，并使两边水面能穿经廊下而互相贯通，人们漫步水廊之上，左右环顾，宛若置身水面之上，别有风趣。上述的拙政园波形廊，廊身顺水蜿蜒而去，水流廊下，令人益增水源深远廊体飘浮的感觉。广州新建的矿泉别墅及白云宾馆的内庭园中，均建有一段跨越水池的水廊（图4-82）。廊底板贴近水面，

图 4-81a 苏州拙政园波形廊外景

钢筋混凝土的廊柱间距很大，更显得舒展轻快。水廊不仅丰富了庭园的空间层次，也成为人们休息游赏的好处所。

广州泮溪酒家在荔湾湖的小岛上新建了一个宴会厅，它通过一段跨越水面的桥廊与对岸连系起来。廊子在岛上顺着水边曲折延伸，端点以水榭作结束，从东岸堤滨及船舫上看

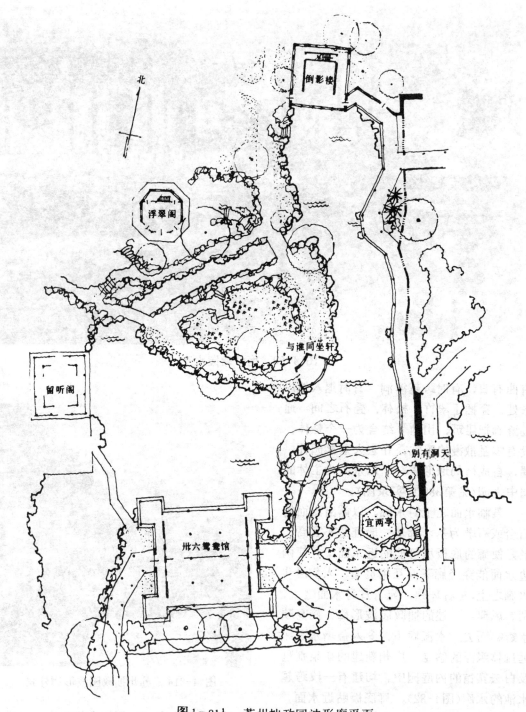

图1-81b 苏州拙政园波形廊平面

过去，一条扁扁的虚廊漂浮于水面之上，颇有动态，从平面到立面都可视作岛上建筑的一

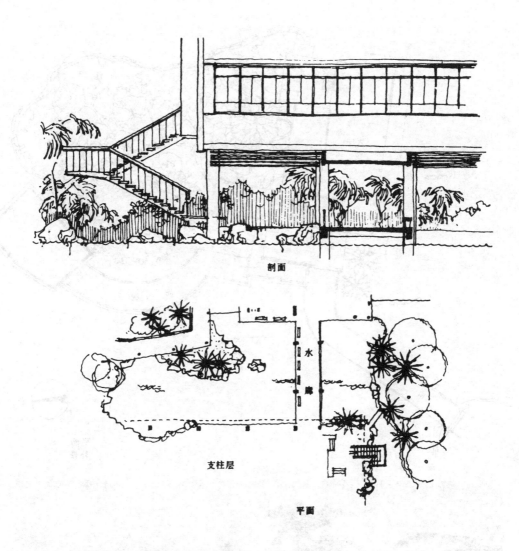

剖面

水库

支柱层

平面

图 4-82　广州矿泉别墅水廊

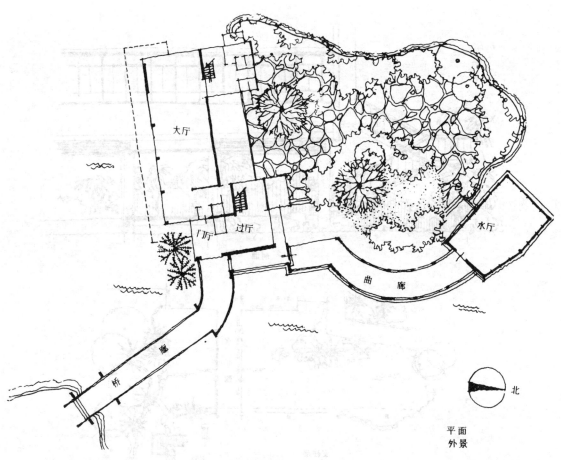

大厅

门厅 过厅

水厅

曲廊

桥廊

北

平 面
外 景

图 4-83 广州泮溪酒家水廊

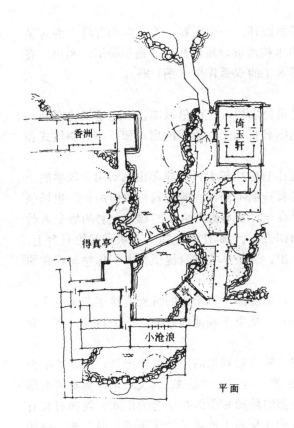

平面

外景

图 4-84 苏州拙政园"小飞虹"桥廊

条水平链带，具有既是一条主要的交通线，又是一条别致的观赏线的性质（图4-83）。

桥廊在我国很早就开始运用，与桥亭一样，除供休息观赏外，对丰富园林景观也起很突出的作用。桥的造型在园林中比较特殊，它横跨水面在水中形成倒影，别具风韵，引人注目；桥上宜廊设廊往往更是锦上添花。例如，拙政园松风亭北面一带的游廊特别曲折多变，其中"小飞虹"一段是跨越水面之上的桥廊，形态纤巧优美，其北部是香洲面对的大水面空间，南部是小沧浪前面的小水庭空间，前后都与折廊相连通，可达"远香堂"和"玉兰堂"等景点，在划分空间层次、组织观赏线上起着重要的作用（图4-84）。

桂林的花桥，是一座已具有七百多年历史的古桥，为桂林著名风景点。桥身的主体是四跨半圆形的大石拱券，券洞之间"实"的支承点特别细小，使整个桥身显得轻快、跳跃，远远望去，花桥倒映于小东江里，四

图 4-85 桂林"花桥"桥廊

个半圆形的桥洞"虚"、"实"相映成四个满月形的圆环，一个紧接一个，生动有趣。桥廊呈"一"字形展开，扁扁地覆盖着桥身，廊顶为木构两坡绿琉璃瓦顶，造型简洁、明快。花桥作为七星岩公园的主要入口，兼备功能与艺术上的双重作用（图4-85）。

3.山地建廊

供游山观景和连系山坡上下不同标高的建筑物之用，也可借以丰富山地建筑的空间构图。爬山廊有的位于山之斜坡，有的依山势蜿蜒转折而上。廊子的屋顶和基座有斜坡式和层层叠落的阶梯式两种。

颐和园"排云殿"和"画中游"所在位置山势坡度较大，所建爬山廊动用了较多的土方砌筑石壁以构成斜廊的坡度和梯级，它除具有连系不同标高的建筑物的作用外，也增强了建筑群的宏伟感。顺排云殿西侧的爬山廊登高至"德辉殿"，人工的雄伟气势的确令人赞叹！再往上，围在38米高的佛香阁外圈的四方形回廊，建筑在粗大石块砌起的石台上，无论从它在佛香阁一组建筑群中所起的艺术作用，还是从它本身提供给人们休息与观赏的价值上看，它的设计都是十分成功的（图4-86）。

北海濠濮涧一处，山石环绕，树木茂密，环境清幽，以爬山的折廊连接了四座屋宇，呈曲尺状布局。廊子从起到落，跨越起伏的山丘，结束于临池的水榭，手法自然，富于变化（图4-87）。

无锡市锡惠公园内位于惠山脚下的愚公谷，解放后利用旧宗祠辟作园林，改建了不少富有乡土气息的园林建筑，其中有一条爬山游廊，名曰"垂虹"，长32米，廊身随地形逐级上升，廊顶也随廊身渐陡而处理成层层叠落的阶梯和曲线相结合的形式，阶梯有长有短，有高有低，自由活泼富有节奏感。爬山游廊在交通上连系了"天下第二泉"与"锡麓

图 4-86 颐和园"画中游"爬山廊

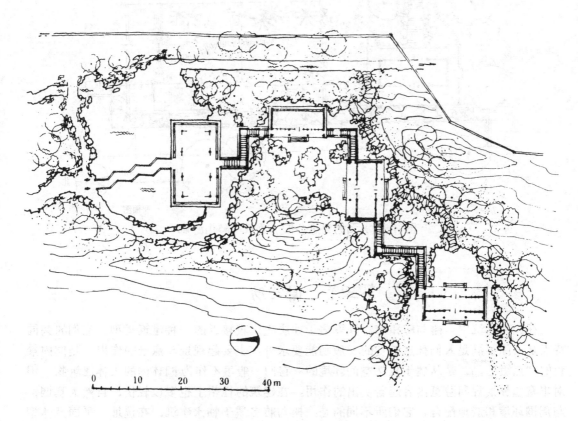

图 4-87　北海濠濮涧爬山折廊

书堂",此外，在组景上又是处于山麓上下两个不同景区空间的界景位置，空透、绵延、精巧的廊身，贯连了前后不同空间的景色，增添了景色的层次，更衬托出了惠山的雄姿（图4-88）。

正立面图

平面图

图 4-88　无锡锡惠公园"垂虹"爬山游廊

第三节　榭与舫

在园林建筑中，榭与舫和亭、轩等属于性质上比较接近的一种建筑类型。它们的共同特点是：除了满足人们休息游赏的一般功能要求外，主要起观景与点景的作用，是园内景色的"点缀"品，是从属于自然空间环境的。它们一般虽不作为园林内的主体建筑物，但对丰富园林景观和游览内容起着突出的作用。在建筑的性格上也多以轻快、自然为基调，与周围环境和谐地配合。它们所不同的是：榭与舫多属于临水建筑，在选址、平面及体型的设计上，都要特别注重与水面和池岸的协调关系。

从宋画以及明、清园林现存的实例中，所看到的中国过去水榭的基本形式是：在水边架起一个平台，平台一半伸入水中，一半架立于岸边，平台四周以低平的栏杆相围绕，然后在平台上建起一个木构的单体建筑物，建筑的平面形式通常为长方形，其临水一侧特别开敞，有时建筑物的四面都立有落地门窗，显得空透、畅达，屋顶常用卷棚歇山式样，檐角低平轻巧，檐下玲珑的挂落、柱间微微弯曲的鹅颈靠椅和门窗、栏杆等都是一整套协调的木作作法，显示出匠师的智慧及其对自然的感情。这种水榭的建筑形式，成为当时人们在水边的一个重要休息场所。《园冶》上说："榭者，藉也。藉景而成者也。或水边，或花畔，制亦随态。"意思是说，榭这种建筑是凭藉着周围景色而构成的，它的结构依照自然环境的不同可以有各种形式。不过，那时人们大约把隐在花间的一些建筑也称之谓"榭"，而在今天一般人的概念中，把"榭"多看作是一种临水的建筑物。

在南方的园林中，水边常建水榭以观水景，由于在私家园林中的水池面积一般较小，因此水榭的尺度也不大，形体为取得与水面的调和，以水平线条为主。建筑物一半或全部跨入水中，下部以石梁柱结构支承，或用湖石砌筑，总让水深入底部。临水一则开敞，或设栏杆，或设鹅颈靠椅。屋顶多为歇山回顶式，四角起翘轻盈纤细。建筑装饰比较精致、素洁。苏州拙政园的"芙蓉榭"、藕园的"山水间"、网师园的"濯缨水阁"、上海南翔古猗园的"浮筠阁"等都是一些比较典型的实例。

苏州拙政园的"芙蓉榭"位于东部池畔，座东面西，有深远的视野，是园林东部景区的重要点景建筑。暮春夹岸桃红柳绿，景色醉人，夏日赏荷，此处尤凉，故以"芙蓉"取名。建筑基部一半在水中，一半在池岸，跨水部分以石支柱凌空驾设于水面之上。平台四周设鹅颈靠椅，供坐憩时凭依之用。平台上部为一歇山顶独立建筑，其内圈以漏窗、粉墙和圆洞落地罩加以分隔，外围形成回廊。四周立面开敞、简洁、轻快，与环境很协调（图4-89）。

榭这种形式被借鉴、运用到北方皇家园林中后，除仍保留着它的基本形式外，又增加了宫室建筑的色彩，建筑风格比较浑厚持重，尺度也相应加大，有些水榭已作成一组建筑群体（如北京中山公园水榭），失去了水榭的原有特征。比较典型的例子有：北京颐和园谐趣园的"洗秋"、"饮绿"水榭；"对鸥舫"和"鱼藻轩"；北海的"濠濮涧"水榭；被毁的圆明园中也有许多这种水榭的建筑物。

"洗秋"和"饮绿"是谐趣园内的两座临水建筑物。"洗秋"为面阔三间的长方形建筑，卷棚歇山顶，其中轴线正对谐趣园的入口。"饮绿"为一正方形建筑，位于水池拐角的突出部位，它的歇山屋顶变换了一个角度，而面向"涵远堂"方向。这两座建筑之间以短廊连成一个整体。体型上富于变化。红柱、灰顶、略施彩画，反映了皇家园林的建筑风貌（图4-90）。

在岭南园林中，由于气候炎热，水面较多，因此创造了一些以水景为主的"水庭"形式，所建"水厅"、"船厅"之类的临水建筑，多位于水旁或完全跨入水中，其平面布局与立面造型都力求轻快舒畅，与水面贴近，有时作成两层，也是水榭的一种形式。

解放后新建的一些水榭，有的功能上比较简单，仅供游人坐憩游赏之用，体型也比较简洁；有的在功能上比较多样，如作为休息室、茶室、接待室、游船码头等，体型上一般比较复杂；还有的把水榭的平台扩大成为节日演出舞台，在平面布局上更加多变。之所以如此，一方面固然由于广大群众游园活动的需要，人数多，活动方式多样，新的内容提出了新的要求。另一方面，也由于可利用现浇钢筋混凝土的结构方式，为这种建筑空间上的

图 4-89　苏州拙政园 "芙蓉榭"

互相穿插、变化提供了可能性。还有一些相对说来规模已相当大，虽说名称仍称之谓 "水
榭"，其实已不是一个简单的建筑个体，而是一组由大小厅堂与廊、亭等组合在一起的小建
筑群。

　　桂林盆景园水榭，在小的空间环境之中，因此体量也作得较小。平面呈自由布局形式，
以带空窗的实墙、矮的坐凳、柱子灵活分割。立面开畅，虚、实对应关系与周围的空间环
境相适应。屋顶也以混凝土薄板作成简洁、舒展的坡顶形式。水榭的底板与水面贴近，曲
线形的水池、折板平桥，都自由布置，气氛宜人（图4-91）。

　　广州植物园水榭，一半濒水、一半倚岸，层层宽敞的平台叠落、漂浮于水面之上，建
筑层高较矮，造型呈扁平状贴伏岸边，显得轻快、通透、舒展，与岸边竖向挺拔、浓郁的
热带植物形成鲜明对比。建筑物迎向主要水面，视界宽广。水榭作为接待室使用，除布置
有主要休息厅外，还安排了一些附属的小房间，以敞厅、矮墙将它们组织成为一个整体，
空间上变化较多（图4-92）。

图 4-90　北京颐和园谐趣园"洗秋"、"饮绿"水榭

图 4-91　桂林盆景园水榭

北京紫竹院公园新建的水榭，规模上显得更大，它的两个主要建筑物是伸入水中一大一小的两层水阁，下层为敞厅，上层作大小休息室，在群体的两个角位还各布置了一个圆亭及一个两层的方亭，又以双层和单层的曲折水廊把各分散的建筑物组成为一个整体，远处看去，已在水面上形成了一片高低错落的小建筑群。与总体环境联系起来看，显得过大（图4-93）。

在建筑设计工作中，对于水榭这种园林建筑类型，除了要仔细安排好功能上的需要外，还必须特别注意处理好以下两个问题：一、建筑与水面、池岸的关系；二、建筑与园林整体空间环境的关系。

一　水榭与水面、池岸的关系

作为一种临水建筑物，就一定要使建筑能与水面和池岸很好地结合，使它们之间配合得很有机、很自然、很贴切。为此，大致应掌握住下面几个设计要点：

1. 水榭在可能范围内宜突出于池岸，造成三面或四面临水的形势。如果建筑物不宜突出于池岸，也应以伸入水面上的平台作为建筑与水面的过渡，以便为人们提供身临水面之上的宽广视野。例如，北京颐和园的"鱼藻轩"，建筑突入昆明湖中，三面临水，后部以短廊与长廊相衔接，在水榭之中，不仅可观赏正面坦荡的湖面，而且向西透过烟波浩渺的朦胧水景，可观赏到玉泉山及西山群峰的借景，视野异常开阔，成为游人休息、摄影的好地方（图4-94）。

南京中山陵水榭，山东潍坊十笏园水榭（图4-95），都是凌跨水中四面临水的实例。这时建筑与池岸间常设小桥取得联系。

在水榭不能突出于水中时，通常以宽敞的平台作为过渡。如杭州的"平湖秋月"，苏州怡园的"藕香榭"，上海浦东公园水榭，（图4-96）北京陶然亭公园水榭等。

这里有一点应该指出，解放后由于广大群众游园的需要，人数多，活动方式多样，临水建筑又是游人乐于游赏停留的地方，因此，把临水露台作得宽敞一些是适宜的。

2. 水榭宜尽可能贴近水面，宜低不宜高。这里通常容易出现的毛病，是在池岸地平离水面较高时，水榭建筑的地平没有相应地下降高度，而是把地平与岸边地平取齐，结果使水榭在水面上高高架起，支承水榭的下部混凝土粗糙骨架暴露得过于明显，虽然有时建筑物本身比例尚称良好，但整体感觉是失调的，如（图4-97）所示。北京中山公园的水榭也有这个毛病。上海西郊公园荷花池榭，在这一点上处理得较好，它结合原有地形上的高差，把水榭作成了高低两个空间，中间以花格墙作了分隔，上面一间地平与岸上的地平相近，作为敞厅，然后通过5～6步梯级降到下面一层空间，作临水平台，在剖面的高低错落上，很好地解决了建筑与池岸、建筑与水面的适宜比例（图4-98）。在岸边的地平距水面高差较大时，也可以把水榭设计成高低错落的两层形式，从岸边下半层到水榭底层，上半层到水榭上层，从岸上看去水榭仿佛仅为一层，但从水面上看则为两层（图4-99）。北京紫竹院水榭和陶然亭水榭都采取了这种手法。

水榭与水面的高差关系在水位无显著变化的情况下容易掌握，有时水位的涨落变化较大，这时，设计前就要仔细了解清楚水位涨落的原因与规律，特别是最高水位时的标高；一般，以稍高于最高水位的标高作为水榭的设计地平为宜，以免水淹。

在建筑物与水面之间高差较大，而建筑物地平又不宜下降时，应对建筑物下部的支承部分作适当处理，创造新的意境。如广州泮溪酒家之临水餐厅距水面很高，在其侧畔以英

图 4-92　广州华南植物园水榭

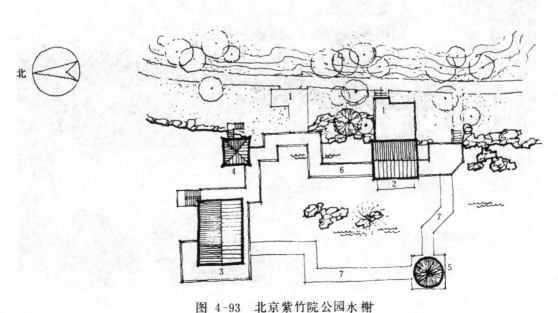

图 4-93　北京紫竹院公园水榭

1—入口；2—休息厅；3—问月楼；4—方亭；5—圆亭；6—双层廊；7—曲桥

图 4-94 从"鱼藻轩"看玉泉山

石叠砌，形成临水巉岩的气氛，也很有特色（图 4-100）。

为了使水榭有凌空架于水面的轻快感觉，除了要把水榭地平贴近水面外，还应注意尽可能不要把建筑物的驳岸作成整齐的石砌岸边，而宜将支承的柱墩尽量向后退入，以造成浅色平台下部一条深色的阴影，在光影的对比中增加平台外挑的轻快感。

3.在造型上，榭与水面、池岸的结合，以强调水平线条为宜。建筑物平扁扁地贴近水面，有时配合着水廊、白墙、漏窗，平缓而开朗，再加上几株竖向的树木或翠竹，一般均能取得较好的效果。在建筑轮廓线条的方向上，榭与亭那种一般集中向上的造型是不同的。

图 4-95 山东潍坊"十笏园"水榭

图 4-96　上海浦东公园水榭

图 4-97　水榭下部架得过高，比例失调

二、处理好水榭个体建筑与园林整体空间环境的关系

造园即造景，园林建筑在艺术方面的要求，不仅应使其本身比例良好、造型美观，而且还应使建筑物在体量、风格、装修等方面都能与它所在的园林环境相协调和统一。在处

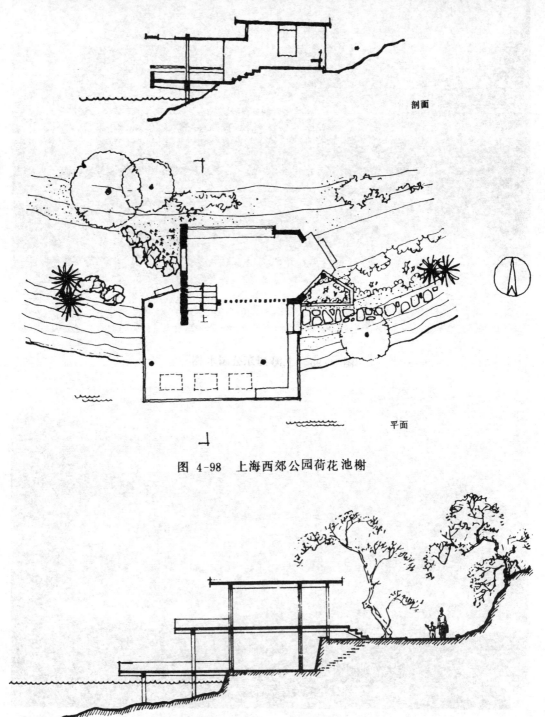

图 4-98　上海西郊公园荷花池榭

图 4-99　高差错落的双层水榭

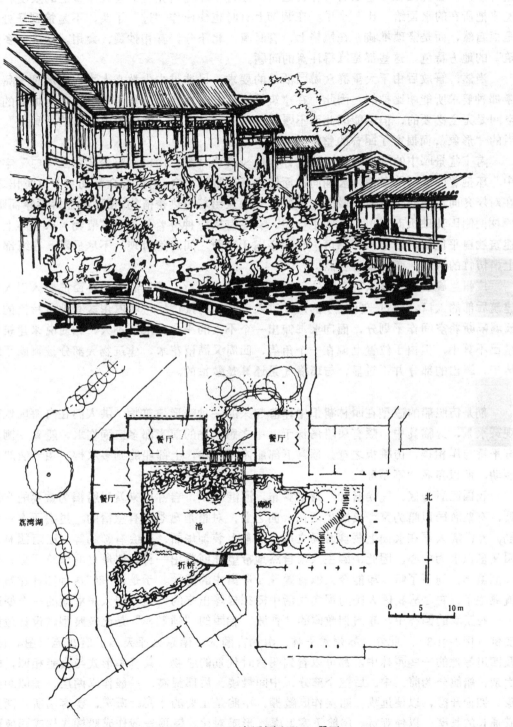

图 4-100 广州泮溪酒家临水餐厅

理上，要恰当、要自然，不要不及，更不要太过。目前一些设计中往往容易作得"过分"，这种过分，首先是在体量上有时作得过大，超过了环境所允许的建筑体量上的限度，相对说来把所在的水面给"比"小了。在装饰上有时也往往作"过"了头，不是恰到好处，不是很自然，而是繁琐堆砌。在风格上，有时南、北不分，互相抄袭、套用，缺乏"乡土建筑"的地方特色。这些都是值得注意的问题。

当然，解放后由于大量群众游园活动的要求，已非过去少数文人雅士在水榭中品茗赏景那种要求所能相比拟的。因此，在建筑的规模上适当加大，作得宽敞些，有足够的活动空间是完全必要的，但不能因此而不顾及建筑在园林空间环境中所应具有的"身份"和恰当的"形象"，而损害了园林的整体性。

南宁盆景园中的一组廊榭建筑设计得比较成功（图4-101）。整座建筑呈"冂"字形，中心环抱着曲线形的水池，水榭向池面伸出了宽敞的平台，可供群众活动和节日演出之用，在对岸突向水中的半岛上，微微起伏的草地和点缀着的热带植物，使环境显得恬静而幽雅。廊榭两侧因其曲折而留出了一些小空间，有主有从，种植着各种观赏植物。从整体上看，建筑物扁平低矮，体量尚称恰可，它们穿插于绿荫之间时隐时现，不尽显露；在细部处理上，仿竹的构造，亦觉亲近自然。

广州兰圃公园水榭茶室亦作外宾接待室（图4-102）。曲折的兰花小径把游人引入位于建筑后部的入口，经过一间矮小的门厅进入三开间的接待厅，厅内用富有地方特色的刻花玻璃隔断将空间作了划分，面向水池伸出一个不大的平台，水面不大，相对说来建筑的体量已不算小，但由于位置上偏在一个角落，四周又满植花木，建筑物大部分被掩映于绿树丛中，露出的部分并不过显，与环境气氛还算是融洽的。

舫是仿照船的造型在园林湖泊中建造起来的一种船形建筑物。供人们在内游玩饮宴、观赏水景，身临其中，颇有乘船荡漾于水中之感。舫的前半部多三面临水，船首一侧常设有平桥与岸相连，仿跳板之意。通常下部船体用石建，上部船舱则多木构。由于像船但不能动，所以亦名"不系舟"。

我国江南地区，气候温和，湖泊罗布，河港纵横，自古以来就以船泊为重要的交通工具，有些渔民以船为家，长期生活在水面之上，对船是熟悉而有感情的。过去还有一种画舫，专供富人家在水面上荡漾游玩之用，画舫上装饰华丽，还绘有彩画等。江南园林，造园又多以水为中心，因此，园主人很自然地希望能创造出一种类似舟舫的建筑形象，使得水面虽小，划不了船，却能令人似有置身于舟揖中的感受。于是，"舫"这种园林建筑类型就诞生了，它是从我国人民的现实生活中模拟提炼出来的，是我国人民群众的一个创造。

在江南的园林中，苏州拙政园的"香洲"、怡园的"画舫斋"是比较典型，设计较好的实例（图4-103）。此外，苏州狮子林、南翔古漪园、南京太平天国王府花园（图4-104）及四川等地的一些园林中，都可以看到明清时代舫的遗物。其基本形式与真船相似，宽约丈余，船舱分为前、中、后三个部分，中间最矮、后部最高，一般作成两层，类似阁的形象，四面开窗，以便远眺。船头作成敞棚，中舱是主要的休息、游赏、宴客场所，两边作成通长的长窗，以便观赏。尾舱下实上虚，形成对比。屋顶一般作成船棚式样或两坡顶，首尾舱顶则为歇山式，轻盈舒展，在水面上形成生动的造型，成为园林中的重要风景点。

北方园林中的石舫是从南方引进的。清乾隆帝六次南巡，对江南园林非常欣赏，希望

图 4-101 南宁盆景园水榭一组建筑群

在北方园林中也创造出江南水乡的风致，因此，在圆明园、颐和园等皇家园林的湖面上修筑石舫，以满足"雪掉烟篷何碍冻，春风秋月不惊澜"的意趣。著名的如北京颐和园石舫——"清宴舫"（图4-105）。它全长36米，船体用巨大石块雕造而成，上部的舱楼原本是木构的船舱式样，分前、中、后舱，局部为楼层。它的位置选得很妙，从昆明湖上看去，很像正从后湖开过来的一条大船，为后湖景区的展开起着预示的作用。1860年被英法联军烧毁后，重建时才改成现在的西洋楼建筑式样。形象雕琢繁琐，与周围建筑形式也不够统一。

解放后园林中新建的舫虽不多，但形式上都作了不少革新和创造，有一些很好的实例。如广州泮溪酒家在荔湾湖中建了一个船厅，称"荔湾舫"（图4-107），取舫的意思作为船的造型，供饮茶、休息之用。船体特别宽敞，船舱用轻细钢架支承，四周钢窗大玻璃，显得轻快、新颖，进入船舱后略下几步，从座位上向外眺望，视线正贴近水面。入夜船上灯火通明，湖上光影摇曳，格外诱人，构思是成功的。

广东星湖公园中新建了两个石舫（图4-106），全部为钢筋混凝土现浇结构，一前一后，前面一只供游人进餐、小吃，后面一只属厨房供应。

图 4-102 广州兰圃水榭接待厅

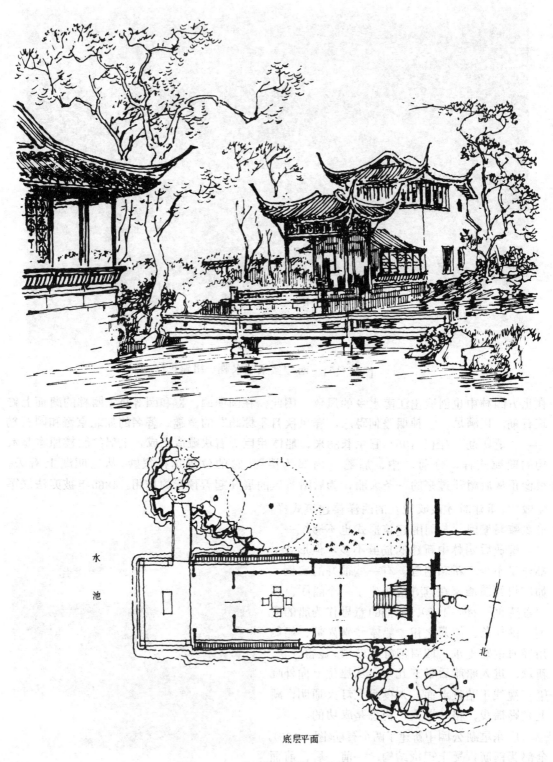

水池

北

底层平面

图 4-103　苏州拙政园 "香洲"

图 4-104 南翔古漪园船舫

船舱为两层，后部稍高，可通顶部平台，整个造型仿船模样，远看效果尚可，近看装修不够精致，体量过大，也过分形似。

广州白云山冰室"凌香馆"，完全凌空架于水上，仿船形，重其神似。下部紧贴水面，上部空透悬挑，强烈的水平线条，在绿水青山的衬托下，浅白色建筑物更给人以明快、舒展的感觉（图4-108）。

桂林芦笛岩水榭，近年来新建。位于芦笛岩山峰脚下湖畔，与山坡上的贵宾接待室高低错落互相呼应，成为景区内一处重要的点景建筑。水榭参照广西民居传统形象，作成舫与榭相结合的形式，一头高一头低，头、尾部位都仿船形作成斜面，建筑形象空透、轻巧，有莲叶形蹬步与岸相连，清新、生动（图4-109）。

图 4-105 北京颐和园石舫

图 4-106 肇庆星湖公园船厅

图 4-107　广州泮溪酒家荔湾舫

图 4-108　广州白云山水上冰室

图 4-109 桂林芦笛岩水榭

第四节 风景区入口与公园大门

一、风景区入口

名胜风景区通常系以其真山真水、浩瀚的自然空间和瑰丽的园林景色取胜，如北京香山、山东泰山、杭州西湖、福建武夷山、四川峨眉山、安徽黄山、桂林七星岩等。由于范围广阔，不便设置固定的界址，其入口处理多半在风景区的主要交通枢纽处，结合自然环境，在前区先设立景区入口标志，继之设立票房和管理间。进入景区内再按不同景区、景点分设各入口。在规模较大的风景区，其票房还可结合各景点分别设置，以便管理。

（一）景区入口标志

景区入口组成包括入口标志、票房及停车场等。山区风景点有些还设有旅业建筑和供客用的其他服务设施。如小卖、旅游纪念品售卖点等。入口标志是入口的重要组成部分，用以指明景区的入口位置。标志宜明显，易为游人瞩目。

优美的入口形象有助于吸引游人。在山区经过长途跋涉，可使人精神振奋，寻奇探胜的欲望更为炽盛。标志的造型要富有个性，体量不一定要大，材质不一定要高。入口设计要根据实际环境，从整体出发去考虑其空间组织及建筑形象，立意要切合景区的性质与内容。

广东西樵山风景区，前区的入口标志采取牌坊的形式，号"云门"（图4-110）。

"云门"牌坊的位置既是西樵山风景的主要入口处，又是"云门"景区的所在地。牌坊取"云门"之"云"意，用波浪形的黄琉璃盖顶，以"云"为题，在梁和顶盖间饰以通花。早晚寂静，风吹通花发出"呼呼"啸声，更添牌坊的雅趣。牌坊正面匾刻"西樵山"，背面刻"云门"。牌坊模拟广东红砂岩石构筑，旁塑红砂岩巨石，配以绿化，富有地方气息和山区风韵。

风景区的售票房是风景区入口的管理处所，应按具体的环境和条件来决定其位置和数量。目前售票房多忽视其艺术和功能要求，缺乏个性。"千人一面"的售票房尽管材质很高也无法挽回其艺术上的损失。但亦有一些别具一格的佳作。如福建武夷山"云窝"景区的入口售票房，设于游览道一侧倚壁而筑。售票房模拟洞穴构筑，简而不陋，与自然吻合（图4-111）。售票房尺度小，退入山凹，更突出了背后庞大的石壁和题刻"重洗仙颜"，导出了由自然巨石组成的"云窝"景区入口（图4-112）。

大王峰为武夷山主要游览点之一，其入口处售票房设在大王峰山麓游览路线旁（图4-113）。大王峰售票房采用小巧的木构坡顶山区小筑形式。售票房既满足了功能的要求，又不会与大王峰比高争奇，恰当地衬托出山区主要景色的气氛。

（二）景点入口表征

景点入口常以其特有的形象表现该景点的性质、内容与特征。同时应结合自然环境创造一个可供休憩和观景的空间。景点入口处理得"藏"或"露"、"简"或"繁"，应服从总体要求。一般多在风景区的交通枢纽，根据自然环境的地形地貌，构设牌坊、山亭、碑石，以至沿用寺庙、山门，或借名泉古木，浓荫道旁散置石栏、几凳。这样的处理不但朴素自然，也易于表达风景区的性质和特点。成功的景区入口处理既可丰富景区的景观，又成为游客乐于驻足的赏景点，甚至还可能成为整个风景区之主要表征。

昆明西山是游滇常登之名胜景区，"龙门"又是西山"龙门胜景"景点的入口，凭临峭壁上的"达天阁"，可俯瞰五百里滇池，气势十分磅礴。登山的主要通道为一在悬崖绝壁上凿成的石廊。循廊再上，至石廊咽喉处，凭险凿出"龙门"石牌坊。

"龙门"牌坊在功能上是登山长廊达"龙门胜景"之"过厅"。在艺术上它是西山绝壁上镶嵌的一颗明珠。"龙门"牌坊虽然尺度不大，造型也不完整。但由于选址恰当，顺势凿成更感姿态自然。它不但是西山绝壁一景，而且也是龙门胜景的主要表征（图4-114）。

在风景区中，特别是人工构成的景点入口表征，一定要注意结合总体环境，分清主从关系充分满足在使用上和艺术观瞻上的需要。武夷山天心亭为牛栏窝景区入口表征，它位于往返九龙窝"大红袍"和天心岩下"永乐禅寺"等景点的峡谷及崇建公路旁。因此，天心亭在使用功能上既是路亭又可作候车点。同时，天心亭附近峭壁冲天，顽石遍地，游览路线环丘盘曲，在如此旷野的景点峡谷口，设置一间小巧的"凡间"木构架瓦顶小亭甚为合宜，在视觉艺术上，亦起着景区入口表征的作用。路亭利用高差把空间分为"动静"两小区，造型简洁、活泼（图4-115）。

（三）景点入口构成

景点入口构成形式多样，有利用原来山石、名泉古木；有用砖石砌筑门、墙；也有以较完整的各种建筑形象构成。景点入口构成无论是以自然为主或系以人工构筑为主，均需详细了解景区景点的有关历史或民间传说，从总体出发，结合自然环境，因地制宜地进行设计，只有这样才能构成性格鲜明的景点入口。

景点入口构成的几种类型：

234

石门（"云窝"景区入口）

题刻"重洗仙颜"

票屋

云桥

平面

图 4-111　武夷山"云窝"景区入口票房

图 4-110　广东西樵山"云门"牌坊

图 4-112　武夷山"云窝"景区入口

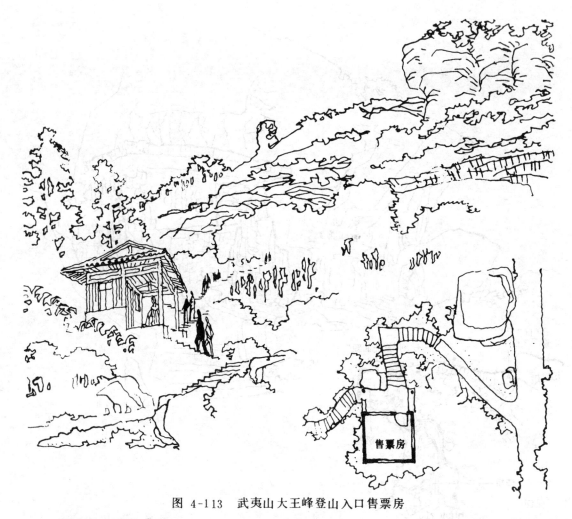

图 4-113 武夷山大王峰登山入口售票房

1.用小品建筑构成入口

桂林七星岩普陀山前岩区，山腰一带景点有七星岩洞口的栖霞亭和碧虚阁、普陀精舍、文昌亭、小蓬莱、玄武阁等。此区盘道迂回、古木参天。洞口建筑若隐若现。此景区有两个主要登山入口，处理各有特点。山西麓采用山门式——"普陀山门"，邻为道旁颜真卿书法碑亭。门、亭高低起伏，古朴而有变化。

普陀山西北麓入口亦系用山门式——"拱星山门"，由步级、景墙、山门和登山步级旁的马头墙组成（图4-116）。登山入口表征显著，入口采用交错韵律构图，造型较新颖，富有地方特色。

上述普陀山景区两个登山入口均系采用小品建筑处理，主要是与山腰七星岩洞口的古建筑群相呼应，这样的处理既增加建筑群的空间层次，又为游客树立了较明显的登山标志。

福州鼓山是一个有悠久历史的风景区，名胜古迹文物荟萃，岩壑清幽。景区内有珍贵的文物——自然"碑林"、富有传统特色的风景建筑和古寺庙等。此景区各景点的入口多采用山门、牌坊等建筑形式，它与周围的建筑、环境十分协调。从鼓山风景区山腰停车场通往五代后梁开山建的白云峰涌泉禅院到"灵源洞"、"石门"等风景区的山门均属此类入口（图4-117）。

图 4-114 昆明西山 "龙门"

图 4-116 桂林七星岩普陀山"拱星山门"

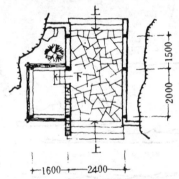

图 4-115 武夷山牛栏窝景点入口——天心亭

图 4-117 福州鼓山涌泉寺山门

图 4-118 福建泉州千手岩山门

山门、牌坊于平地兴建时，一般设在主体建筑群的轴线上。如在坡地则多结合地形，筑于主体建筑的一侧（图4-118），或于前方依山就势而筑。陕西韩城司马迁祠的山门、牌坊即是结合险峻的梁山山岗，依山傍水分层设立的一例（图4-119）。各牌坊和山门造型不同但在变化中求统一，层次较为丰富。

2.利用原山石或模拟自然山门构成入口

此类景点入口巧借地形，更顺乎自然，以简胜繁，耐人寻味。福建武夷山"天游门"，剔土露石，利用巨石与石壁构成景点入口。在石壁一侧刻上"天游门"三个大字以加强景点入口的气氛（图4-120）。福州鼓山岩壑朴拙，从"灵源深处"到"石门"的岩壁上，镌刻着名人手迹题咏三百余处堪称书法题刻的"人文景观"荟萃一堂。此景区"石门"景点的入口则巧借登山道上两块高耸挺拔的天然石块组成，与"石门"相印证，也给游人留下深刻的印象（图4-121）。

福建武夷山"灵岩"，山崖突兀、横亘谷中，崖顶裂开一罅，似为巨斧劈开，此景区有著名的"一线天"、"神仙楼阁"和"伏羲洞"等景点。从公路进入景区要经过刻有"一字天"的岩廊，步入"求天门"才能到达这"神仙出没"的境地。景点入口"求天门"位于岩廊拐弯处。此入口由穴洞前的巨大山石组成。入口山石把游人导入洞内（图4-122），收到自然朴拙的景观效果。

有些城市公园地域较大，公园内划分为若干个景区和景点。如北京颐和园、北海、广州越秀公园等。这些公园的景区、景点入口多由建筑构成。但也有些景点入口结合自然山石处理，更是别具一格。重庆北碚北温泉公园一侧靠丘陵，一侧临嘉陵江。公园内"石刻园"景点的主体建筑为一碑亭。碑亭一侧遍布石刻山石。"石刻园"景点之主要入口由碑亭前两块对峙的巨石构成，巨石四周挖池修桥，颇具山地野趣（图2-59）。

有些景点入口模拟自然，采用人工塑造山石。如福建武夷山茶洞景区"仙浴潭"入口就是采用在山谷间塑造石门的手法，以取景点雅朴幽深之景效（图4-123）。

武夷山云窝景区入口处，两巨石相对峙，尖削圆浑，体态对比强烈，富有动感。于巨石间模拟自然山石砌筑石门连成一个整体，气势亦称雄伟，于平淡中颇见奇崛（图4-124）。

3.用石筑门构成入口

这类入口虽以建筑形式构成，但由于材质朴素、造型浑厚、古朴，因而具有特殊的魅力。福建武夷山不少景区景点的入口均采用这种处理手法。山内各景点入口不仅造型各异。空间构思亦颇巧妙。亦有结合环境、历史与传统，题刻入口称号或对联，更富传统特色与史实寓意。

"小桃源"取世外桃源之意，景点的入口为"透天关"。从苍屏峰、北廊岩之间，沿小溪进入山谷。经景点入口前段狭长阴暗的"水廊"后再拾级上岸，岸前石墙挡路，墙隙有栗树雄姿虎踞，枝叶蔽天，疑为无路。曲折转向，突见门洞外逆光劲射，顿感内外两空间的大小、明暗，形成了强烈的对比。石砌山门额上所刻的"透天关"，贴切地点出了景区入口的主题意境（图4-125）。山门两侧刻有对联"喜无樵子复观奕，怕有鱼郎来问津"。品评对联，联想起仙凡对奕的传说，更添凡人探洞觅胜之情趣。一进入洞口，一片桃林，泛红吐绿，流泉潺潺，鸟鸣啁啾，真似进入桃源胜境。

"留云书屋"是"云窝"景区尽端的景点，也是通往隐屏峰、仙奕亭的主要入口。在自然山石构成的书屋旁的石壁上，刻有巨幅武夷山游记。壁前建有山亭可供游人休憩，景点布局自然。景点入口设在悬崖磴道上，倚壁石砌悬崖牌坊，险中生情，造型简朴（图4-126）。

过"留云书屋"景点，攀天梯，步悬崖、抵"仙凡界"，然后登悬崖阶梯直上青云。在悬崖设残墙门洞，这就是"仙奕亭"和隐屏峰的入口（图4-127）。此入口用石屑粗坯，断墙残壁，颇添怀古之意。

"嘘云洞"是"云窝"景区中的另一景点，洞内外温差摄氏十度许，洞内有时会吐出一股云烟，故曰"嘘云洞"。该景点入口设在洞前山凹处，入口用毛石砌筑，装上石门轴块，作为设门表征。入门处再登数级，一侧辟有人工整治的小平台，以天然石块作椅案，野味甚浓。小平台可供游人驻足和观景。在登山道上景点的入口附近设置可供游人休憩的地方，

图 4-119 陕西韩城司马迁祠的山门、牌坊

祠院
庙门
"河山之阳"牌坊
山门
"高山仰止"牌坊
周公祠

司马坡

芝水

北

平面

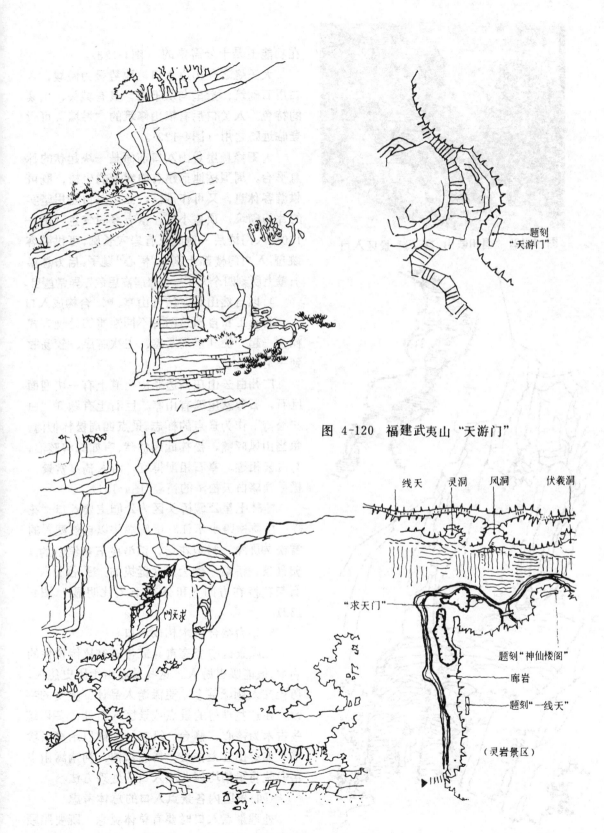

图 4-120 福建武夷山"天游门"

题刻
"天游门"

线天　灵洞　风洞　伏羲洞

"求天门"

题刻"神仙楼阁"

廊岩

题刻"一线天"

（灵岩景区）

图 4-122 福建武夷山"求天门"

图 4-121　福州鼓山"石门"景区入口

图 4-123　福建武夷山茶洞景区"仙浴潭"入口

在功能上是十分需要的（图4-128）。

大王峰之登山道入口，地势极为险峻，入口用石砌筑，造型与众不同，具有城关、山寨的特色。入关口后有依山修筑的"城墙"，可供登临远眺之用（图4-129）。

大王峰悬崖登山入口前面是一块起伏的休息平台。周围按地形建有曲线形的坐椅，既可供游客休息，又可作围栏。登山入口是用坚实的片石砌筑，顶盖小瓦，富有乡村气息（图4-130）。入门楼后一侧尚筑有岩穴长廊，可供游客眺望。入口门楼额上刻有"悟心"题字。后方悬崖石壁上所刻四个大字——"居高思危"，异常醒目。

4.以自然山石，结合山亭、廊、台构成入口

将人工和自然这两种不同性质的处理方式糅合一起，使其布局紧凑、主次有序、较易收到一定的景效。

广州白云山在西边登山拐道上有一块迎面巨石，石旁悬崖筑有山亭。巨石上有题刻"白云松涛"作为景点的标志。景点四周松林似海，每当山风呼啸，松林此起彼伏，有如惊涛骇浪，与白云相逐。亭石相配得宜，游人倚亭赏景，极尽领略白云松涛的情趣（图4-131）。

桂林七星公园桥头区为公园主要入口。"花桥"桥廊横跨小东江。桥廊端头以自然配置的雪松为屏障，衬以花坛，渲染成五彩缤纷的花园景象。桥端一侧为兀立挺拔的"芙蓉石"，石与花桥在方向上和体态上对比明显（图4-132）。

5.亭台结合古木构成入口

在风景区中姿态奇异或带有掌故传说性的古木，很能吸引游人。这些景点由于历史悠久，历代文人题咏甚多，更添游人品评、鉴赏的兴致。在这些难得的景点或景区入口处，多以这些古木为核心，修台、筑亭、立碑以示尊崇珍重。如泰山五大夫松、岱庙汉柏、河南嵩山中岳书院将军柏均属此类入口的处理方法。

（四）景区内各景点入口的总体考虑

处理景点入口时要有总体观念，既要照顾和局部环境的配合，也要注意在同一景区内特

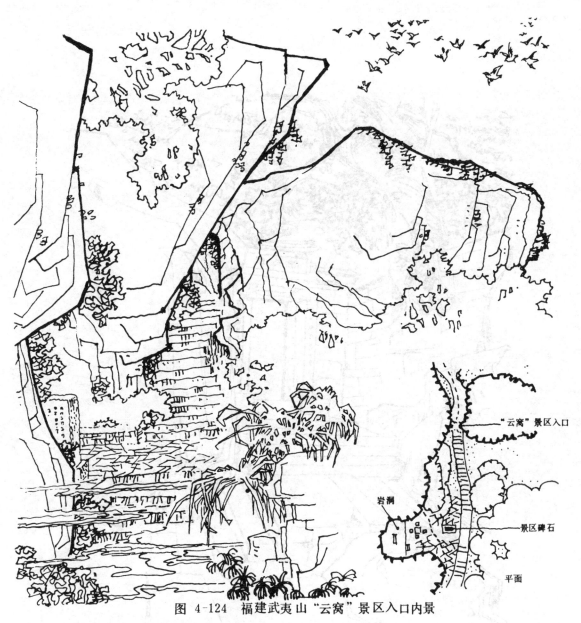

图中标注：
"云窝"景区入口
岩洞
景区碑石
平面

图 4-124 福建武夷山"云窝"景区入口内景

别是同一游览线上各景点入口处理的统一性。入口处理不单纯是入口的造型、风格问题，也牵涉入口前后的空间序列与组织的相关性。

在同一风景线上各景点处理如上所述，有些以人工为主，有些以自然为主，也有些是取两者之所长。总之要顺乎自然，注意单体设计的特色，也要照顾总体的统一性与协调性。

广东西樵山的"白云洞"风景区草创于明代，此景区有峭壁凌空，飞泉吐玉，四周苍松翠柏之胜，是西樵山之主要景区。故有"欲揽西樵胜，应先访白云"之说法。到白云洞有两条通道，一条是通过山路、岩穴，由石牌坊、洞穴，门洞和天然山石等组成。另一条游览线则经云泉仙馆前和墨庄侧面然后再进入山路。这组景点处理注意了个体的变化和总体的协调。从白云古寺旁登山拾级而上。在浓荫蔽天的白云湖旁建有简朴的"第一洞天"石牌坊，这是"白云洞"景区的第一个景点的序列空间（图4-133）。再拾级而上，便抵达

243

图 4-125 武夷山小桃源"透天关"

图 4-126 武夷山 "留云书屋" 入口

鉴湖旁倚山而筑的砖石牌坊"湖山胜迹"（图4-134）。这座纤巧玲珑的砖石牌坊与"仙馆"在构图上的尺度、比例和主从关系方面都处理得十分恰当，更衬托得"仙馆"的雄伟、"鉴湖"的宽阔。通过这序列空间后便攀跻怪石、折道登山，步入砖砌门洞，即达"第三洞天"。洞后顽石陡矗，一山门巧立于嶙峋巨石之间，成为登"龙崧阁"的入口（图4-135）。在山门一侧由景墙和自然山石构成另一景点"云门听泉"的入口（图4-136）。简朴的景墙划分开景点的内外空间，游人一步入景区后，顿感空间豁然开朗，飞瀑喧声入耳（图4-137）。面对壁潭，倾听飞瀑，深得云门听泉之意。继寻声越溪，过桥攀登至白云洞深处，仰望苍天，但见三面峭壁耸立，高插云霄。一股清泉"飞流千尺"劈崖而下，宛若银河倒泻，气势激壮。游人至此就到达赏景的高潮。白云洞景区的各景点都能结合环境与地形，采用地方材

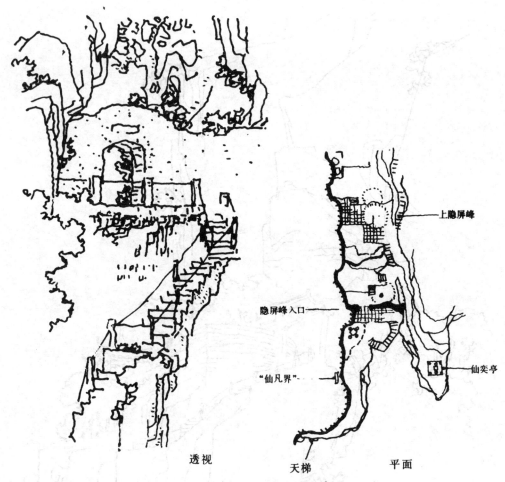

透视   天梯   平面

上隐屏峰

隐屏峰入口

仙奕亭

"仙凡界"

图 4-127　武夷山茶洞隐屏峰入口

料，顺乎自然，在变化中求得协调。

　　从上述福建武夷山云窝、茶洞、大王峰、天游山、隐屏峰等景区的景点入口诸例，虽为数甚多，但均各异其趣，无一雷同。各入口处理亦能切合题意，善于利用地方材料，巧妙组织空间。各入口无论是利用自然山石或人工砌筑均具有浓郁的乡土气息，粗犷而富有野趣。即使新建的入口或建筑小品亦均循此法，新修旧筑浑成一体，突出了山区景区"敦厚"、"古朴"的性格。

二　公园大门

（一）　公园大门的作用

　　近代公园为便于管理，界址四周多设园墙和大门。规模较大的公园，园内更增添各类入口，以便分区组织游览路线。公园大门的设置要考虑使用上的功能和精神上的需求。

　　控制游人进出是公园大门的一项主要任务。公园客流量变异很大，在人流高峰状况下，公园大门也应能较好控制游人的进出。对于游人高峰密集的公园，如文化公园、动物园等，除了设置一个或多个大门外，尚需设置若干个太平门，以适应在紧急情况下游人均能迅速疏散和便于急救车、消防车的通行。

　　公园往往通过大门的艺术处理体现出整个公园的特性和建筑艺术的基本格调。所以大

图 4-128　武夷山茶洞"嘘云洞"入口

门设计既要考虑在建筑群体中的独立性，又要与全园的艺术风格相一致。成功的大门设计必须立意新颖、巧于布局，富有个性。

（二）　公园大门的位置

大门位置的选择，在城市公园首先要便于游人进园。公园大门是城市与园林交通的咽喉；与城市总体布置有密切的关系。一般城市公园主要入口多位于城市主干道一侧。较大的公园还在其他不同位置的道路设置若干个次要入口，以方便城市各区群众进园。具体位置要根据公园的规模、环境、道路及客流向、客流量等因素而定。

如何组织游览路线也是考虑大门位置的主要因素。广州起义烈士陵园为纪念广州起义英勇牺牲的烈士而建，属纪念性公园。在规划上分为"陵"和"园"两大部分。两者互相

图 4-129　武夷山大王峰登山入口　　　　　　　　　　平面

沟通，连成整体（图4-138）。

　　正门设于陵园南面西侧，面临城市主干道，是"陵"的主要入口。陵道较宽，以适应节日群众结队祭祀的需要。通过"陵"的碑、墓可与"园"内干道相接。陵园东侧是园的重要组成部分，另辟的园门是游人重要的出入口。园内沿湖道路迂回曲折，松林小径随势起伏，郁郁葱葱与道旁所植红花相辉映。碧血红花，使人们对烈士的怀念和敬仰油然而生。陵门和园门是整个陵园游览路线的主要进出口和标志。

居高思危

平面

图 4-130　武夷山大王峰"悟心"峭壁登山入口

图 4-131 广州白云山"白云松涛"

图 4-132 桂林七星公园花桥入口

图 4-133　广东西樵山"第一洞天"牌坊

图 4-134　广东西樵山"湖山胜迹"牌坊

图 4-135　广东西樵山"龙崧阁"入口

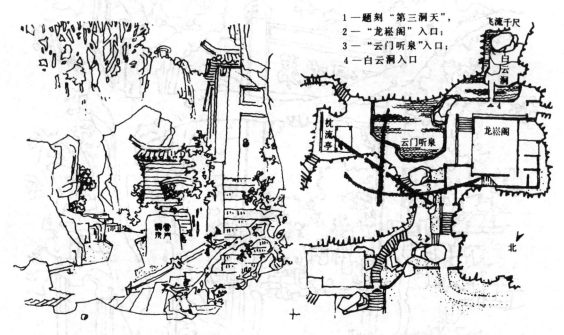

1——题刻"第三洞天"，
2——"龙崌阁"入口；
3——"云门听泉"入口；
4——白云洞入口

图 4-136 广东西樵山"云门听泉"入口　　图 4-137 广东西樵山"第三洞天"平面

公园的总平面可分对称式、非对称式和综合式等。大门的位置一般均和公园总平面的轴线有密切的关系。广州黄花岗公园、广州起义烈士陵园、南京中山陵等属纪念性公园。它们的总体布局多具有明显的中轴线，大门的轴线亦多与公园轴线相一致。这样，从大门进园可予人以庄严、肃穆的感觉。一般游览性公园如广州越秀公园、西苑、杭州花港观鱼等多采取不对称的自由式布局。不强调大门与公园主轴线相应的关系，显得比较轻松和活泼（图4-139）。

（三）　公园大门的空间处理

公园大门的平面主要由大门、售票房、窗橱、围墙、前场或内院等部分组成。公园大门入口的空间处理包括大门外的广场空间和大门内的序幕空间两大部分。

1.门外广场空间

门外广场是游人首先接触的地方，一般由大门、售票房、围墙、窗橱等组成，再配以花木等。售票房有些使之和大门作有机的结合，设在大门的一侧或两旁。也有些采取分离式，把售票房另设于园内（图4-140）。

一般经常开放的公园，门前交通流量较大，每逢假日时人流、车流更为集中，因而门前广场负有缓冲交通的作用。有些公园在门外广场设置一些服务设施，如出售纪念品、旅游资料、照相、小卖等（图4-141）。大门是公园门前空间的构图中心，广场空间的组织要有利于展示大门的完整艺术形象。

沈阳周恩来同志少年读书旧址纪念馆，馆前广场建有纪念碑，这有别于一般门前集散广场的处理、构图新颖。纪念碑和服务部造型简洁明快，朴素大方，位于门房左右，突出了纪念馆的主要入口。广场绿地和碑的配置对比强烈，尺度合宜，显得广场空间组织既庄严又活泼，并富有特色和时代感（图4-142）。

2.门内序幕空间

（1）约束性空间

这类空间的组织一般指在进入园内后由照壁、土丘、水池、粉墙和大门等所组成的序幕空间。此空间具有缓冲和组织人流的作用。结合我国传统的造园手法处理这种空间，可获丰富空间变化和增加游览程序的效果。也有利用节日期间经过重点的装饰和布置，在游园中使之带有"序幕性"的作用。

广州越秀公园正门门内空间，南行是山麓的圆形景门——"南秀"，北行越"北秀桥"是园的水域游览区，东行沿湖岸可直抵游艇码头和游泳场。这门内空间在分导人流和组织序列空间等方面是比较成功的（图4-140a）。

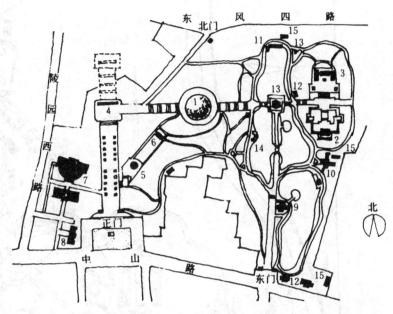

图 4-138 广州烈士陵园总平面

1—烈士墓；2—中朝血谊亭；3—中苏血谊亭；4—烈士碑；5—四列士墓；6—松山避雨亭；7—博物馆；8—办公室；9—接待室；10—茶圃；11—划艇部；12—摄影部；13—亭；14—花架；15—厕所

广州晓港公园进门后由土丘和不规则的水池作屏障，形成园内的序幕空间。堤岸、水面散点顽石、间植花草、园林空间的格调较浓（图4-140e）。

北京紫竹院公园南门，紧靠较窄的机场路，若将大门退入园内，公园大门不够明显。故将大门位置径临路边，缓冲人流的作用则转由门内序幕空间解决，牌坊门只起公园标志的作用。这个庭园式的门内空间在闭园期亦可作为附近居民休息活动的小园地（图4-140c）。

紫竹院公园内院除大门和售票房外，两侧衬以弧形转折的粉墙，墙后以较小尺度的亭廊作衬托，使牌坊大门显得更为雄伟，并丰富了内庭空间的层次。内庭倚角竹丛点出了全园的意境。经过内庭几块几何形的绿丛，游人可随意步入园内。

上述诸例的门内空间界面较为闭合，故属约束性空间。

广州盆景之家——西苑，入口用照壁、门厅和院墙组成半开敞的门外空间，游人步入门厅，通过狭窄的英石山洞才到达西苑的序幕空间。通花照壁，石山门房和绿化把这空间装点得自然雅致（图4-143）。东行是一组空间开阔的前院花园，向西跨过景门便是内院庭园。这个规模不大的专业性花园的门内空间组织得古朴、自然、淡雅、别具一格。

（2）开敞性空间

有些公园的内空间的处理由于某种功能要求和结合园内特殊环境的需要，往往采取纵深较大的开敞性空间。

广州起义烈士陵园（图4-138），大门外是喧闹的城市主干道，浓荫常绿的细叶榕环抱门前广场，把富有民族形式的阙式金顶大门衬托得异常璀璨，庄严而又开朗。进门后纵深极大的开敞性空间比门前广场更为开阔。宽广的陵道平砌着光面的白麻石，两旁密植深绿

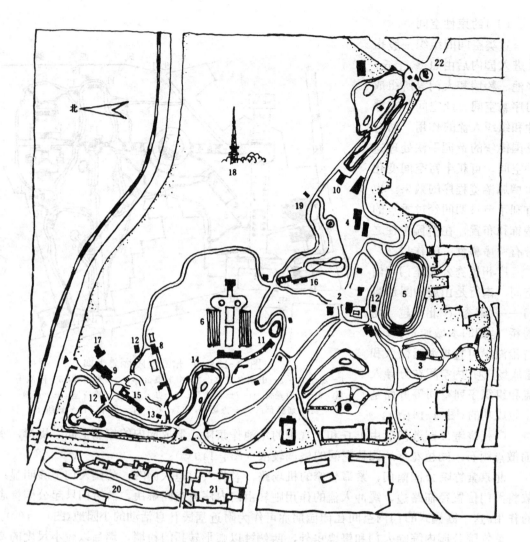

图 4-139 广州越秀公园总平面

1—五羊塑像；2—镇海楼；3—中山纪念碑；4—广州美术馆；5—体育场；6—游泳池；7—露天电影场；8—体育室；9—听雨轩（餐室）；10—南音餐厅；11—竹林冰室；12—小卖；13—摄影部；14—游艇码头；15—花卉馆；16—金印游乐场；17—管理室；18—电视塔；19—接待室；20—兰圃；21—广州体育馆；22—小北花园

色的针松，予人以肃穆、宁静的感觉。陵道两侧是整齐的花坛，红花烂漫象征着无数的革命先烈的热血洒遍大地。横碑立于门内开敞性空间的尽端，浓密的绿墙和鲜红而宏大的横碑形成了强烈的色彩对比。横碑上塑有毛主席语录，点出了全园的主题，陵园内的序幕空间在高潮中结束。经碑前东折，沿轴线拾级登山即抵园内第二空间——"陵园旭日"。

（四）公园大门的设计

大门的设计要根据公园的性质、规模、地形环境和公园整体造型的基调等各因素而进行综合考虑，要充分体现时代精神和地方特色。造型立意要新颖、有个性、忌雷同。近年来有不少园门设计在造型如何与公园的性质、内容相一致方面，有不少值得参考的地方，下节再行论述。

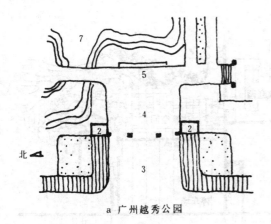

a 广州越秀公园

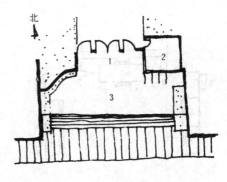

b 广州儿童公园

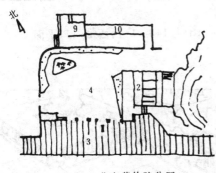

c 北京紫竹院公园

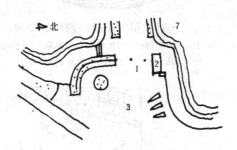

d 天津水上公园

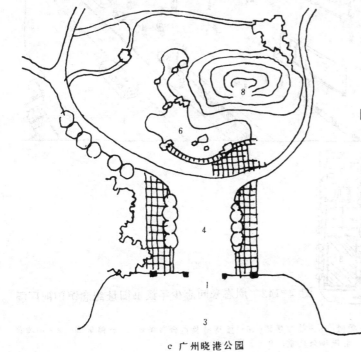

c 广州晓港公园

图 4-140 公园大门平面组成示意

1—大门；2—票房；3—前场；4—内院；
5—照壁；6—水池；7—湖；8—山丘；9—
亭；10—廊架

255

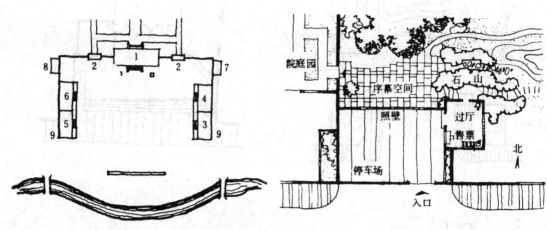

图 4-141 北京颐和园东门门前广场平面示意

1—正门；2—旁门；3—售票；4—邮局；5—照相；
6—食品；7—存放；8—厕所；9—车站

图 4-143 广西西苑入口平面

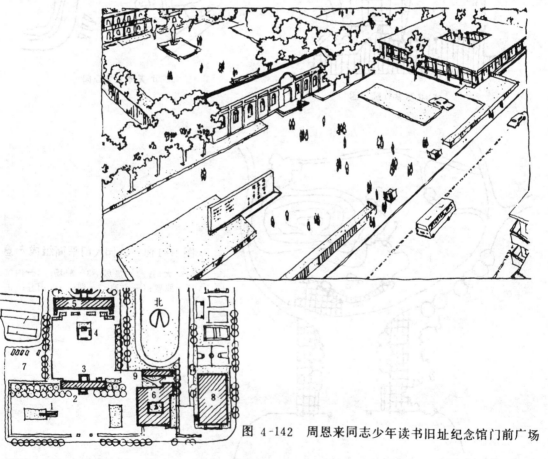

图 4-142 周恩来同志少年读书旧址纪念馆门前广场

1—题字纪念碑；2—传达室；3—影壁；4—塑像；5—前教学楼；6—接待室及综合服务部；7—停车场；8—中学风
雨操场兼礼堂；9—花房

园门的比例与尺度运用得是否恰当，会影响到艺术的效果。它不仅要考虑其自身的需要，也要考虑与所在环境的协调，反之亦然。适宜的比例与尺度，有助于刻划公园的特性和体现公园的规模。苏州东园是新建的公园，园门对称布局、正中设置景石小院，两侧为出入口，平面处理有一定特点，与苏州以园林称著的特色有其内在联系。东园规模不大，园门强调与所临的宽阔广场相匹配，故体量显得有点过大（图4-144）。

有些公园大门需要较大的空间尺度处理，而又与结为整体的辅助用房在体量上有矛盾时，应仔细分析，分别处理，妥为结合。如香港海洋公园，规模较大，用地较广，门前道路宽阔。因此大门设计采用了较大的尺度，体现出一定的雄伟气魄，与所在环境十分协调。在门楼的大空间下把一系列的辅助用房，如售票房、检票口等处理成尺度较小的建筑空间，简明轻快。这样的空间处理，既节约了投资，在使用功能上又合理地控制了人流，游人能迅速进出，是处理矛盾较为成功的实例（图4-145）。

新材料、新结构、新工艺在近代建筑领域中不断涌现，因而公园大门设计的造型，空间组织亦应体现出一种富有时代感的清新、明快、简练、大方的格调。

兹将几种较常见的公园大门的立面形式分述如下。

1.门、山门式

这是我国传统的入口建筑形式之一。据我国古代的"门堂"建制，不仅在建筑群外围设门，且在一些主要建筑前也有设门的，如天坛皇穹宇入口。

我国古代的宗教建筑、特别地处山林郊野，一般在道观门或寺庙门外尚设有"山门"等建筑标志、这实是宗教建筑的"福地""洞天"——所属领域，"山门"就是这建筑群的序幕性空间，对游人来说是起着表征和导向的作用（图4-119）。后来也有把控制人流的入口建筑称为山门。过去此类入口建筑多为砖石墙身、坡顶，造型敦厚、庄重。如广州中山纪念堂山门（图4-146）。

向广大游客开放的皇家园林，其出入口多利用原宫门。为了符合今天的使用功能，一般需增设有关的管理设施和服务设施。同时在空间处理和造型上要注意其统一性和协调性。北京颐和园、景山公园、北海公园等入口大门即属此例（图4-147）。

有些规模较大的风景点，为了使门和环境的比例协调，入口门为多开间建筑，体量较大，气魄较雄伟。如武汉解放公园大门、北京月坛公园大门（图4-148）。北京天坛公园新建的东门（图4-149），沿用传统建筑形式，但其造型和架构有新意，线条简洁、朴素大方、比例良好。其浓郁的民族特色和公园内古建筑形式亦和谐一致。

2.牌坊式

牌坊式建筑在我国有悠久历史。按其开间、结构和造型来区分，一般有门楼式牌坊和冲天柱式牌坊两大类。一般牌坊多属单列柱结构，规模较大的牌坊为了结构的稳定则采用双列柱构架。

过去的牌坊和"山门"在功能上相仿，作为序列空间的序幕表征，广泛运用于宗教建筑、纪念建筑等。如南京中山陵牌坊门（图4-150a）。

过去在祠堂、官署前也多置牌坊为第一道门，既是空间的分割，也是区别尊卑的标记。在古代城市中被称为牌楼门的牌坊则是坊里大门。

近代公园的牌坊门为了便于管理，多采用较通透的铁枝门，售票房设于门内、以免影响牌坊的传统造型（图4-150b、4-150c）。

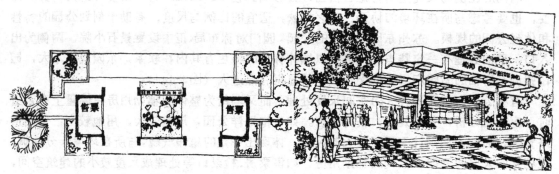

图 4-144　苏州东园大门

图 4-145　香港海洋公园大门

图 4-146　广州中山纪念堂山门

图 4-147　北京北海公园大门

传统的牌坊门，一般造型较疏朗、轻巧。但也有些牌坊门设计得较浑厚。如广州黄花岗大门（图4-150d），粗壮的梁柱气势，能较充分体现烈士墓园的性质。

传统的牌坊门多采用对称手法，但北京紫竹院南门牌坊却处理成不对称的形式，在传统与革新方面作了新的尝试。

3.阙式

阙式大门是由古代石阙演化而来，当时的双阙一般东西列，南向，子阙位于阙身外侧，结成整体。石阙比例为墩状，坚固、浑厚、庄严、肃穆（图4-151a），古代的门阙就是由此演变而成。现代的阙式园门一般在阙门座两侧连以园墙，门座中间设铁栏门。由于门座间没有水平结构构件，因而门宽不受限制，售票房可筑在门外或门内，也有利用阙座内部空间作管理用房，如四川宜宾翠屏公园大门（图4-151b）。

广州起义烈士陵园的"陵"门，宽达三十米，后靠宽敞的陵园大道，面向宽阔的草坪（图4-150c）。两座白石阙门座之间建以多组红色铁花门，阙顶为珠红色琉璃瓦，大门两侧连以弧形园墙，砌上红色琉璃通花。阙壁镶嵌刻有题词的红色大理石。这个阙式园门处理得十分壮丽、庄重、肃穆、雄伟，体现了革命烈士的英雄气概。

宽阔的石阙园门不仅可满足节日期间疏通大量人流的需要。同时，原设计园内第一空间的尽端立有高耸的纪念碑，由于大门没有顶上的水平构件，所以在门外广场眺望园内，纪念碑的完整艺术形象不会受到干扰。

图 4-148　北京月坛公园大门

图 4-149　北京天坛公园大门

4.柱式

柱式大门主要由独立柱和铁门组成，柱式门和阙式门的共同特点是：门座一般独立，其上方没有横向构件，区别在于柱式门之比例较细长。有些柱由于其体量较大，也有利用柱体内部空间作门卫或检票口用。

南京中山植物园北园大门，按其比例则属柱式，门的造型则有古代汉阙的韵味（图4-152 a）。大门两侧与门房之间各设小门，以便大门关闭后方便行人出入。门房墙面以浅红色干粘石饰面，顶部檐口贴红缸砖。在丛林深山中，给人以明快、富有生气的感受。大门造型、比例、尺度适宜。有传统特点，又具有明朗、简洁的特征，檐下饰以浮雕植物图案，借以反映植物园之性格。

广州文化公园地处闹市中心，园内活动内容丰富，游客众多，节假日期间每天高达十四、五万人次。园内主体以两座独立高柱构成，门柱底座中空，供门卫和检票使用。整个园门由双柱三门和两侧售票房、围墙组成。中门为出口，有较强的人流通过能力，两旁为入口。票房设于门的两侧，以分散人流，可惜门外缓冲用地较浅是其缺点。园门的设计雄伟开敞、简洁明快（图4-152b）。

一般柱式大门多为对称构图、双柱并列。南宁人民公园大门则采取非对称布局（图4-

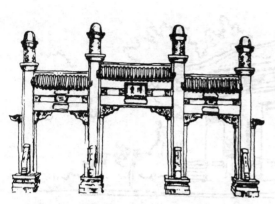

图 4-150 a　南京中山陵牌坊门

图 4-150 b　广州人民公园后门

图 4-150 c　广州起义烈士陵园"园"大门

图 4-150 d　广州黄花岗大门

152 c）。独立单柱与较扁平的门房在方向上形成对比、围墙的曲直和虚实又产生强烈的对比现象，整体效果良好。

　　5.顶盖式

　　上述门、山门等入口虽属坡屋顶。但随着建材、结构和施工技术的发展，承重构件上方筑有顶盖的形式还有平顶、拱顶和摺板顶等。

　　广州流花公园大门为连续摺板式（图 4-153a）、广州东山湖公园亦为连续波顶式（图 4-153 b）。这两个公园园门采用这种屋顶形式，用以显示以水面为主的公园特性。

　　桂林七星岩公园后门由值班、售票房和门廊等组成，采用坡顶形式（图 4-153 c）。曲折的平面，两坡盖顶，高低起伏前后错落的体型，组合成生动活泼、富有乡土韵味的入口。

　　平顶式的园门易于适应各种较复杂的平面，应用范围较广。如哈尔滨儿童公园大门、上海南丹公园大门、上海向阳公园大门、上海法华公园大门和广东新会动物园大门等（图 4-153 d、e、f、g）。

　　上述各类大门，如门、山门式、牌坊式、阙式等传统形式历史悠久，形象优美。近代

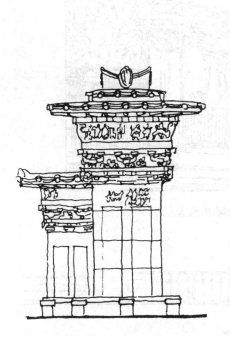

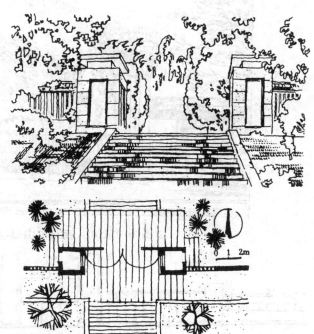

图 4-151 a　雅安汉高颐墓阙　　　　　图 4-151 b　四川宜宾翠屏公园大门

图 4-151 c　广州起义烈士陵园大门

图 4-152 a 南京中山植物园北园大门

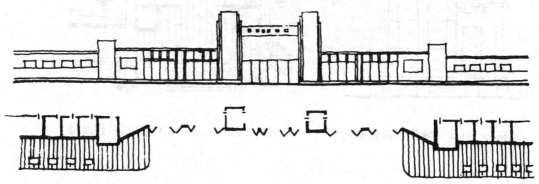

图 4-152 b 广州文化公园大门

立面

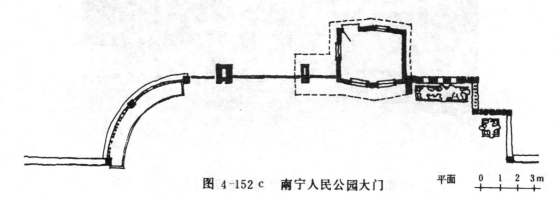

图 4-152 c 南宁人民公园大门

平面 0 1 2 3m

图 4-153 a 广州流花公园大门

图 4-153 b 广州东山湖公园大门

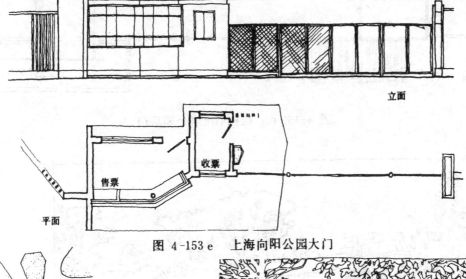

立面

收票

售票

平面

图 4-153 e 上海向阳公园大门

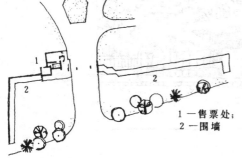

1

2

2

1—售票处;
2—围墙

1—售票;
2—收票;
3—管理;
4—厕所

3

2

1

图 4-153 f 上海法华公园大门

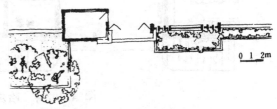

0 1 2m

图 4-153 g 广东新会动物园大门

263

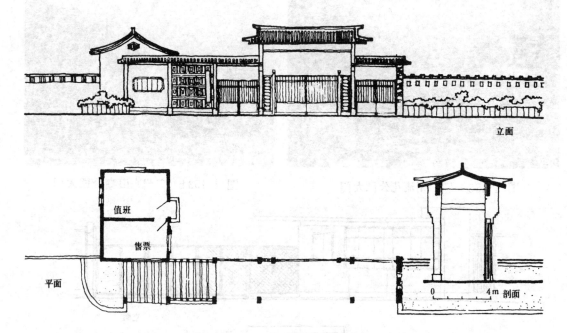

立面

值班

售票

平面

0   4m 剖面

图 4-153 c　桂林七星岩公园后门

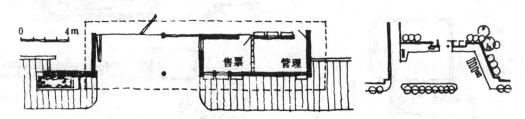

0   4m

售票　管理

图 4-153 d　哈尔滨儿童公园大门

公园的大门设计，由于功能、结构、材料和设备等方面均有所发展，不少园门在继承传统的基础上进行了大胆的革新，如将售票房等和园门联成整体，不但可使平面简洁，结构合理，管理方便，即在立面造型上也予人以一种清新、简练、亲切的时代感。以顶盖式为主调的各种园门不少设计形式新颖，切合园意，手法不落俗套，取得一定成绩。

（五）公园大门性质类别

1.纪念性公园大门

纪念性公园大门一般采取对称的构图手法，广州起义烈士陵园"陵门"为对称阙式、北京天坛皇穹宇入口和广州中山纪念堂大门为对称门式。广州农讲所、南京中山陵和广州黄花岗公园园门为对称牌坊式等。此类大门具有庄严、肃穆的性格。

2.游览性公园大门

游览性公园大门多采用非对称手法，以求达到轻松活泼的艺术效果。

北京紫竹院南门属不对称的牌坊式园门，此门借鉴了西洋古典石构列柱的间架，重点使用了富有民族特色的琉璃面砖。大门色彩对比鲜明，造型富有时代感，但又不失传统的韵味。不足的是大门强调临街的气魄和比例，忽视了园内庭园空间的气氛和尺度。特别是门内的票房、院墙等色调和尺度均借鉴于民居，因而与高大的牌坊门不甚协调（图4-154 a）。

扬州瘦西湖公园，园内有宽阔的湖面，大门位于瘦西湖畔，平面新颖别致。大门以歇山亭为主轴，一侧是筑于陆地的游廊，另一侧是漂浮于湖心的攒尖方亭，中间连以小桥，售票房设于门内。大门与瘦西湖融成一体，立面构图高低错落，有韵律感和地方风格。这种具有浓郁民族气息而又非对称的园门布置实例较少，它和桂林七星岩公园后门的处理有异曲同工之妙（图4-154 b）。

广州荔湾公园主入口邻接泮溪酒家，园门采用本地区民间建筑常用的白石脚，水磨青砖等，门楼顶用广东石湾产的琉璃瓦，显得淡素、庄重。门前配以南方石雕狮子，增添了几分乡土气息，与相邻的泮溪酒家格调亦相协调（图4-154 c）。

游览性公园除采取非对称手法处理外，也有采用对称式的，但其造型和格调有别于一般的纪念性公园大门。如上述广州流花公园大门等均属此例。

3.专业性公园大门

从广义而言，专业性公园包括动物园、植物园、儿童公园、盆景园和花圃等。专业性公园大门如能结合公园专业特性考虑则更具个性和特色，其手法一般以寓意而非写实为佳。

广州华南植物园大门采用不对称的形式，简洁明快。大门不规则的石墙，米黄色的面砖和较低矮的通花墙，三者在尺度、质感和色彩上都运用得较恰当。正门对景为临湖双层亭，内外配植亚热带作物，通过背景的渲染和衬托，使园门更富个性，具有华南园林特征。大门正面的"花兜"点出植物园的题意，但比例欠佳。它只考虑花兜和较大尺度的立面在比例上的关系，而忽略了其自身适宜的尺度（图4-155 a）。

广州兰圃位于越秀山下，广交会旁，是一座栽培繁殖及研究欣赏兰科植物的专业性花园。园内以各种兰花为主，配以上百种常绿的热带植物，将占地仅3.6公顷的有限空间组成数处幽静清雅的景区。园内以小空间形式设置兰圃荫棚，曲径相连，配以浅池叠石，敞厅回廊，有邸宅韵味。所以兰圃园门在造型上亦采用小空间尺度，以别于其他大公园的处理。门楼体量不大、外形雅朴，以青砖作壁，顶盖青瓦，入口的黑漆大门和花岗石门槛，衬以通花翼墙和门前两具比例适中的石狮子。在绿树丛中，杜鹃花出墙吐艳，隐现出一

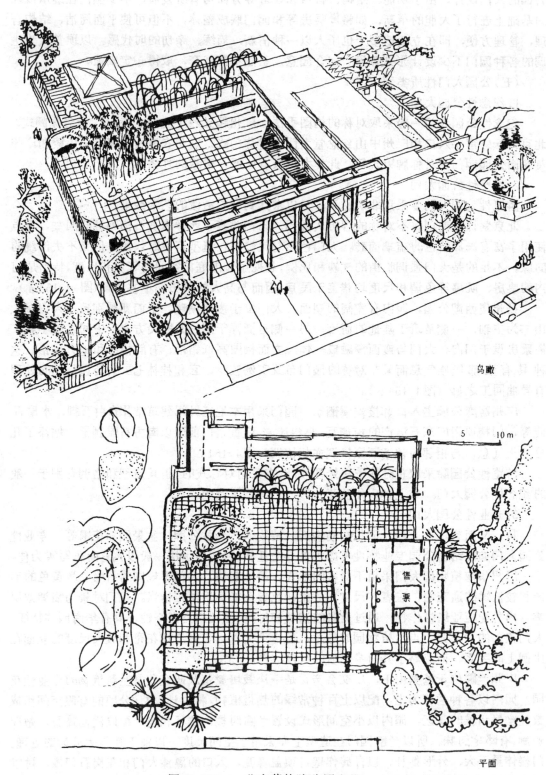

鸟瞰

0 5 10 m

售票

平面

图 4-154 a　北京紫竹院公园南门

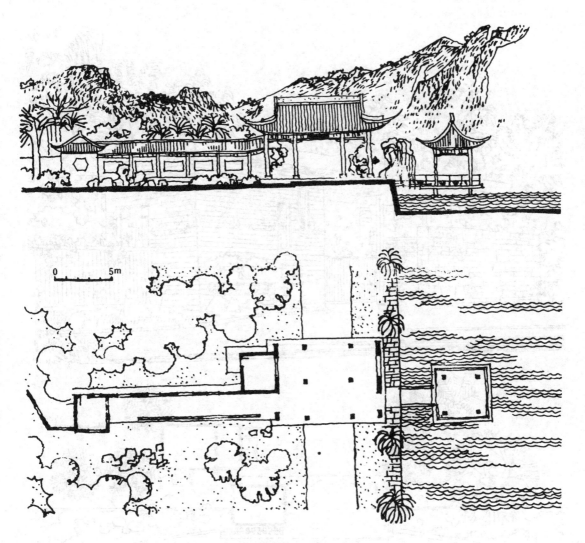

图 4-154 b 扬州瘦西湖公园大门平面及立面

图 4-154 c 广州荔湾公园大门

图 4-155a 广州华南植物园大门

座富有广东特色的邸宅性园门（图4-155b）。

　　广州儿童公园位于交通繁杂的市中心干道旁，园门门前所临空地较狭窄，又处于两侧较高的民房之间，环境条件欠佳。为改善进门环境，首先把大门退入道路红线，组成门外空间，以便人流集散（图4-155c）。门东紧靠民房筑售票房，中央入口采用铁栅门，以漏花墙把售票房和铁栅门连接起来。漏花额枋漆以儿童喜爱的动物图案。门西侧作弧形墙，墙上塑有漆金儿童公园园名。园门后借助古榕浓荫和宽阔的园道，使园门显得小巧而富有生气。广州儿童公园大门的设计采用不对称的小比例尺度手法和符合儿童喜爱的装饰纹样，这有助于表现该园的特性。门前两侧加强绿化，再借门内蔽天古榕，削弱了两侧多层民房之压抑感，把带有稚气的小园门置于浓荫花丛中。

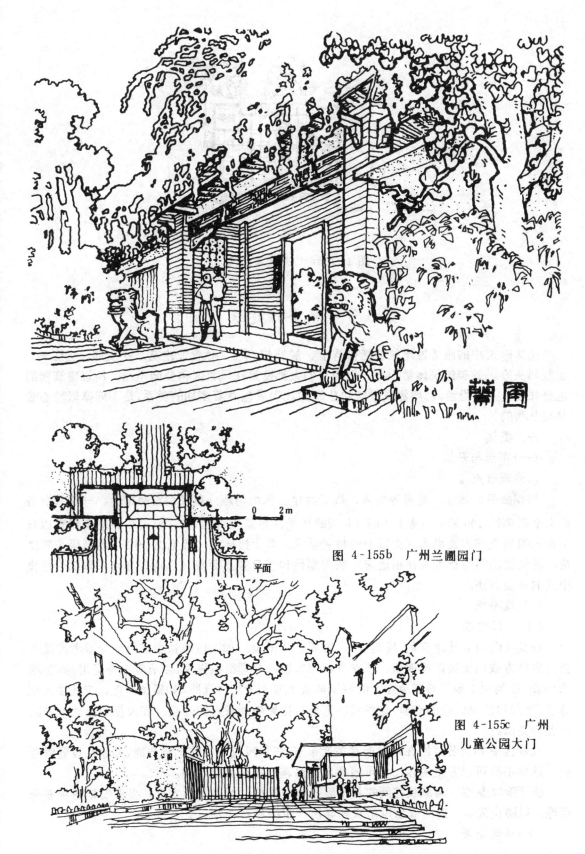

蘭圃

图 4-155b 广州兰圃园门

图 4-155c 广州
儿童公园大门

平面

0 2m

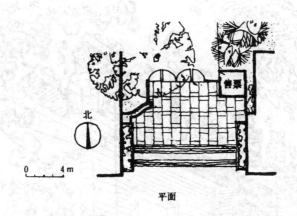

平面

图4-155d 广州儿童公园

第五节 服务性建筑

园林建筑中的服务性建筑包括接待室、展览馆(室)、饮食业建筑、小卖部、摄影部、游艇码头等。这类建筑体量不大,但因它们大都设置在风景区和公园里面,所以建筑物的选址和设计是否得当,对增添风景区和公园的优美景色有着密切的关系,是不能掉以轻心或马虎从事的。

一、概述

（一）布点与基址

1.合理布点

根据服务、休憩、观赏等要求,服务性建筑需均匀地分布在游览路线上。一般来说各点水平距离约 100 米,高差约10米(大型的风景区布点则可远些)。距离和高差要恰当以减小游人的疲乏和方便游人在游园中的种种需求。至于接待室、展览馆(室)、游艇码头等建筑,其位置还须与选址条件相适应。在大型性风景区景点距离较远时,亦可采取综合性集中式的布点方法。

2.基地考虑

（1）一般要求

在景区内服务性建筑的 基地, 土质要坚实干爽。如在坡地边缘或悬崖处要考虑是否会发生塌方或山泥倾泻等现象。要充分利用原地形合理组织排水,以节省工程费用。如受地形限制,在朝向上要尽量避免冬天的寒风吹袭或夏天的烈日直照。如属饮食业建筑还要考虑水源、电源和后勤供应的交通,这些问题都会直接影响到营业的效益。在大型的山地风景区中尤为突出。

风景区中如为名泉所在,附近宜多设茶室。在果园或有名的土特产地,亦往往设置营业点, 这样不独可以方便游客,也可增添游园兴趣和提高经济收益。

建于险峻悬崖、深渊狭谷间的各项服务性建筑要注意游客的安全,妥善安排各项安全措施,以防止失足、迷向或暴风雨吹袭等所产生的种种意外。

（2）环境质素

环境质素对游客的吸引力关系密切，布点时应尽量发挥环境质素的优越条件，仔细分析所在环境的风景资源及其性质，以表达每一景区的特有风貌。

被誉为"大自然艺术宫"的芦笛岩是该景区之主要游览点。洞内溶岩石笋象物拟人，仪态万千，潭影泉滴，若隐若现，使人如入太虚幻境。游览路线曲折起伏，顺洞内自然势态布置，以突出洞内天然景致。洞外景色则以芳莲池为中心。北靠天然屏障光明山（岩洞所在），西倚陡壁芳莲岭，东南拥有千顷良田，构成了芦笛岩田园式的风景基调（图2-55）。

（3）景色因借

风景建筑既为风景区添景，又为游客提供较佳的赏景场所。因而在建筑选址时要充分考虑风景区对风景建筑的上述要求。对可借之景如何与建筑基址配合须反复推敲，衡量利弊。同时要估计因借对象的实际景效(包括建筑和自然景色)。基址选定后，无论在建筑所处的环境或被因借的自然景色均需本着"俗则摒之，佳则收之"的原则来剪裁空间，以获较理想的景效。

当建筑朝向和视野有矛盾时，可采用遮阳、隔热和其他技术手段来满足视野的要求。建筑物如设有空调装置，更应以视野为主。

(二)建筑空间组织与环境

1.总体布置

风景区和公园内的服务性建筑大部分是分散设置，穿插在各风景点或游览区中，也有把功能不同的几幢建筑串联起来，组成若干个建筑空间。这种处理方式有利于节约用地，创造较丰富的庭园空间，同时也便于经营管理。如杭州"平湖秋月"、苏州东园茶室，武汉"水云乡"、北京紫竹园水榭、上海西郊公园"留春园"、广州华南植物园蒲江接待室、冰室、花展室等。

风景区各种服务性建筑在功能上不仅要满足游客在饮食和休息等方面的要求，同时它们往往也是园中各景区借景的焦点和赏景的较佳点。因此这些风景建筑无论在体型、体量和风格等方面都要从全园的总体布置出发，在空间组织上使之能相互协调，彼此呼应。

一些属营业性建筑的辅助用房，如厨房、堆场、杂务院等在总体布置时要注意防止对景观的损害，并要妥善解决好后勤、交通、噪音、三废等问题，不要污染风景区。这些问题在饮食业建筑中再作论述。

风景区各种服务性建筑一般分布在游览线上或离游览线不远的地方。游览线是组织风景的纽带，建筑则是纽带上的各个环节，彼此需相互衬托，互为因借。

如桂林芦笛岩景区。游览线始于光明山南麓，设有游览公路终点的停车场、餐厅和休息室等。按规划意图离停车场不远的光明山麓设登山入口，沿山坡西行经中途休息廊然后到达芦笛岩洞口。游罢出洞，经洞口建筑平台越天桥沿芳莲岭山腰小路便抵接待室。山麓临池设榭，绕池过曲桥便是莲花池东岸的冰室和休息亭，沿池再北行即回归游览路线的起点。

芦笛岩沿线各建筑或依山、或临水、或凌空、或深藏。风格统一、形态各异的建筑参差错落地分散在不同的风景画面上。相互顾盼，互为因借(图2-55)。

2.建筑空间组织要点

（1）因地制宜，反映基址特点

风景建筑设计贵在与地形、地貌作有机的结合，相辅相成，结成整体，达到人工与自然的统一。因此风景建筑的构图可视作特定地形、环境的产物。基址选定后要作详细踏勘，反复琢磨。对有价值的一草一木、一水一石都要保护好并予以充分利用。总之对基址的一切积极因素均要尽量发挥其作用。对所存在的某些消极和不利的因素，则要设法加以改造，务求达到建筑与基址的较完美结合。

桂林七星岩普陀精舍一组建筑位于普陀山北面山腰（图4-156），巧据了山岩隐蔽之处。底部利用一大群组山石，划分入山门后的过渡空间和内部较大而幽隐的封闭庭园空间。文昌亭按地势凸出山岩。从底层庭园登上楼阁，居高临下，山光水色处处入目。穿过普陀山洞，则又步入另一境界。整组建筑结合地形高低错落，平面组织曲折多变，体型、体量对比强烈，主次分明。建筑格局朴拙超脱，富有宗教建筑韵味。

小广寒位于月牙山北面山腰（图4-157），隐于凹入的月牙岩内。建筑采用水平线构图，造型精巧，酷似月牙岩的浮雕。襟江阁则立于凸出巨石之巅。在对比上用以强化垂直构图。两建筑以傍山而筑的弧形悬梯相连，宛似云霄彩带。这组建筑结合特定的地形，强化了地貌，一藏一露，一横一竖，对比运用得宜、空间构图极富动感，收到了诱导游客"探胜"的效果（图4-157）。

上述诸例不仅在建筑结合地形方面作了可贵的探索，同时在结合山水意境、历史文物等方面也较成功地塑造出个性独特的建筑形象和丰富的建筑群体空间。

（2）衬托环境，明确主从关系

风景区建筑除考虑其本身使用功能外，还要注意建筑在景区序列空间中所产生的构图作用，处理好与自然景色的主从关系。在整个风景区的建设中应明确以自然景色为主，建筑宜起点缀作用。从某种意义上讲，其存在的目的首先是衬托主景，突出主景，装点自然，然后才是个体形象的建筑处理。在风景区中出现压倒自然的建筑物，不论其自身形象处理得如何成功，从总体景效来说，终属败笔。如广州七星岩新建的一座旅游建筑，由于其体量过大，损害了毗邻岩区的景致。杭州西湖"西泠印社"原是一群小品建筑，依山而建，富有情趣。近年在山麓"西泠印社"旁新建餐馆"楼外楼"，巨大的体量对孤山轻盈的体态亦不相称。

建筑空间的处理，无论在体型选择、体量大小、色彩配置、纹样设计以至线条方向感等各方面都要与所在基址协调统一，浑成一体。如新建筑毗邻旧建筑，则须注意新旧建筑间的间距，以保持原有环境的气氛与格调。如在景区中确需兴建较大规模的建筑，则应遵循"宜小不宜大，宜散不宜聚、宜藏不宜露"等原则，切忌损害环境，压倒自然。如因某种功能需要而兴建较大规模的服务性建筑时，其基址一般应选在景区外，既可避免大体量建筑倾压自然，又可减小彼此间的干扰。

（3）有利于赏景

风景区内的建筑在起点景（添景）作用的同时，也要为游客赏景创造一定的条件。所以在设计前要详细踏勘现场，对基址布置作多方案比较，既要反复推敲建筑体型、体量，也要创造良好的视野，包括对不同景象的视距视角的分析。此外在进行建筑设计时一定要树立全局观念，不能顾此失彼，只注意创造新建筑的赏景条件，却忽略了自身对毗邻景点视线的障碍。如广州西樵山主要景区白云洞，瀑布"飞流千尺"即在这洞天胜地深处。昔日从这危石凌空、飞瀑溅响的洞天往外眺望，周围林木葱茏，视野开阔。洞内外动静对比、明暗对比异常强烈，倍添"飞流"磅礴的气势和洞天的挺拔幽深。但后来在洞口不远

图 4-156 桂林七星岩普陀精舍

1—超尘净境山门；2—普陀精舍；3—文昌亭；

4—小蓬莱；5—永泉；6—普陀岩；7—厕所

北

0   10m

底层平面   二层平面

北

0   5m

图 4-157 桂林七星公园小广寒

处修建了一座体量较大的"龙崧阁",尽管"龙崧阁"有较佳的赏景条件,可是它的存在既破坏了原洞天的视野,又堵塞了洞天的空间,也削弱了飞瀑的气势。这种顾此失彼,因小失大应引以为鉴。

（4）保持自然环境,防止损害景观

较佳的风景建筑应巧妙结合自然,因地制宜。"园基不拘方向,地势自有高低;涉门成趣,得景随形。"如能充分利用地形地物就能借景以衬托建筑和丰富建筑的室内外空间。自然地貌多种多样,"有高有凹,有曲有深,有峻而悬,有平而坦",这种多变的地形对于风景建筑总体布局和个体设计来说,不但不是一种障碍,反而是构成较佳构思的积极因素。如广州白云山的山庄客舍、双溪别墅和西樵山冰室、摄影部都属山林地庭园。它们大都依山而建,遇怪石则作景、逢古木则留荫,建筑物穿插在山石池水之间、浓荫古木之傍,高低错落,构图得体。这些建筑均能较好地结合自然地貌,保持自然环境,从而创造出较有个性的建筑群体和庭园空间。

有些人图省事,修屋筑桥,炸山填谷,爆石取材。更有甚者,把坡地铲平,把古树顽石搬掉,截川断流用作水源。这些随意毁坏自然地貌的做法不仅大煞风景,而且破坏了生态平衡,不能等闲视之。

二、类别

(一) 接 待 室

1. 贵宾接待室

规模较大的风景区或公园多设有一个或多个专用接待室,以接待贵宾或旅行团。这类接待室主要是供贵宾休息、赏景。也有兼作小卖(包括工艺品和生活用品)和小吃等营业部分。贵宾接待室的位置多结合风景区主要风景点或公园的主要活动区选址。一般要求交通方便,环境优美而宁静。即使在客观环境欠佳的情况下,也需创造一个幽静而富于变化的庭园空间。

一个贵宾接待室通常难以面面俱到,倘能在某方面巧作构思就不失为有特点而不落俗套的风景建筑。

因地制宜,天然成趣。桂林芦笛岩接待室筑于芳莲山陡坡。接待室依山而筑高低错落颇有新意(图4-158)。主体两层,局部三层。每层均设一个接待室,可以同时接待数批来宾。一、二层均有一个敞厅,专供一般游客憩息和小吃用。登接待室,纵目远眺,正前方开阔的湖山风光,两山间飞架的新颖天桥,山麓濒池的水榭,遥遥相对的洞口建筑以及四周的田园风光,诸般景色均为接待室创造了良好的赏景环境(图2-55)。

在构筑上接待室底层敞厅筑小池一方,模拟涌泉,基址岩壁则原样保留,建筑宛似根植其上。这样的处理,不独可使天然的片岩块石成为室内空间的有机组成部分,且与室外重峦叠嶂遥相呼应,深得因地制宜,景致天成的效果。惜敞厅模拟叠石的支承柱子造型过于琐碎,水池驳岸不够简洁,人工味亦嫌过浓。

桂林伏波山接待室筑于陡坡悬崖(图4-159)。它借岩成势,因岩成屋。楼分两层供贵宾休息、赏景用。建筑室内空间虽较简单,但利用山岩半壁,与入口前之悬崖陡壁相互渗透,颇富野趣。由于楼筑山腰,居高临下视野开阔。凭栏远眺绮丽漓江得以饱览无遗。

突出主题,吻合园意。广州兰圃是以兰为主题的专业性花园,它虽临闹市,但经造园者一番经营,却成为一个浮香储秀,闹处寻幽的好去处。

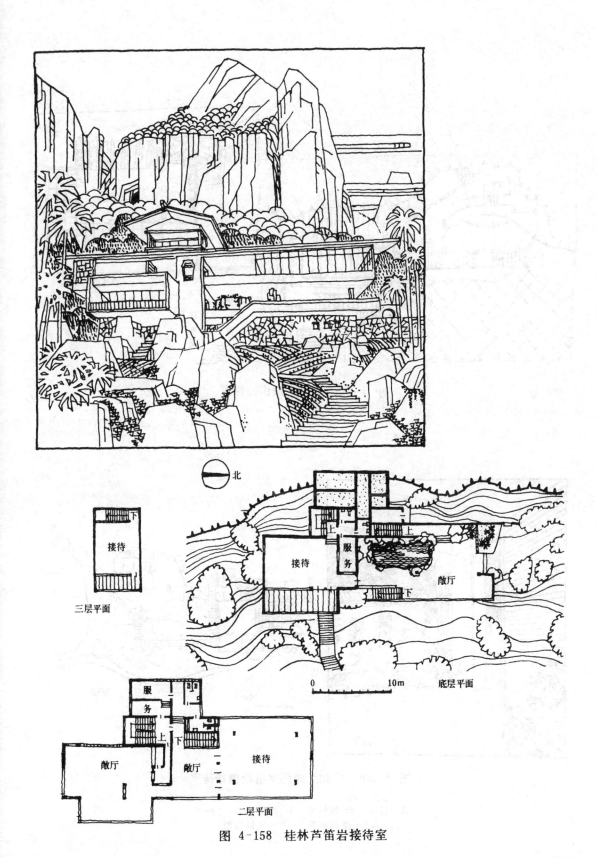

北

接待

三层平面

服务

接待

服务

上

上

敞厅

下

0   10m   底层平面

服务

上   下

敞厅   敞厅   接待

二层平面

图 4-158 桂林芦笛岩接待室

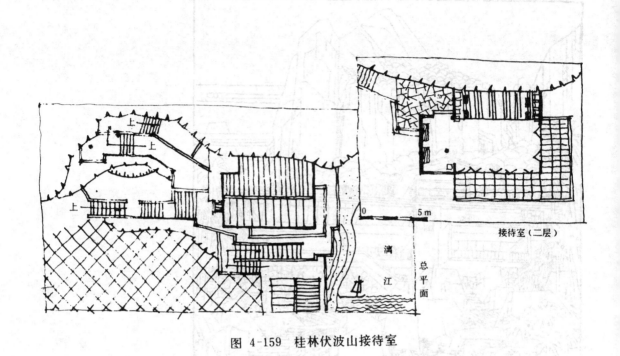

图 4-159 桂林伏波山接待室

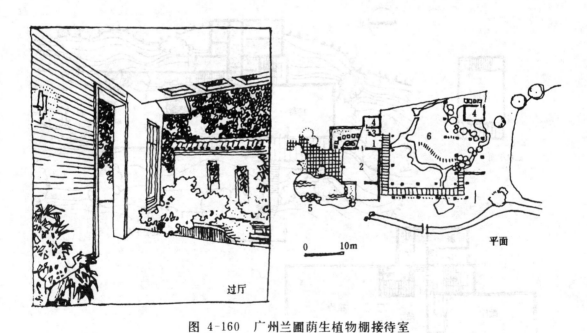

图 4-160 广州兰圃荫生植物棚接待室

1—过厅；2—接待室；3—厕所；4—管理室；
5—叠石山泉；6—荫生植物棚

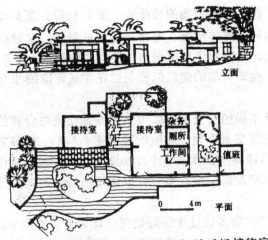

图 4-161 广州越秀公园"金印"游乐场接待室

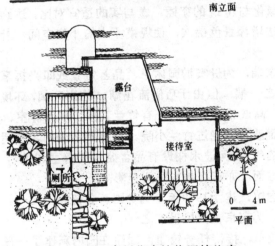

图 4-162 广州华南植物园接待室

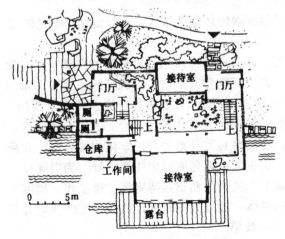

图 4-163 广州西苑"回波水榭"

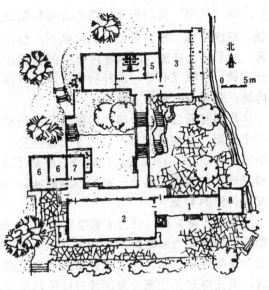

图 4-164 南京中山植物园"李时珍馆"

1—门廊；2—陈列室；3—接待室（会议室）；
4—接待室；5—服务；6—办公；7—贮藏；8—
水泵房

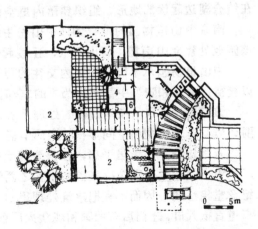

图 4-165 广州中山纪念堂贵宾接待室

1—服务；2—贵宾；3—空调；4—女厕；5—开
水；6—电话；7—男厕

由"兰圃"景门折西，跨小石板桥便是兰圃荫生植物棚的接待室（图4-160）。室前临池，侧依小溪，平台卧波，清流咽石，绿荫曲径，环境幽雅。室内巧置兰草数丛，窗前品茗，兰香沁人肺腑。建筑室内外空间虚实相映，墙垣质感对比强烈，色彩明快和谐。壁面分青砖、粉墙或石壁，形朴质雅，颇为得体。幽旷野趣的建筑风格与兰花生长环境的相互协调，是吻合兰圃的主题的。

广州越秀公园"金印"游乐场是广州和日本福冈结成友好城市后多方面交流与合作的一个侧面。在游乐场东入口旁设有接待室。这里交通方便，环境幽静（图4-161）。接待室小尺度的简洁、朴实的入口处理与规模不大的接待室在体量上十分协调。园内铺地、绿化和悬浮式的露台均具有一定的日本韵味。"金印"游乐场接待室较好地体现出日中两国人民友好合作的象征。

发挥环境素质，创造丰富空间。一般贵宾接待室多选址于良好景区、环境素质较佳处。如广州华南植物园临湖的接待室（图4-162）。室的南面虽靠近园内主要游览道，但由于为竖向花架绿壁所障，游人虽鱼贯园道也无碍室内的宁静。接待室采用敞轩水榭形式濒湖开展。此接待室不仅充分发挥其较佳的环境素质，错落安置水榭、敞厅、眺台和游艇平台，同时极力组织好室内外的建筑空间，如通过绿化与建筑的穿插，虚与实的适宜对比，达到敞而不空。又采用园内设院、湖中套池的方法增添景色层次，使规模不大的小院空间，朴实自然而富有变化。

广州西苑接待室"回波水榭"位于园西末端，为贵宾游园休息、品茗赏景或即兴挥毫的活动场所（图4-163）。此接待室虽位于园之一端，但由于巧借流花湖，视野开阔，环境十分绮丽。回波水榭外形淡雅、清新、明快。高低错落的内庭辟有竹兰石景。步入静室，东窗框景现出"越秀剪影"。凌波平台可鉴湖面波光。绕过竹兰小院，拾级到书画间，窗明几净，简朴典雅，富有挥毫诗画，文采风流的气氛。回波水榭设有品茗赏景的静室和眺台。在结合湖边起伏的地形，组织错落内庭空间方面，亦富有地方民间色彩。

南京中山植物园的前身为孙中山先生纪念馆，建于1929年，为我国著名植物园之一。该园地处紫金山南麓，背山面水，丘陵起伏，为南京主要风景点之一。

中山植物园从事国际和国内交往的历史较早，接待任务较重，因而在园内新建了一座以接待、会议和陈列中草药物为主的"李时珍馆"。

该馆设计吸取了江南园林的处理手法，采用我国传统建筑形式，较好地结合基地的周围环境。建筑体型和空间显得朴实而丰富（4-164）。

有些接待室环境虽平庸，但只要善于构思，经营得体亦可创造出较佳的内部空间。如广州中山纪念堂贵宾接待室扩建于堂之西侧。由于环境和安全所限，且接待室要和严肃的纪念堂相协调，因而不宜把建筑处理得过于开敞（图4-165）。此专用接待室从纪念堂西门有车道直抵入口，进门后有曲廊和观众大厅前座相通，同时也有通道和舞台连接，交通便捷，功能合理。小贵宾室和交通廊道以小院相隔。小院金鱼池朴素大方，绿化配置合宜。大贵宾室和廊道、卫生间组成一稍大的庭园空间。卫生间后墙竖向绿化生态良好。周围绿化、盆栽经精心的安排和管理，显得院落规整而富有生气。虽然这接待室属扩建工程，周围环境素质平庸，但由于功能组织合理，布局协调得体。通过方中求曲、活泼多变的空间处理和精心经营的绿化配置，取得了良好的空间艺术效果。

2.一般接待室

除贵宾接待室外在规模较小的风景区和城市公园一般都设有接待室，承担园林管理和接待宾客等业务。这类接待室多和工作间、行政用房等统一安排。也有兼设小卖、小吃或用餐等项内容。由于其组成部分较贵宾接待室复杂，在设计中如何统筹安排、合理组织是一个关键性的问题。

单层综合性接待室小卖、进餐等人流较多的部分，多设在入口附近。行政办公等可邻近入口，但宜偏隔以方便联系工作及减小相互干扰。厨房等辅助用房应隐蔽，另设供应入口。接待部分应安置在视野较佳、环境较安静的地方。如苏州东园茶室(图4-184)、广州兰圃接待室(图4-166)。

单层接待室系通过水平方向组织功能分区，为使各区能够获得较好的空间环境，多采用庭园设计手法，穿插大小院落，以丰富空间层次。这也有利于分区管理和保证建筑功能分区的合理性。

多层的综合接待室多采用垂直和水平综合分区的手法，往往把人流较多、交通联系要方便的组成内容置于首层。如小卖、冷饮、餐厅、厨房、仓库等。而人流较小，要求环境较宁静的则安排在楼上，如接待室及其工作间等。也有为方便来宾而在楼上设置小卖、小吃或餐厅等。如桂林芦笛岩餐厅、休息室(图4-167)、桂林芦笛岩接待室(图4-158)。

除上述两类接待室外，尚有一种接待室是附设在专业性展室范围内的，如桂林花桥展览馆、桂林桂海碑林、上海复兴公园展览温室、济南大明湖花展室等。这类展览馆(室)内一般设有专用接待室，供贵宾休息用，其中也有兼设小卖。有些园子亦有利用较高级的展室兼作接待室用。如桂林七星岩盆景园接待室、广州兰圃荫生植物棚接待室、广州文化公园品石轩接待室。这些接待室既是展览场所又是贵宾品茗憩息的好地方。

(二)展览馆(室)

1.概述

公园内展出内容一般包括历史文物、文艺、科普之类。如书画、金石、工艺、盆栽、花鸟、虫鱼、摄影和动植物等。

近二三十年来，我国公园内的展览馆由于展览内容日趋丰富，展览的规模亦日趋增大。一般展览馆多采用套间和外廊相结合的平面类型，以有利于组织庭园空间。多体量的空间组合，功能上有利于灵活使用，空间上有利于丰富层次。展览建筑除室内展出外尚可采用展廊和露天展场等各种展出方式相互结合，以扩大展出范围和丰富展出效果。桂林花桥展览馆(图4-168)、上海虹口公园艺苑(图4-169)等是利用厅、廊、墙配合水石景栽组织展览室内外空间的良好例子。

展览建筑不仅在内部功能上要符合展览要求，同时其自身也应成为展览品。不少国家或地区均以较新的造型、结构、材料和技术去表现新的构思。在展览建筑的造型中有以较巧妙的构思或较形象的手法去表达某种设计意境。也有以较新颖的建筑体型和组合去表达良好的建筑气氛和奇异多变的活动空间。

比利时的"爱菲尔"——布鲁塞尔原子塔，它是1958年世界博览会之展览馆(图4-170)。原子塔是一个原子结构的示意模型。居中的球体是"原子核"，其他八个球体代表围绕原子核的"电子"。钢结构的原子塔球径19米，底球是一个园形的接待厅，通过居中的金属管道——电梯，可登上离地面一百米的顶球。顶球有一圈固定的钢化有机玻璃窗，隔窗远眺，整个布鲁塞尔市一览无余。其余各球均内分两层，全是科技展览室。每球展出一个主题。

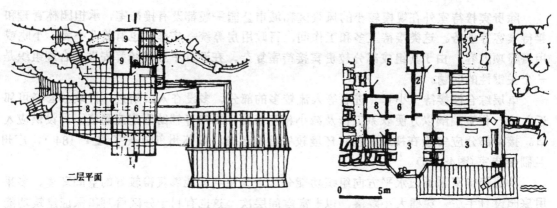

图 4-166　广州兰圃接待室

1—门厅；2—小卖；3—休息；4—露台；5—厨房；6—备餐；7—管理；8—厕所

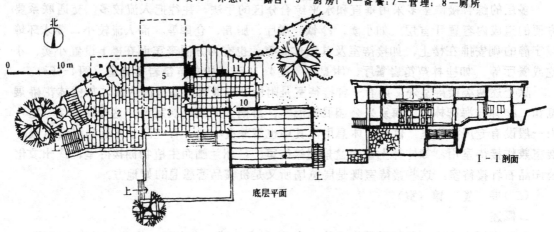

图 4-167　桂林芦笛岩餐厅、接待室

1—餐室；2—敞厅；3—廊子；4—厨房；5—贮藏；6—接待室；7—阳台；8—露台；9—服务；10—备餐；11—后院

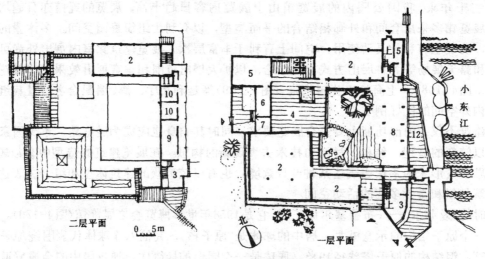

图 4-168　桂林花桥展览馆

1—门厅；2—展览；3—接待；4—休息敞厅；5—贮藏；6—服务；
7—宿舍；8—架空层；9—会议；10—办公、11—厕所；12—平台

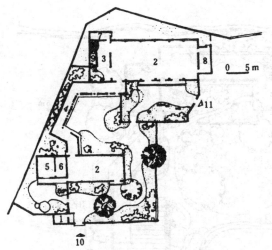

图 4-169 上海虹口公园艺苑

1—售票；2—展室；3—温室；4—展廊；5—办公、接待；6—贮藏；7—花卉工具室；8—美工室；9—水池；10—入口；11—出口

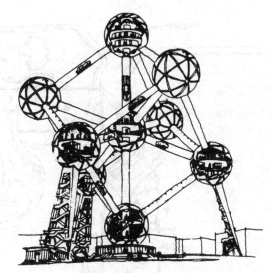

图 4-170 比利时的布鲁塞尔原子塔

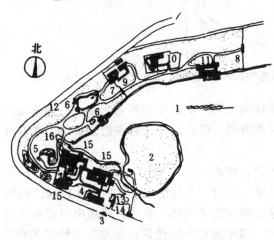

图 4-171 广州西苑总平面

1—流花湖；2—小岛；3—入口；4—旧园展区；5—峡峪清泉；6—亭、台；7—景门洞；8—望门；4—浓荫馆；10—盆趣馆；11—迴波水榭（接待室）；12—西村公路；13—假山石洞；14—花田；15—展览室；16—曲溪

展出内容包括天文、气象、地理、人造卫星、原子结构等科普资料。球间的联系为金属管，既是结构部件也是展览馆交通的纽带，或是电梯，或是自动扶梯和钢质楼梯。金属管道有玻璃窗孔，人在管内运行时，上可望蓝天白云，下可瞰绿丛草坪。一个个熠熠闪光的巨形金属球从眼前掠过，颇有遨游太空，腾云驾雾的感受。原子塔展览馆构思巧妙，内外空间独特，含意深刻，其处理手法足供参考。

城市公园中的展览建筑，一般规模较小，同时又要与园内各建筑协调，多采用园林建筑手法进行设计。

有些公园的展览建筑群落，如广州文化公园。在建筑平面和立面造型上结合专业展出的特性和功能，塑造出变化较多的体型空间，宛如博览会的小缩影。在展览建筑林立的公园里，建筑各具特色，这会加强公园建筑对比的活跃气氛，但要注意其总体间之相互协调。反之在建筑群体间的建筑基调对比较弱时，在总体布局上则要加强建筑环境的处理，运用造园手段以增强建筑空间的对比。如广州"盆景之家"西苑，属中等规模的专业性花园（图 4-171），园址濒临流花湖，湖宽岸坦，树老荫浓，环境优雅。但西苑建筑地段并不宽阔。造园者根据该公园主题，细心雕琢环境与地形的特点，沿湖错落布置了建筑群，巧妙地安排了游览路线。展览空间则结合园林布局手法，由建筑、墙垣、山石、花木组成各类小型的庭园，为静观近赏，细

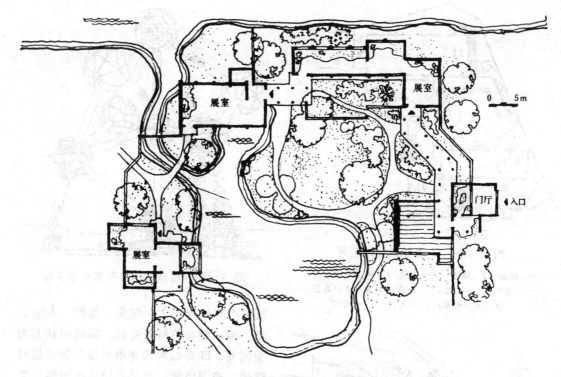

图 4-172　上海植物园水石盆景廊

品盆趣创造了清幽宁静的空间环境。这种着重环境处理，突出空间的对比手法，西苑是比较成功的。它不独简易可行，较为经济，同时在障景、借景、补景各种造园手法上亦有所发展。

上海植物园水石盆景廊由四栋前后错落的建筑组成（图4-172），为防止过于旷野，利用虚廊，院墙形成一个较大的三合院，这样既便于管理，又能组成一个内聚性较强的内庭空间。该园通过引水入园，更进一步增强了建筑群体的聚向性。自由式的堤岸和弯曲的园道与规则的建筑群形成了较强烈的对比。这种"直中求曲"的建筑构图是我国传统的造园手法之一，为今天新的庭园设计所采用。此盆景园室内庭园空间处理较细致，盆景的展出亦较突出，但生活气息较弱，内庭虽经虚廊、墙垣围蔽，但由于缺少一些焦点处理，不免有过于旷野的单调感。

2. 分类

公园的展览馆（室），按其使用特点，一般可分为专展室与轮展室两类。

（1）专展室

专展室以展出专题性展品为主。此类展览室展品展出的时间较长，故对展品要有良好的保护措施。除需通风、防潮和防日晒等一般措施外，尚需根据不同的地区，不同的展品内容采取不同的相应措施。如金鱼展廊则需考虑金鱼对水温、环境、水质和氧气等方面的要求。有些作物不宜阳光过多，其生长条件以阴湿为主。如广州植物园和广州兰圃设有荫生植物棚。某些花卉在生态上要有一定的日照与温湿度。有些专展室还需设置专门温室。如广州西苑温室（图4-173）、华南植物园展览温室（图4-176）和上海复兴公园展览温室（图

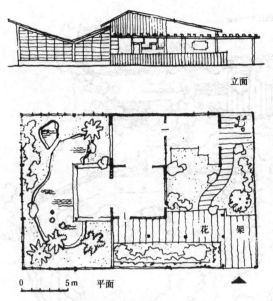

图 4-173 广州西苑温室

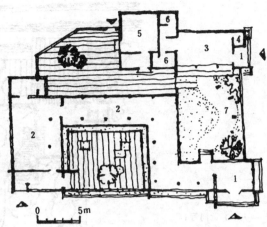

图 4-174 上海复兴公园展览温室

1—门厅；2—展览、温室；3—接待休息；4—
管理；5—工具室；6—厕所；7—花架

4-174)等。不少作物不时要露水湿润，故除
室内展场外还需添设露天展场，以便展品能
经常调换不同性质的场地，满足其生态要
求。

广东湛江花圃花房，平面布局力求争取
较多的受阳面，以利肉质植物的生长。温室
和花廊的顶部和下部采用固定的玻璃窗，上
部则采用活动的玻璃百叶窗。在使用上采光
和迎风调节方便。半开敞的花廊把温室和接
待厅联成整体，造型轻巧。室外沙地植有仙
人掌和剑麻，亦有助于增添南国风光（图4-
175）。

广州华南植物园展览温室位于园内蒲岗
风景区之东，地势平缓。建筑由门厅，两个

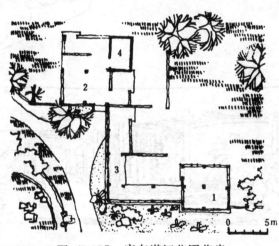

图 4-175 广东湛江花圃花房

1—温室；2—接待；3—花廊；4—管理

温室和休息室组成，属游览观赏型温室（图4-176）。门厅以露天浅水池作对景。连接甲号玻
璃房的曲廊分割开庭园，内侧种植较大肉质植物，外侧是宽阔平坦的草坪。甲号温室热带
植物成林，生长密茂，步入其中，几尺外只可闻声不辨人影。2号温室遍地砂砾，行人环
丘盘曲而过，砂丘种植各类珍球奇掌，使人宛若置身于沙漠之中。整组建筑空间朴实自然，
富于变化，室内外绿化有机配合，联成一体。整座温室参观路线明确，有起伏，有高潮。
可静观，亦可动赏。

总之专展室如不能符合展品的保护或展品的生态要求，则不论展馆的造型和空间处理
如何巧妙都是没有意义的。展品忌罗列与堆砌，而烘托展品的环境与背景要注意主从关系。
过于追求建筑空间的变化或过于渲染展品之背景亦易冲淡展览之主题。

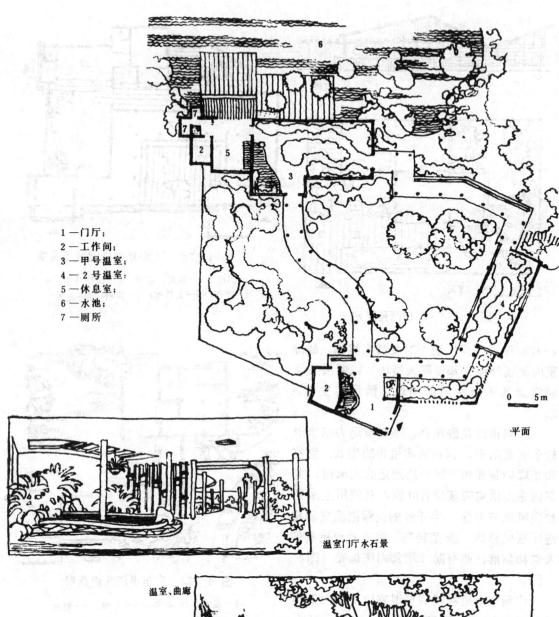

1—门厅；
2—工作间；
3—甲号温室；
4—2号温室；
5—休息室；
6—水池；
7—厕所

0   5m

平面

温室门厅水石景

温室、曲廊

图 4-176　广州华南植物园展览温室

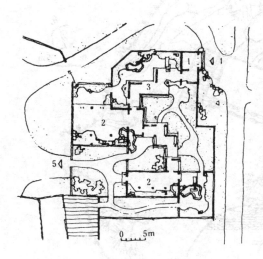

图 4-177 上海植物园小盆景展览室

1—门厅；2—展室；3—展廊；4—入口；5—出口

桂林七星岩公园盆景园（图2-55），建筑体型和庭园空间在组合上是协调的，但有些空间变化和墙饰类型较多，削弱了展品主题。

展览馆要提高展览的艺术效果，须深入了解各类展品的特性和展出的特点。如盆景是一项缩龙成寸富有生机的展品，因而既要有较好通风采光和便于栽培保养的设置，建筑空间与展品背景也宜朴素、清雅，使之易与盆景的自然情趣相协调。盆景配置有高低起伏，不独可以添增空间的变化，在观赏时亦便于随意仰观俯视。千姿百态的盆景宜配以不同类型的盆钵几架，以烘托小型盆景的特有韵味和组成各种不同的画面。

对于有生态要求的展品，如上所述应采取相应的措施。一般专展馆都具有接待的任务，因而建筑的室内外空间要求淡雅而丰富。如上

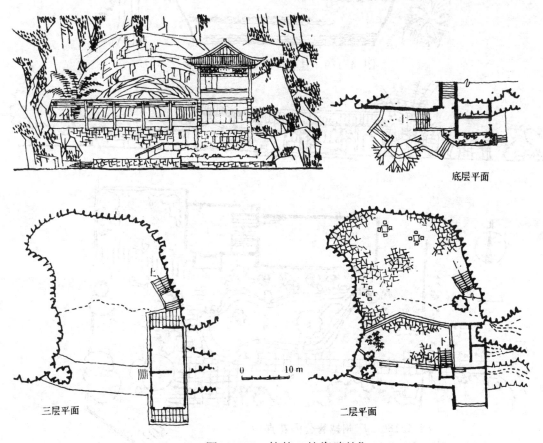

底层平面

三层平面

二层平面

图 4-178 桂林"桂海碑林"

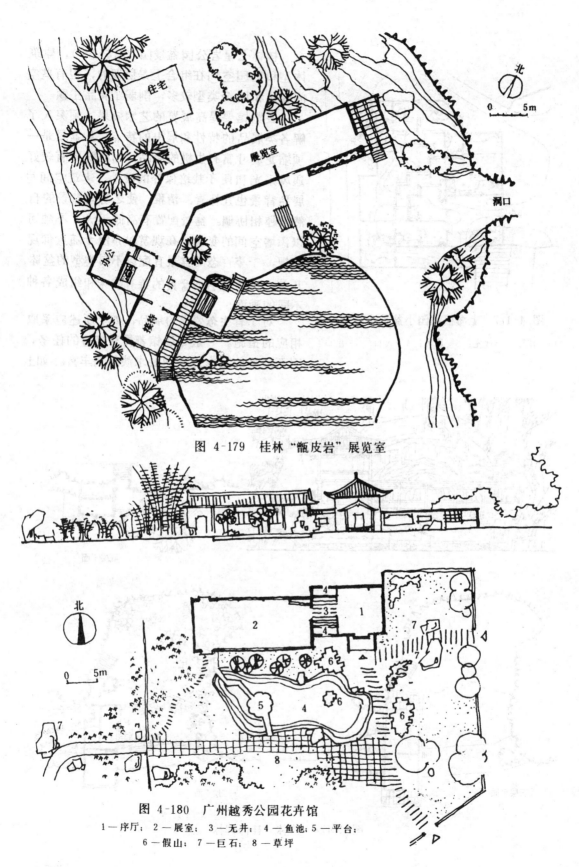

图 4-179 桂林"甑皮岩"展览室

图 4-180 广州越秀公园花卉馆

1—序厅；2—展室；3—天井；4—鱼池；5—平台；
6—假山；7—巨石；8—草坪

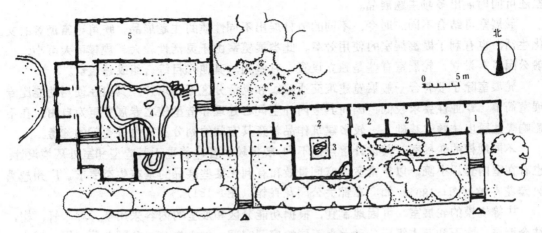

图 4-181　广东韶关公园花卉馆
1—序厅；2—展室；3—天井；4—鱼池；5—阅览室

海植物园小盆景展览室(图4-177)、南京中山植物园李时珍馆（图4-164），广州西苑温室（图4-173)等。但要注意主从关系，在建筑空间处理方面一定要以有利于展品之保护和突出展品为主。

对于某些非生态性的展品，例如，展出的对象是珍贵的历史文物如遗址和题刻等。则需采取措施保护展品，免遭受自然和人为的破坏。桂林七星公园的"桂海碑林"（图4-178)，位于月牙山西麓，洞与岩一带有许多古代具有历史价值的碑刻题铭。为了保护碑刻并展出桂林各山岩有名碑刻拓片，修建了藏碑阁及休息廊，主楼靠岩洞一边设置，以免堵塞洞口遮挡光线而影响阅读碑文．休息廊沿洞口前高台边缘布置．可眺望外景，同时把岩洞围合成一个半封闭的内庭空间。

甑皮岩展览室位于桂林南郊独山，甑皮岩是距今一万年前的一处原始母系社会人类居住与墓葬洞穴的遗址，有大量人、兽遗骸及原始工具、器物等珍贵出土文物，是研究原始社会的宝贵实物资料，为了保护遗址和

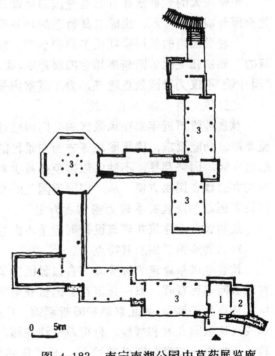

图 4-182　南宁南湖公园中草药展览廊
1—门厅；2—管理；3—展览
廊、亭；4—展览室

展出这些文物,因而结合洞口、池塘、山坡等自然环境建成专展室。入口门厅及接待室做成长短不等坡的坡顶，收尾山墙借鉴民居的山墙形式，使整个建筑寓有地方特点（图4-179)。

(2) 轮展室

轮展馆（室）展出的特点是展览的主题不固定，展品主题经常更换。有些较大的轮展

室还可同时展出多项主题展品。

轮展室可结合不同的时令、不同的节日展出不同性质的主题展品。既可丰富游客的文化生活，也有利于提高展室的使用效率。此类展览室由于灵活性较大，规模可大可小，一般公园多有设立。轮展室有些是独立设置，有些则与其他项目综合组成建筑群。

轮展室除了要符合一般展览建筑交通路线和灵活分区等要求外，其内在使用功能比专展室简单，专业性要求较低。因而其室内外空间之处理和造型较之专展室更为自由。在不影响表达展出主题的基础上，较多建筑作品着意其空间的划分和室内外空间的渗透。

不同规模的轮展室，其设计重点也不同，规模较小者，着重于其造型和室外环境设计；也有在室内套以小院，以丰富室内空间景效和有利于某些展品的基本生态要求。广州越秀公园花卉馆（图4-180）。如广东韶关公园花卉馆（图4-181）。

中等规模的轮展室，可因地制宜，根据功能分区和展室的内容采用亭、廊、轩、榭，结合墙垣、水石和花木组成各种大小不同的庭园空间。如上海虹口公园艺苑（图4-169），桂林花桥展览馆（图4-168）、上海植物园水石盆景展览室（图4-172）、南宁南湖公园中草药展览廊（图4-182）等。

规模较大的轮展室亦有结合全园的功能分区，运用障景、借景、造景等各种造园手法，把全园分成若干景区，组成各具特色的序列空间。

一般公园内的轮展室规模多属中小型，较大规模的轮展室为节约用地亦有采用多层建筑的。如广州文化公园新展馆为四层建筑，底层作园林茶厅——"园中院"，楼上作展览室，"园中院"不仅为公园景色增添活力，其室内景园设计亦颇有新意。

（三）饮　食　业　建　筑

饮食业建筑近年来在风景区和公园内已逐渐成为一项重要设施，该项服务性建筑在人流集散、功能要求、建筑形象等方面对景区的影响较其他类型建筑为大。如能深入调查，结合实际，因势利导，不独可以避免或减少对景区所产生的种种弊端，且可为园景添色，为游客的饮宴提供方便。从"以园养园"的角度看，它也是一项重要的经济收益。本项目讨论范围以与景区关系较为密切者为主。

兹将饮食业建筑在建筑设计时应予考虑的问题分述如下。

1. 饮食业的类别及其特点

饮食业风景建筑名称繁多，有以景区、景点命名。如桂林七星岩月牙楼、驼峰茶室。有以公园名称直呼，如广州流花公园流花茶室，杭州花港观鱼茶室。有以其所在环境、气氛之特点另设雅号。如北京颐和园听鹂馆，广州越秀公园听雨轩，武汉东湖公园听涛酒家、西安兴庆公园花萼相辉楼、杜甫草堂浣花园、杭州玉泉观鱼鱼乐国等。有以馆子菜谱特点称号，如南宁南湖公园鱼餐馆等。至于店名和其营业内容，从其实质而言也有不尽确切之处。一般称为馆、轩、餐厅、楼等者多属餐馆性质。称茶室、茶圃者，其营业性质多样、有属中小型餐室，有属小吃或茶座（音乐茶座或普通茶座）等。冰室则多是名符其实。为了方便游客和合理经营，其中不少冰室冬季改营小吃或茶室。

饮食业建筑由于类型不同，一般在使用特点、人流集中状态、周转率高低、布点要求及其辅助用房之设置和规模等各个方面有相当大的差别（表4-1）。

2. 位置经营

为方便游客，应配合游览路线布置饮食业服务点。在一般公园里，饮食业建筑（特别

分　类		使用特点	人流状态	高峰时间	周转率	布　　点	辅助用房
餐馆(室)		进　餐	集　中	十一时至十五时	低	活动中心区或景区中心	厨房、库房、杂务院
茶室	餐室	进　餐	集　中	十一时至十五时	低	活动中心区或景区中心	厨房、库房、杂务院
	小吃	点心、品茗	较集中	正午下午	中	活动中心区或景区中心	煮茶间、洗涤间、小库房
	音乐茶座	欣赏音乐品茗、点心	较分散	风景区：白天市区公园：白天、晚上	低	景区中心	煮茶间、洗涤间、小库房
	普通茶座	品茗、点心休息	较分散	风景区：白天市区公园：白天、晚上	低	景区中心	煮茶间、洗涤间、小库房
	茶水亭	解渴、休息	分　散	白　天	高	分　散	
冰室		夏天：冰饮	较分散	白　天	中	景区中心	制冰间
		冬天：品茗、点心小吃		白　天	中		库　房杂务院

是餐馆) 应与各景区保持适当距离，避免抢景、压景而又能便于交通联系。建筑位置经营适当尚能达到组织风景的作用。如桂林七星岩公园月牙楼 (图 4-194)，楼址适当普陀、骆驼、辅星、月牙诸峰腹地，是游人的主要活动区。月牙楼在点景作用上为第一景区的主要风景控制点，也是全园风景构图的中心。

在中等规模的公园里，本项建筑亦宜布置在人流活动较集中的地方。建筑地段一般要交通方便、地势开阔，以适应客流处于高峰期的需要，也有利于管理和供应。为吸引更多的游客，基址所在的环境应考虑在观景与点景方面的作用。如南京玄武湖白苑、天津水上公园茶室、武汉东湖公园水云乡等均属较好的例子。有些饮食业建筑为取得幽静的环境，将建筑物略偏离主园道。如广州越秀公园听雨轩、广州烈士陵园茶圃、广州文化公园茶圃等。

在风景区或大规模的公园里，一般采取分区设点。如广州白云山风景区，麓湖的鹿鸣酒家，能仁寺茶室。山顶公园的一峰饭店和云岩茶座。双溪别墅茶座、山庄客舍餐厅。山腰"松涛别院"茶座。山麓明珠楼松风轩饭店、和凌香馆茶室、冰室等 (图4-183)。

在规模较大的风景区为方便远道而来的游客亦有设置规模较大、设备较完善的生活服务点，以供游客食宿。在各景区则分设一些饮食点、茶室、冰室等。在总体布局上形成一个完整的服务网。

这样结合游览线布置饮食服务点，还可使富有动态的饮食服务区和园中其他宁静的游览区交替出现，使园林空间序列富有节奏。

在位置经营方面要注意下列两种不良倾向。一是设施不宜过于集中，二是选址不宜过于偏僻。

苏州东园茶室是苏州新建公园内的服务点。茶室建筑群包括茶室、小卖部、接待室、亭廊和水灶间等辅助用房。该建筑在平面布局、内庭空间处理和立面造型、建筑色调等方

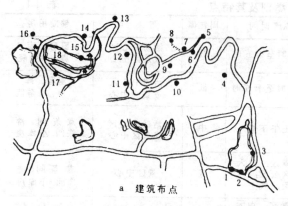

a 建筑布点

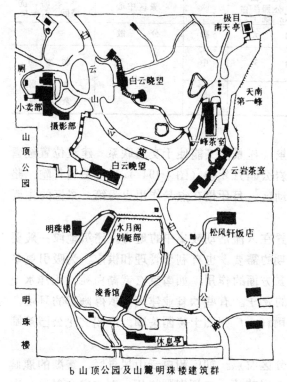

b 山顶公园及山麓明珠楼建筑群

图 4-183 广州白云山风景区风景建筑布点

1—鹿鸣酒家；2—游艇码头；3—小卖、休息亭；4—能仁寺茶室；5—云岩茶室，6——峰茶室；7—天南第一峰；8—极目南天亭；9—白云晚望；10—小卖、摄影；11—双溪别墅；12—山庄客舍；13—白云松涛；14—松涛别院；15—凌香馆（冰室）；16—松风轩饭店；17—明珠楼；18—水月阁划艇部

面是经一番深入构思，颇富地方色彩（图4-184）。不过根据该公园的规模和环境，在基址的选择、规模和体量等方面似有商榷之处。东园位于城之东北角，濒临外城河。河西为园之主体，地势平缓。河东是一片郁郁葱葱的山林。城河蜿蜒穿越园地，自然环境优美。可是园东面积不大，目前园内设施较少。除大门外只有"明轩"和茶室。茶室基址选在入门向东拐的毗邻地段，并把各种用房组合一起。目下园内欠缺其他活动的设施，因而茶室建筑群显得庞大而孤单。如果把现在茶室的设施适当分成若干小组，配以亭榭廊台，分设在园内各段。这样既可减小大群组建筑过分集中，体量过大的缺点。同时亦可把游人引导到公园其他景区。在公园投资不大的情况下，采取适当分散措施更为必要。现在东园东西两部分以公路桥相联，河东只有绿化而缺乏建筑和小品装点，恰似园外空间。在这规模较小的东园里，由于服务点位置经营过于集中，园林空间更显得小中见小。

有些规模较大的公园，结合环境适当组织建筑群是可行的，在管理上亦称方便。园内建筑与空间有大有小，富有变化。如武汉东湖公园水云乡，上海西郊公园留春园等建筑群。

水云乡兴建在武汉东湖西部游览区，是二十世纪七十年代早期的作品（图4-185）。西濒宽阔的莲花湖，东西利用湖面辟作游泳池。这里环境优美，建筑群包括冷饮部、茶厅、制冰间、摄影站、水榭及游泳更衣室等，占地3500平方米，建筑面积达1200平方米。在布局上建筑群体因地制宜，依势而筑，利用空廊、花架、墙垣和绿化与几栋建筑组成各种大小不同、功能各异的庭园空间。园内植树栽花、挖池叠石、砌台铺路，高低错落，纵横穿插，富有空间层次。

主体建筑冷饮部采用大桃廊，既满足了观景要求，又方便高峰人流时可扩大容客量，在遮阳方面亦有一定作用。

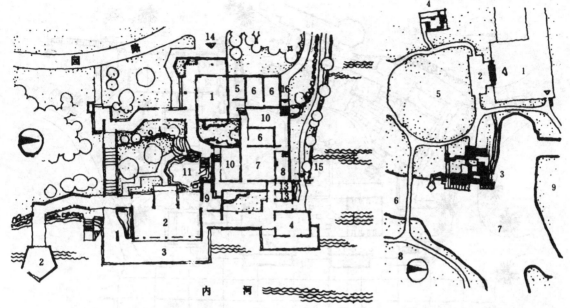

图 4-184a 苏州东园茶室

1—小卖；2—茶室；3—露天茶座；4—接待；5—
值班；6—贮藏；7—水灶间；8—烧火；9—工
作间；10—内院；11—水池；12—露台；13—
厕所；14—入口；15—接待室入口；16—服务入口

图 4-184b 苏州东园茶室总平面

1—广场；2—东园大门；3—茶室；
4—明轩；5—桃园；6—桥；7—内河；
8—山林；9—动物园

水云乡虽是一组占地较多、规模较大的建筑群,但它修筑在规模较大的水上公园内,面临宽广水域,因而其功能、布局、比例还是适当的。天然游泳池和这群组建筑是不可分割的整体, 二者形成了东湖公园重要的活动中心区。

有的饮食业建筑为取得幽静的景效,建筑基址稍偏一隅,以减小公共活动地段对建筑的干扰及便于饮食业建筑辅助部分的处理。但要注意偏倚要适度,否则在使用中会影响营业。

上海西郊公园一新建餐厅位于原餐厅附近 (图4-186),新餐厅的室内外处理、建筑质量和环境均较原餐厅为优,管理人员也较多,但新餐厅的营业额却远较原餐室为低。原因固然与布点过于集中有关,但新餐厅选址不当,位置过偏,对之亦有重大影响。

3.建筑与客流量

饮食业建筑客流量的变化因素不独与公园规模、设施等有关,即在同一城市,因季节、假日和园外服务网之不同, 对之也会产生极大的差异。于旅游旺季或公休假日,游客众多,不但座无虚席,即座位四周、走廊、平台往往亦挤满候餐的人群,客流量呈过饱和状态。反之于淡季,座上宾客则又寥寥无几。处理变化幅度大的客流量,如以高限计算,建筑面积和管理人员的利用率势必会形成浪费。如只取其平均值,于客流高峰期则又供不应求,群众不方便,营业额也受影响。

在建筑处理上如何解决客流量的变化,一般有下列几种方式。

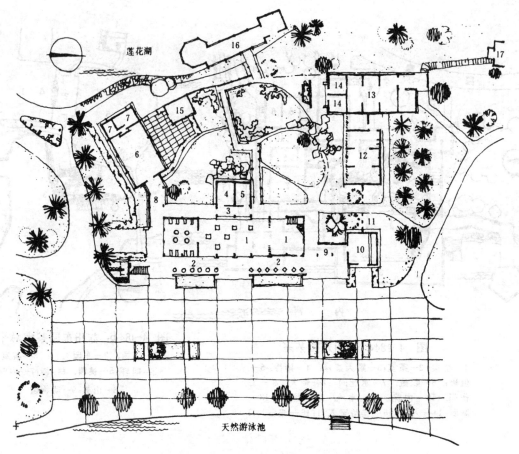

图 4-185　武汉东湖公园水云乡

1—冰室；2—冰室散座；3—小卖；4—制作室；5—管理；6—制冰间；7—小冷库；8—花架廊；9—联系廊；10—摄影部；11—洞口；12—男更衣；13—女更衣；14—宿舍；15—开水房；16—水榭；17—厕所

　　多种经营。在出现客流量高峰时，采取多种经营方式，如小卖、外卖、快餐等，可以解决部分游客的需要。在建筑设计时这些问题应预先加以考虑。

　　分区布置。建筑布局应按不同服务对象与服务特点，将营业用地分区处理。人流较多的一般服务点宜设于底层或靠近入口处，以求交通线短，进出快捷。单间雅座则设于楼上或底层一隅，以减小彼此间的干扰，获取幽静的环境。较高级的营业小厅还可专设小院。这样的分区布置不独在使用上可各得其所，也有利于分区管理，创造出较幽雅的建筑空间。如广州白云山鹿鸣酒家，大众厅位于底层，一侧面向溪涧水石景内庭，另一侧濒临宽阔的麓湖（图4-187），二楼设有中等规模的营业厅和较高级的雅座。彼此间以光棚小院相隔，并以水石盆景，垂吊兰芷点缀空间（图4-188）。

　　内外结合。采取基本营业厅与敞厅、外廊的散座区相结合的方式是解决客流量变化幅度大的有效措施。如有条件的亦可通过庭园空间组成露天的营业区。营业厅容量可按日常平均游客数量来计算。当旅游旺季客量增多时，则开放敞厅、廊座和庭园露天散座，以满

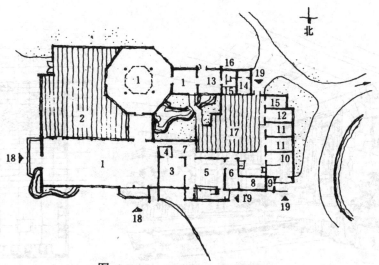

图 4-186 上海西郊公园新食堂

1—餐厅；2—露天餐厅；3—配餐；4—冷食；5—副食；6—配菜；7—洗涤；8—冷冻；9—机房；10—锅炉；11—仓库

12—财务；13—休息室；14—男更衣；15—女更衣；16—厕所；17—内院；18—餐厅入口；19—内部入口

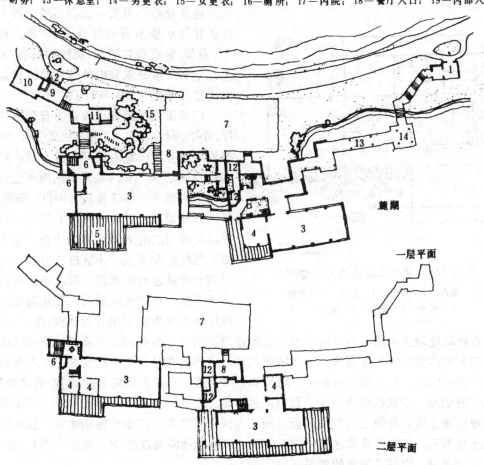

图 4-187 广州白云山鹿鸣酒家（平面）

1—贵宾入口；2—入口；3—餐厅；4—小餐厅；5—敞厅；6—小卖（收款）；7—厨房；8—备餐；9—小卖；10—贮

藏；11—办公；12—厕所；13—游廊；14—亭；15—内庭

图 4-188 广州白云山鹿鸣酒家二层光棚小院

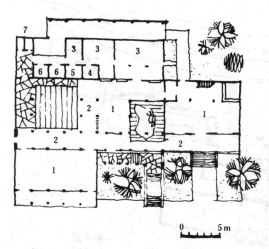

图 4-189 武汉东湖公园人民餐厅
1—餐厅；2—廊座；3—厨房；4—冷库；
5—贮藏；6—宿舍；7—厕所

足客流量高峰的需要。武汉东湖公园人民餐厅扩建部分基本营业厅仅有150座，利用敞厅、花架、廊道布置散座，高峰时可容700座以上。这餐厅就是采取内外结合的方式以适应客流量的变化（图4-189）。

广州流花公园新近改建的音乐茶座由大厅、小厅、廊座和露天散座等组成（图4-190）。茶座通透开敞，室内外可打成一片，给人以明快清新之感。室内品茗，四周景色宜入。茶座旁的地坪在客流量较大时也可增加座位，扩大营业面积。这种内外结合的方式对于夏季时间较长的南方地区尤为适合。北方地区由于气候条件不同，不宜过于开敞。北京紫竹院公园新建的临水建筑群，不少用房由于过于开敞，冬季北风凛冽，使用困难。底层敞厅现正改为较封闭的活动室（图4-93）。

在建筑处理上采用室内外结合的方式除使用灵活外，亦有利于丰富建筑空间层次，促进建筑与庭园空间的相互渗透，添增园林气氛。广州越秀公园新改建的金印青少年游乐场茶室（图4-191），营业部分由前厅、廊座和后厅组成。前厅面临规整的水池、草坪和花圃，环境宁静幽雅。中庭以绿地为主，添以多边水池、正梯、小品等，富有动感。后厅筑有山池，壁山饰土墙，并使之分割和围合空间，形成山野之趣。广东西樵山冰室（图4-226），杭州玉泉茶室、广州百花园冰室（图4-192）、华南植物园蒲江冰室、茶室（图4-193）等均运用上述手法，取得了明显的效果。

4.隐蔽辅助部分

饮食业建筑特别是餐馆，它的厨房、仓库、锅炉、烟囱等辅助部分用房和构筑物，庞

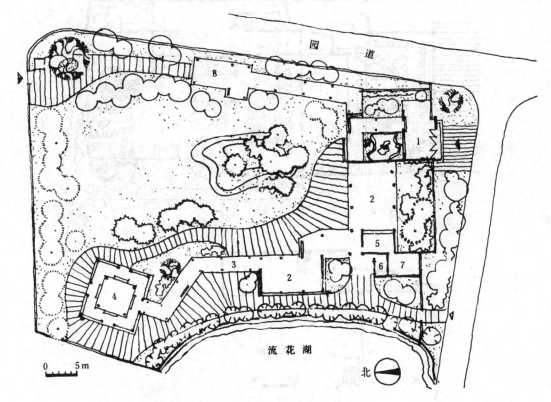

图 4-190　广州流花公园音乐茶座

1—门厅；2—茶厅；3—廊式茶座；4—亭；
5—小卖；6—茶水；7—贮存；8—花架荫棚

大而杂乱，一般较难与园林风景相协调，极易破坏景区。近年来这类问题由于处理不当，
矛盾十分尖锐。

要解决好这项功能和建筑形象间的矛盾，主要是充分利用自然环境的特点，因地制宜，
合理进行功能分区，并采取绿化和其他的建筑手段，以突出风景建筑的主体，隐蔽辅助部
分。

不同的地理环境，隐蔽辅助部分的方式各异。

（1）山地建筑

建于山麓的餐馆，其辅助部分宜设于靠山一侧或视野死角，务求隐蔽。以利于生产加
工，后勤供应、交通运输、对外联系和"三废"处理。

桂林七星岩月牙楼。两层厨房隐退在岩洞边，弧形"眉月轩"把主体建筑和山岩联成
整体，突出了三层主楼。这样"眉月轩"既掩饰了厨房，又掩饰了用作冷藏库、仓库和堆
场等的岩洞。此外，"眉月轩"茶座和岩洞又围合成具有山岩特色的露天茶座——"桂庭"（图
4-194）。

设于山腰规模不大的茶座、小吃、冰室等。一般使用功能较简单，辅助面积较小。往
往由于地势狭窄，故多利用底层或洞穴作辅助部分，楼上挑出回廊，有利于游客赏景，加

295

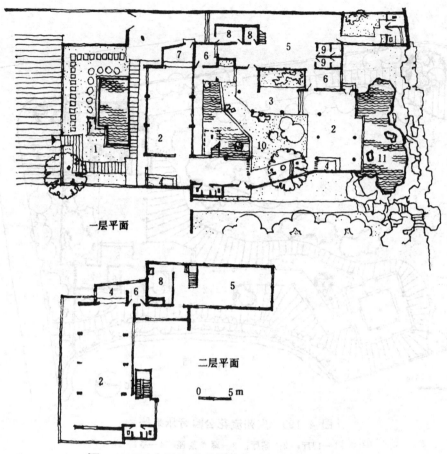

图 4-191　广州越秀公园金印青少年游乐场茶室

1—前庭；2—茶厅；3—廊座；4—小卖（收款）；5—厨房；
6—备餐；7—办公；8—仓库；9—更衣；10—中庭；11—后庭

强建筑悬岩气氛又可隐蔽辅助部分。采用这种"下望上是楼，山半疑为平屋"的半山楼形式者甚多，如柳州鱼峰山茶室、桂林伏波楼、广州白云山一峰茶室和"云岩"茶室等。

在风景区的点景布置中，有些将风景性较强的建筑设于山巅，以利于观景和点景。如武夷山天游观茶室筑在天游峰上，为了减少运输的压力，这茶室只设小卖和茶座休息厅（图4-195）。武夷山隐屏峰茶轩规模更小，只设茶座休息敞厅。

（2）临水建筑

临水建筑形式多样，有傍水、跨水、四周濒水等。此类建筑多以水榭敞轩形式半支于沧浪中，半筑在驳岸上。主体建筑临水、取其便于赏景，辅助部分设于岸上，则取其易与绿篱、墙垣等障景相配，更有利于排污。如广州麓湖鹿鸣酒家，苏州东园茶室和天津水上公园茶室等。

如水面不大，一带湾流，也可考虑结合环境，把茶室、冰室等小体量的建筑驾于濛濛之上，紧贴浮萍。这类跨水建筑，其辅助部分宜设岸际，以免污染水面。

汕头中山公园湖心餐厅、广州泮溪酒家荔湖舫（图4-107）和广州流花公园酒舫等属四周环水的建筑。这类湖心建筑如把全部设施均架于湖上，其加工、排污及其不雅的辅助

296

部分极难处理。若加工点设于岸际，多会有碍观瞻，若远离岸边则供应线过长。故一般湖心饮食业建筑，宜作规模较小，辅助设施较简单的茶室、冰室。若辅助用房也设湖上，多以外廊掩饰，但一定要妥善解决排污。如汕头中山公园湖心餐厅、广州白云山凌香馆（图4-202）。

（3）平地建筑

建于平地的饮食业建筑为便于隐蔽其辅助部分，应尽量倚角处理，主体面向景区，把辅助部分障于主体之后。如广州烈士陵园茶圃、广州文化公园茶圃（图4-206）。

设于园中心地段的饮食业建筑，辅助部分难于利用视野死角掩蔽。一般利用院墙和辅助部分用房组成杂务院，再加以绿化作障景。如广州植物园蒲江冰室（图4-193）、上海西郊公园新食堂（图4-186）、广东海珠市海滨公园餐厅（图4-196）。

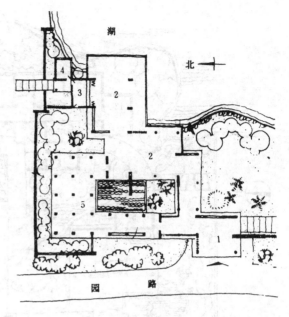

图 4-192　广州百花园冰室

1—门厅；2—茶厅；3—小卖；4—贮存；5—花架廊

辅助设施除了考虑其对内部庭园空间的影响外，对外部空间和环境的影响亦属重要。如广州鹿鸣酒家，厨房等辅助用房设于两栋餐馆之间紧靠路旁，厨房的煤堆场直接污染了麓湖风景道。广州泮溪酒家小岛餐厅，厨房虽设于小岛建筑之隅，避开了宾客的视线，但小岛本身却是荔湾景区的一个景点，因而如何从全局着眼，瞻前顾后地解决这类问题是非常重要的。譬如必要时需借助于绿化手段等。

在城市或园林风景区，对一些构筑物或辅助性建筑要求有一定的艺术形象以满足景观要求时，可把这类单功能的构筑物附以新的内容，从而使建筑形象换上新装，如科威特的水塔从原来单功能的水塔改变为兼作游览用的餐厅、眺望台。有些构筑物则在其造型上下功夫，如北京大学未名湖畔的水塔采用中国木塔的形式，广州中山温泉宾馆水塔等辅助用房集中在一多层的点式建筑中，盖上琉璃瓦，以达到能与周围环境及建筑群体相协调的目的。

5.处理"三废"，保护环境

规模较大的饮食业，每天排出大量废渣、废气和废水，尤以后者为严重。目前风景区大多无区域性排水系统，如把污水直接排入园区水系，就会容易形成污染。轻则水质变异，降低水域素质，重则危及景区游人和景区周围群众的健康。如广州泮溪酒家主要的废水排放虽与城市下水道沟通，但仍有部分污水流入湖中，使湖区受到污染，特别夏天，虽隔天派人清理被污染的水域，但亦非彻底的解决办法。一般人认为饮食业对水的污染主要是杂物和油污，故通常采用隔栅除杂物，用滤油池和沉淀槽澄清污水等措施处理污水。然而这种虽经"澄清"的"清水"仍含有有机物，严重污染水域。要排放入风景区水系的污水一定要经过彻底的处理。污水处理一般有生化处理、物理化学处理或前期物理化学处理后期

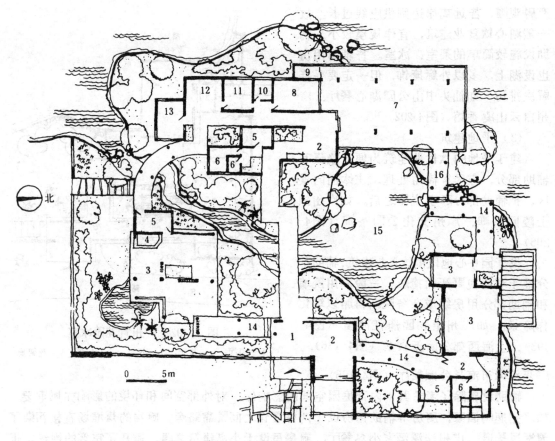

图 4-193　华南植物园蒲江冰室、茶室

1—厅门；2—过厅；3—茶室；4—小卖；5—工作间；6—卫生间；7—冰室；8—酒吧房；9—洗杯；10—冷却；11—厨房；12—杂务；13—仓库；14—廊；15—湖；16—小桥

生化处理等基本方式。当然，加强卫生管理以防止游人对景区水面做成的人为污染也是不可忽略的。

废气的处理与燃料有关，如采用煤气可以大大减轻对空气的污染。如采用固体燃料，烟囱的位置应位于主要景区的下风向，同时要注意这些固体燃料不要污染风景区园道。

6.建筑规模与体量

饮食业建筑在功能上以餐厅为最复杂，面积和规模亦较大。一般小规模的客容量约为200～300座，建筑面积在500平方米以内；中等规模的为600座左右，建筑面积约为800平方米；大规模的往往在千座以上，面积超过1500平方米（表2）。

风景区内饮食业建筑的规模和体量与一般园林风景建筑，如亭廊舫榭等相比，悬殊甚大。一般中等规模以上的建筑，为了节约用地和丰富体型，主体多为二层或三层。有些建筑由于种种原因尚须与其他项目如小卖、冰室、摄影、花展、接待和休息廊台等组成群体建筑。这样的组合其规模和体量就更大。如南京玄武湖白苑、苏州东园茶室（图4-184）等。

内容复杂体量庞大的营业性建筑其基地面积，所在位置等因素与周围环境难以取得协调时，应考虑项目不宜过于集中，使之适当分散，以减小建筑的体量。分散后的各部分

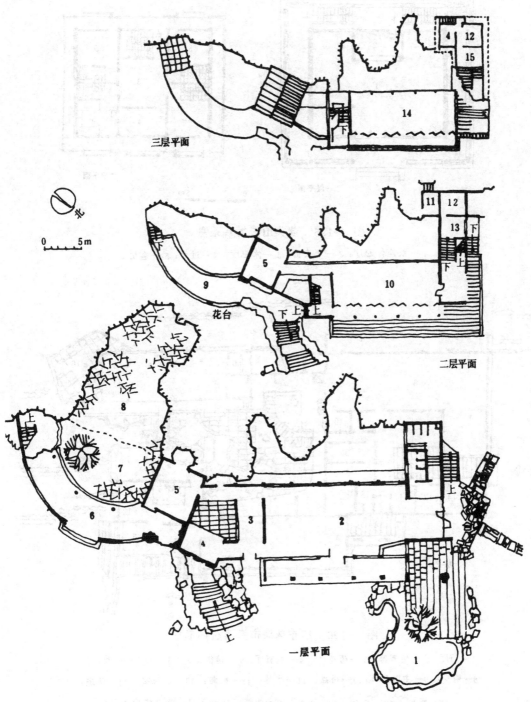

三层平面

北

0   5m

花台

二层平面

8

7

5

6

4

3

2

1

一层平面

图 4-194 桂林七星岩月牙楼平面

1—金鱼池；2—荤食餐厅；3—备餐；4—贮藏；5—厨房；6—眉月轩茶座；7—桂庭； 8—岩洞；9—露天茶座；
10—素食餐厅；11—浴室；12—宿舍；13—月门；14—休息厅；15—办公

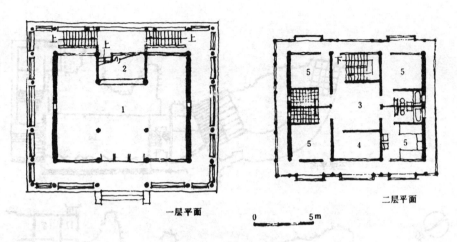

一层平面   二层平面

图 4-195　武夷山天游观茶室

1—茶座休息厅；2—小卖部；3—休息厅；4—过厅；5—客房

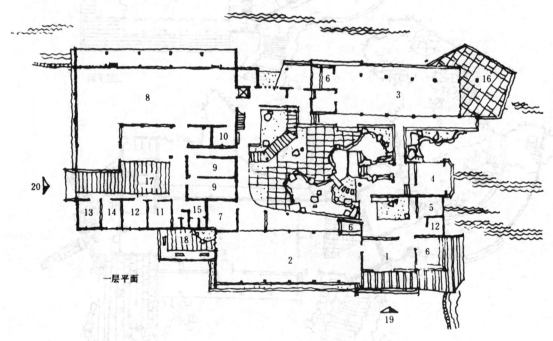

一层平面

图 4-196　广东珠海市海滨公园餐厅

1—门厅；2—快餐部；3—荷花厅；4—小餐厅；5—接待；6—小卖；7—备餐；

8—厨房；9—主副食库；10—拼盘；11—冰库；12—贮藏；13—办公室；14—值班；

15—厕所；16—露台；17—杂务；18—小院；19—入口；20—供应入口

经营项目由于独立，相互间的干扰也较少。分散经营的项目可根据地形、地貌与周围环境，结合具体的功能要求，去考虑尺度适宜的体量和组织富有个性的小庭园空间。

此外还要正确运用视角和心理学的基本原理，仔细分析视点、视野对建筑景观的效果

300

风景区饮食行业建筑的类别与规模 表 2

地　点	风景区名称	饮食店名称	规　　模			
			类　别	座位数（个）	建筑面积（m²）	营业厅面积（m²）
北京	颐和园	知春亭		300		500
武汉	东湖公园	人民餐厅	餐厅	700	1500	
		听涛酒家	餐厅	200	500	
南宁	人民公园	白龙餐厅	餐厅	400		520
桂林	七星岩	月牙楼	餐厅	350	1000	
	芦笛岩	芦笛岩餐厅	餐厅	280	500	
	伏波山	伏波新茶室		400		230
南京	玄武湖	白苑餐厅	餐厅	900		1173
西安	兴庆公园	花萼相辉楼	餐厅	300		1000
成都	望江公园	望江茶室	餐厅	400	700	
	杜甫草堂	浣花园		350	500	
重庆	鹅岭公园	鹅岭餐厅	餐厅	350		
广州	麓湖公园	鹿鸣酒家	餐厅	1000	4000	
	白云山	山庄餐厅	餐厅	150		200
		一峰茶室	餐厅			160
	流花公园	流花茶室	餐馆	200		
	文化公园	园中院	茶室	350		
		茶圃	小吃			

和周围环境（包括山水和邻近的建筑）与建筑的相互关系。

　　上节述及的桂林七星岩月牙楼是一组面积较广、层数较多，体量较大建于山麓的建筑群组，在处理建筑与岩峰体量的关系和如何使建筑与环境取得协调等方面是比较成功的，对建筑创作的探索也比较严肃和符合实际。

　　月牙楼根据功能要求建筑面积达1200平方米，若作单层分散布置，占地较广，对整个景区布局不利。同时在赏景上有登楼远眺的要求，所以这种建筑便采用了"楼"的形式。月牙楼主体为三层，高约15米，使之与"剑把峰"高度的比例控制在1∶3左右，约为主峰高度$\frac{1}{5}\sim\frac{1}{6}$。这样人们在楼前景区中心一带望去，按视角分析，主楼高度约为山高的$\frac{1}{3}$，

从对面金鲤池望去则楼高约为山高的$\frac{1}{3}\sim\frac{1}{4}$。这便保持了建筑与其所依赖的石山体量之间的适宜比例，使体量较大的建筑群组不致产生压倒山势的感觉，同时建筑也不致为山势所逼而显得局促。为与较为陡峭的石山取得构图上对立统一的鲜明性，建筑采用横平线条，避免竖向构图可能产生与山比高的倾向（图4-197）。

　　在建筑形体处理上，按山势的特征作弧形构图。月牙楼整组建筑的主从关系、比例厘订，与建筑环境协调等几个方面的考虑是恰当的。

　　有些体量较大的饮食业建筑把它安置于主要游览线的外侧，在建筑体型和组合上加以适当的处理，也不会做成压风景之弊端。如杭州"玉泉观鱼"旁的餐馆"山外山"（图4-198）。有些位于风景区内，项目亦较多的建筑，由于采用分散与集中结合的布局，体型和

图 4-197　桂林七星岩水牙楼与山比例关系图

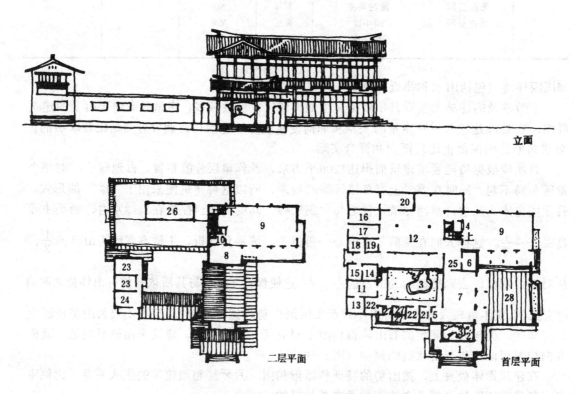

立面

二层平面　　　　首层平面

图 4-198　杭州玉泉"山外山"餐厅

1—进厅；2—天井；3—水池；4—开粟；5—小卖；6—冷盘、酒；7—冷饮；8—小餐厅；9—大餐厅；10—备餐；
11—办公；12—厨房；13—帐房；14—冷库；15—机房；16—主食库；17—副食库；18—鲜货；19—调料；20—烧
火；21—制作；22—更衣；23—宿舍；24—会议；25—洗碗；26—天窗；27—浴厕；28—露天茶座

图 4-199　桂林杉湖水榭

体量化整体为小局部和吸取传统庭园的手法，园中套园，景中藏景，这样的处理既能与环境协调，又可以创造出较丰富的建筑内外空间。如广州植物园蒲江建筑群（图4-193）、上海西郊公园"留春园"（图4-222）、武汉东湖公园"水云乡"（图4-185）等。

　　7.建筑造型与空间组织

　　点景是风景区饮食业建筑的精神功能。要强化这精神功能的作用则要根据不同地区的气候条件，不同环境的具体情况，因地制宜，结合功能要求仔细推敲其建筑造型与空间组织，切忌千篇一律的单调形象，以免削弱点景的作用。

　　结合不同的环境，因地制宜，可以创造出较丰富的建筑造型与空间组织。

　　湖心建筑　多取舫意。低濒水面，紧贴浮萍，襟江敞阔，是宾客揽胜登临的好场所。由于建筑居湖心，故对建筑各面之造型均需仔细推敲，根据游览路线和建筑环境在眺望上的要求，对主要立面要作重点处理。这类建筑造型多采用榭舫和楼船等形式，以取临湖之意。如广州东湖公园餐厅和白云山凌香馆（图4-202）。

　　桂林芦笛岩水榭采取民居常用的两坡顶，吸取南方及广西民居的阁楼、栏杆出挑等特点，借鉴"楼船"及传统园林建筑"旱舫"的体型，结合现代的技术条件进行设计，造型

303

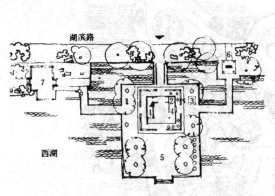

图 4-200 杭州平湖秋月

1—小卖；2—烧茶间；3—摄影亭；4—制冷室；
5—露天茶座；6—碑亭；7—休息亭

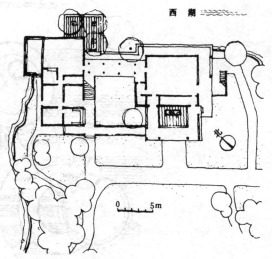

图 4-201 杭州花港观鱼茶室

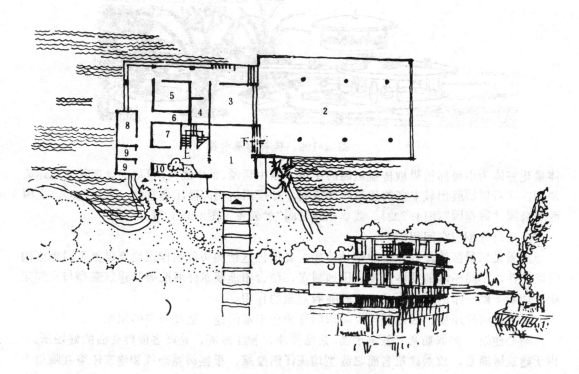

图 4-202 广州白云山冰室（凌香馆）

1—门厅；2—冰室；3—制冰间；4—预冷间；
5—厨房；6—火巷；7—管理；8—仓库；9—厕
所；10—小院

颇有新意（图2-55）。

桂林杉湖水榭和岛心亭以天桥相连，岛西一群蘑菇亭与岛东水榭相呼应，整个建筑群体采用园形作基调的组合体与自由曲线的水岸相配合，形成了极为丰富的立体空间构图（图4-199）。独立于碧波中的水榭也是由多个园形体组成，开敞的主厅供品茶、小卖、休息和观景用，圆形梯可通至天面平台及空中走道。桂林杉湖水榭和岛中组亭，无论是庭园空间、平面布局、建筑造型和主体空间构图均有一定的创造性。

临水建筑　包括跨水建筑和濒水建筑。不同的水局，建筑风采亦因之而异。"临溪越池，虚阁堪支，夹巷借天，浮廊可度"。说的是溪涧水局，可跨水筑虚阁。假若夹巷，可凌空设浮廊。

在临水建筑中，多属面临较宽阔的水域，这类建筑宜向湖面铺开，常采用厅、榭、亭、台等艺术形象去组织轮廓丰富的建筑空间。如杭州"平湖秋月"（图4-200）、杭州花港观鱼茶室（图4-201）、杭州植物园茶室，广州白云山冰室（凌香馆）等（图4-202）。

杭州平湖秋月以丰富的水岸轮廓和立体空间构图，活跃了宽阔平静的西湖。广州白云山明珠楼景区的冰室凌香馆，运用了现代材料和技术，以简洁大方的设计手法表现了传统的临水"舫"意。

一些规模较大、内容较多的临水建筑也可组织廊、亭、榭和小堤穿插于湖面，或另行组织岸际的庭园空间使临水建筑得以两面成景。特别对于进深较大的临水建筑，增设岸际庭园，丰富空间层次，多面对景，其作用更大。如广州麓湖公园鹿鸣酒家（图4-187），北京紫竹院公园水榭（图4-93）、天津水上公园茶室（图4-203）。

天津水上公园茶室结合岸形插入湖中，冰室则临水敞开。茶室和冰室间设有防风堤，堤端设花架。茶室、冰室南面临湖，北面利用原有坡地加高作小丘。院内设水池、方亭，形成一个通往茶室的半封闭的过渡空间。茶室和冰室的联系体——景门，沟通了南面防风堤、花架和北面的庭园。此茶室在功能、造型和建筑空间处理等方面是良好的，但辅助用房不足，把杂务院加上顶盖供贮存杂物用，也妨碍了景观。

岸边建筑　此类建筑大多隔开水面有一段距离，加上绿化和来往游人对视野的干扰，削弱了亲水感。如桂林南溪山茶室（图4-204），南京玄武湖白苑，武汉东湖公园人民餐厅（图4-189）和水云乡（图4-185）等。为了弥补近水而不能亲水的缺憾，宜组织内庭空间。如桂林七星岩驼峰茶室（图4-205）等。但有些虽设内院却乏庭园内容，索然无味。缺乏庭园组景要素的内院既不能吸引宾客，也不能创造良好的小气候。如武汉东湖公园人民餐厅。

旱地建筑山地建筑的岩崖绿野，临水建筑的漪澜飘香，在选址上都能利用自然景色。但旱地建筑一般周围环境平庸。为了创造较佳的室内外空间，宜组织一些内聚性的庭园空间。广州文化公园茶圃是广州早期园林茶座之一（图4-206），其规模不大，后座是两层的茶厅。主庭空间虽属方正，但由于水局自然，一隅翠绿，取得了较活泼的景效。侧庭较简朴，近界址处堆丘植竹，打破了用院墙围蔽空间的单调感。绕主庭四周设廊座，迂回曲折，别有情趣。

广州文化公园近年把新建的展览大楼底层辟为新型的高级茶厅——园中院（见404页实录）。它对庭园主题的刻划，室内外庭园空间的组织，建筑和绘画、雕塑的结合以及意境的创作等方面作出了可贵的探索，对庭园空间的传统与革新也作了大胆的尝试，成为旱地建筑中利用内聚性庭园空间的较佳实例。

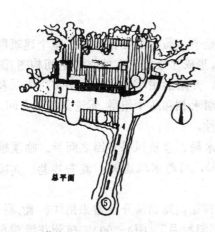

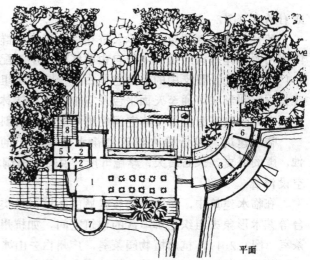

1—茶座；2—冰室；3—管理室；
4—防坡堤；5—花架

总平面

平面

1—茶座；2—小卖；3—冰室室；4—冷冻机房；5—贮藏；
6—管理；7—水榭；8—杂务院

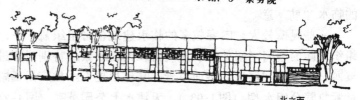

北立面

图 4-203　天津水上公园茶室

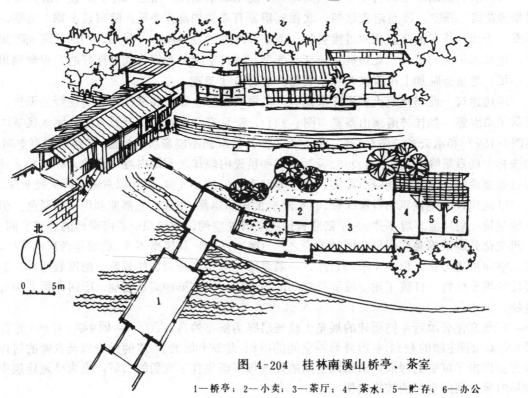

北

0　　5m

图 4-204　桂林南溪山桥亭、茶室

1—桥亭；2—小卖；3—茶厅；4—茶水；5—贮存；6—办公

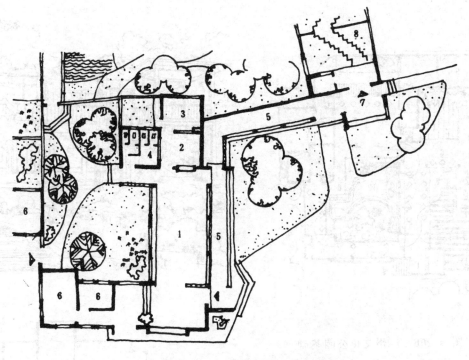

图 4-205 桂林七星岩驼峰茶室

1—茶厅；2—小卖；3—烧火间；4—厕所；
5—廊；6—办公；7—盆景园入口；8—盆景园

在建筑造型和空间组织方面，比例与尺度对景效亦有密切的影响。如北京紫竹院公园水榭伸进水面的亭廊轩榭离水面过高，影响了以水庭为主的亲切感。水中的景石也因建筑的"吊脚"与体量过大的影响，减弱了其应有的感染力。

上海静安公园音乐茶厅（图4-207）原设计为阅览室，其体型组合尚属配合，但内院"飞梯"和水池的处理欠佳，特别高岸边的水池使原来已属不大的内院空间更为破碎和缺乏亲切感。这座茶厅和广州白云山奕阁在体型组合和空间组织虽属近似，但对具体尺度的处理和水石景之布局有所不同，前者比后者逊色不少（图4-208）。

（四）小 卖 部

风景区和公园的小卖部主要是供游客用的零星售卖，如糖果、香烟、水果、饼食和饮料等，也有兼营一些土特产和手工艺品的。小卖部除满足上述功能外，尚要为游客创造一个良好的休憩、赏景所在。因此一般小卖部都把营业厅扩大成较宽阔的敞厅、敞廊，或与其他一些服务项目综合组成较丰富的庭园空间和较活泼的建筑体型。

1.类型

有些小卖部是附设在接待室、餐室或茶室、冰室内。如桂林芦笛岩水榭，南京玄武湖白苑。这类小卖部的位置在营业厅内有作倚角处理，也有靠近入口和收款处统一安排。如南宁人民公园冰室（图4-209）、湛江海滨公园冰室（图4-210），杭州灵隐冷泉茶室（图4-211）。也有毗邻营业大厅独立设置，如广州东郊公园冰室（图4-212），广州晓港公园小卖部、茶座（图4-213）、天津水上公园茶室（图4-203）广州流花冰室、小卖部（图4-214）等。

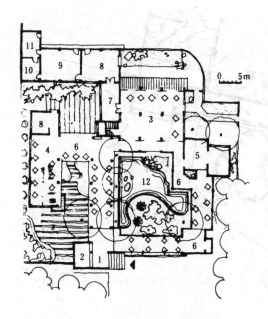

图 4-206 广州文化公园茶圃

1—门厅；2—小卖；3—堂座；4—厅座；5—雅
座；6—廊座；7—工作间；8—烧水间；9—厨
房；10—仓库；11—管理室；12—水池

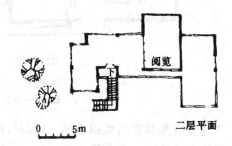

二层平面

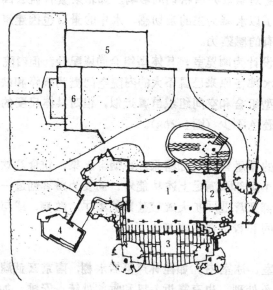

图 4-207 上海静安公园音乐茶座

1—茶厅；2—小卖、烧茶间；3—平台（舞台），

4—休息亭廊；5—办公；6—厕所

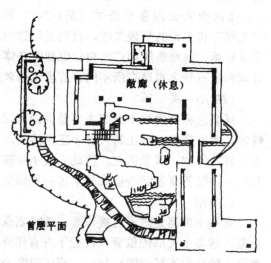

首层平面

图 4-208 广州越秀公园奕阁

小卖部作独立设置较便于经营管理，景观眺望亦易取得良好的效果。

有些小卖部与休息敞厅、敞廊结合，为游客提供较佳的休息与赏景等活动空间。如上海南丹公园（图4-215）、广州越秀公园鲤鱼头小卖部（图4-216）上海天山公园小卖部（图4-217）、上海静安公园小卖、休息廊（图4-218）、广州白云山麓湖小卖、休息廊（图4-219）等。上海长风公园临湖设置的小卖部空间组织较为丰富（图4-220），院墙设有景门、景窗、墙垣与建筑物构成了较丰富的建筑轮廓，建筑形象与宽阔的银锄湖滨相配亦称得体。游客可在临湖的廊、亭、台上赏景饮食，在节日期间人流集中，宽阔的敞廊和浓荫覆盖的地坪更有利于众多游客的随意憩息。广州白云山麓湖在主要游览线旁设小卖门厅，门厅连接两个小卖点，出平台可眺望麓湖秀色或内庭景色。小卖部和两层冰室联成一体，相互烘托，取得较佳景效（图4-221）。

由于总体布局或其他因素，有些小卖部与其他风景建筑统一规划，组成较丰富的建筑室内外空间。如苏州东园茶室（图4-184）、广州华南植物园蒲江冰室、茶室（图4-193）。上海西郊公园留春园以小卖部为核心，东南西三向各设茶厅以敞廊相连。庭园临水景石、园道花木，穿插合宜，富有江南情调（图4-222）。

2.规模与位置

影响小卖部规模与数量的因素颇多，除公园的规模及活动设施外，尚涉及公园和城市关系，交通联系、公园附近营业点的质量和数量等。园内活动设施丰富的公园游客量一般较多，小卖点的布点亦应随之增多。这类小卖点有附设在饮食业内，也有独立设置。其位置多选择在游人较集中的景区中心。如广州动物园小卖点设于园中央临湖之饭店内（图4-223）、广州越秀公园则独立设于山麓北秀湖畔、山顶鲤鱼头和山顶五层楼旁。

有些公园规模较小，活动设施不多，且又在市区内，零售供应也较方便时，小卖部的规模则不宜过大，甚至可考虑内外结合，兼对园外营业。如上海静安公园位处闹市，四周营业点较多，小卖部单独对园内服务时营业额较低，现将小卖部改设于入口旁，营业额有较大的改善。

有些公园虽离市中心较远，周围亦欠缺供应点。如上海南丹公园，由于规模不大，园内活动设施较少，故所设小卖部的营业额还是不高，尤以冬季或风雨天为甚。

近年来，由于旅游业的发展，不少市内公园亦于公园干道入口处增设对外营业的小卖部，营业内容除一般饮料、食品、香烟和糖果外，有些还增设工艺品、花卉和盆景等项目。这种措施对园内外的服务供应都较为方便，营业额亦有显著的提高。

（五）摄 影 部

风景区和公园的摄影部（室）营业范围主要是供应照相材料、租赁相机，展售园景照片和为游客进行室内外摄影等。在部里展销公园的风景照，既可形象地介绍园中优美景致或有名的风景点，又可扩大宣传，增添游客的游园兴趣。此外，对导游也有一定的作用。

一般摄影部多设在主要游览线上的主要景区或主入口附近。交通联系要方便，目标要显著。广州烈士陵园摄影室设于"园"入口附近，虽也在游览线一侧。由于这段游览线稍偏，游人较稀少，选址欠佳。此园另一摄影服务点设于园中心区，位置较好。

摄影部由于服务内容繁简不一，规模各异。有独立设置，亦有与园内其他营业部分相互串联，形式多样。

规模较小的摄影点只设服务台，而无工作间和暗室，这类多属摄影部之分散营业点。

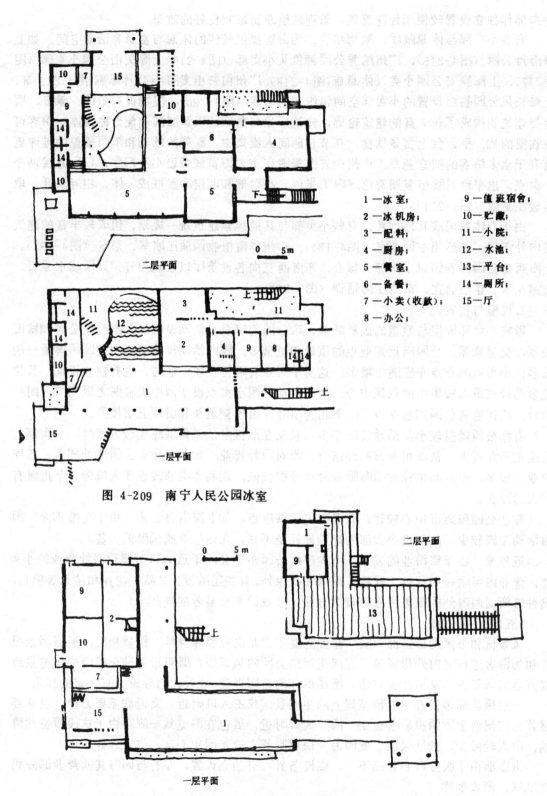

图 4-209　南宁人民公园冰室

1—冰室；　　　　　　9—值班宿舍；
2—冰机房；　　　　　10—贮藏；
3—配料；　　　　　　11—小院；
4—厨房；　　　　　　12—水池；
5—餐室；　　　　　　13—平台；
6—备餐；　　　　　　14—厕所；
7—小卖（收款）；　　15—厅
8—办公；

二层平面

一层平面

二层平面

一层平面

图 4-210　湛江海滨公园冰室

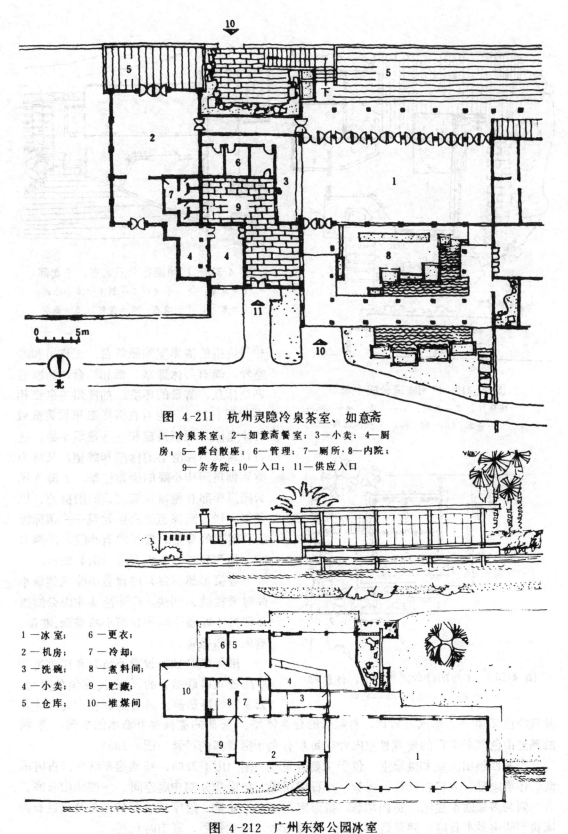

图 4-211 杭州灵隐冷泉茶室、如意斋

1—冷泉茶室；2—如意斋餐室；3—小卖；4—厨
房；5—露台散座；6—管理；7—厕所·8—内院；
9—杂务院；10—入口；11—供应入口

1—冰室；   6—更衣；
2—机房；   7—冷却；
3—洗碗；   8—煮料间；
4—小卖；   9—贮藏；
5—仓库；   10—堆煤间

图 4-212 广州东郊公园冰室

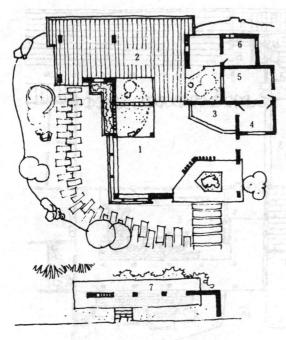

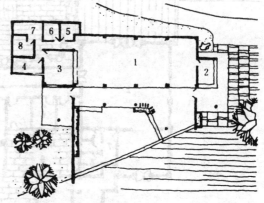

图 4-214　广州流花公园冰室，小卖部

1—冰室；2—小卖；3—制冰；4—冷却；
5—贮藏；6—值班；7—洗碗；8—厨房

图 4-213　广州晓港公园小卖部

1—休息厅；2—茶座；3—小卖；4—办公；
5—仓库；6—烧水间；7—休息廊

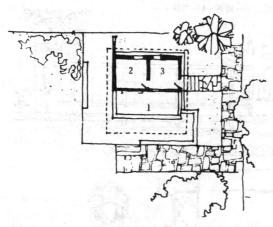

图 4-215　上海南丹公园小卖部、休息廊

1—小卖；2—办公；3—贮藏

中等规模的摄影室除服务台、工作间和暗室外，尚有与休息亭、廊相结合，为游客创造休息、赏景的环境。如杭州玉泉照相亭（图4-224）。也有在摄影部里设置雅致的小庭园，配以景窗和一些建筑小品。这种设施既方便游客的休憩和眺望，又可为游客创造园中小院的摄影佳景。上海人民公园摄影部在屋顶设有固定的拍摄点，以便以人民公园邻近的高层建筑——国际饭店作留影的背景。底层内有小院，外濒水池，造型轻巧，环境优雅（图4-225）。

在摄影部（室）内设置小院或建筑小品时要雅洁、明快。广东汕头中山公园摄影部内小庭园空间的建筑小品繁杂、堆砌，有失自然格局。

摄影部除独立设置外尚有和其他类型小品建筑串联组合的。如武汉东湖公园"水云乡"的摄影部，通过游廊和水云乡主体建筑冷饮部相连，形成有对比，有起伏的建筑体型。天然的游泳池和临水的水榭，宽阔的湖光山色和较丰富的景观性室内外空间均有利于摄影部的经营（图4-185）。

广东西樵山冰室和摄影室，位于主要游览线一侧（图4-226），基地遍布巨石，古树成荫，环境幽雅。入口由巨石、花架、片石墙组成，爬山廊分割中庭空间，一侧为山石庭，另一侧为多级跌水浅池，颇饶动态。摄影室、冰室、曲廊、敞厅依坡而建，与林立巨石构成典型的山地水石庭。建筑造型简练、布局巧妙，对比强烈，富有时代感。

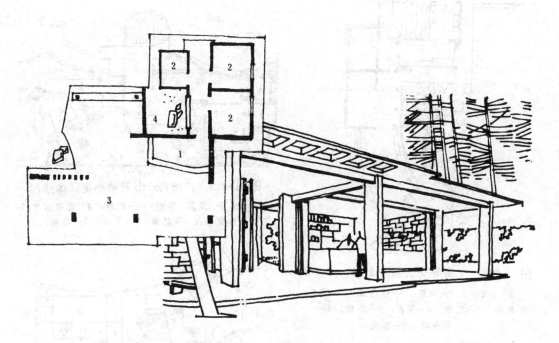

图 4-216 广州越秀公园小卖部
1—营业；2—办公贮藏；3—敞厅；4—天井

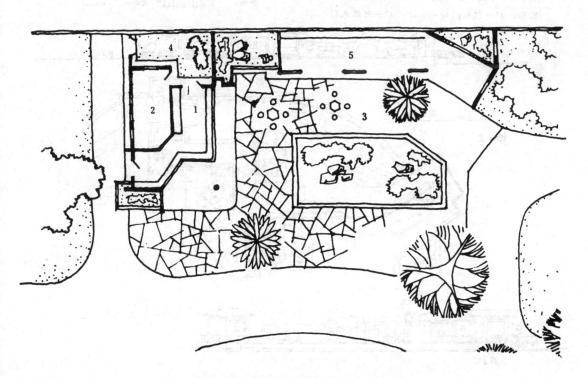

图 4-217 上海天山公园小卖部
1—营业；2—办公贮藏；3—敞厅；4—天井；5—花架廊

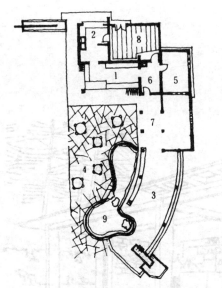

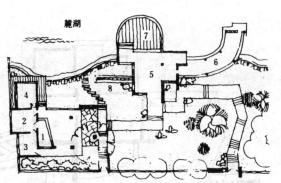

图 4-219 广州白云山麓湖小卖、休息廊

1—小卖；2—煮蒸、洗碗；3—贮藏；4—管理宿舍；5—
休息亭；6—休息廊；7—平台；8—花架

图 4-218 上海静安公园小卖部，休息廊

1—小卖；2—大众茶；3—休息廊；4—露天
散座；5—贮藏；6—更衣；7—花架；8—
杂务院；9—水池

图 4-221 广州白云山麓湖公园冰室，小卖部

1—门厅；2—小卖；3—仓库；4—冰室；5—露天散座；
6—制冰；7—冷却；8—煮蒸间；9—管理仓库；10—
厕所；11—过廊；12—入口；13—内部入口

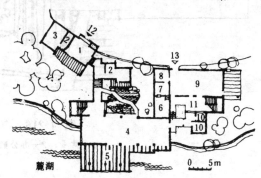

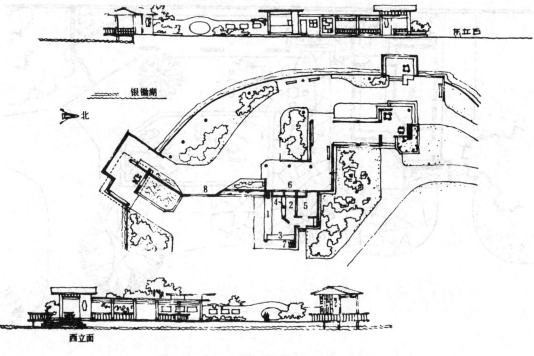

图 4-220 上海长风公园小卖部

1—柜台；2—仓库；3—冰箱；4—壁柜；5—管理；6—立体橱窗；7—落地拉折门　8—椭圆门洞

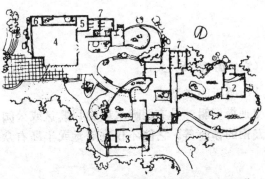

图 4-222 上海西郊公园"留春园"

1—小卖；2—餐厅；3—南厅；4—西厅；5—茶水；
6—库房；7—厕所

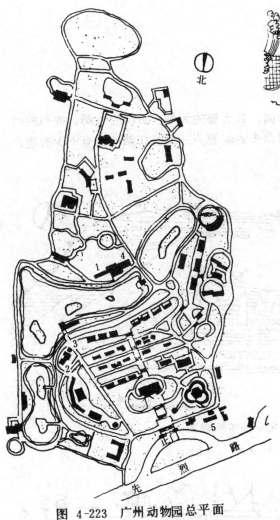

图 4-223 广州动物园总平面

1—餐室；2—冰室；3—摄影部；4—小卖；5—广播室

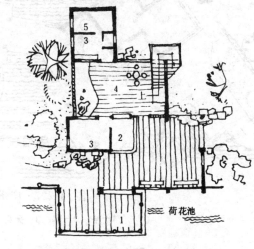

图 4-225 上海人民公园摄影部

1—平台；2—售票；3—工作间；4—内院；5—暗房

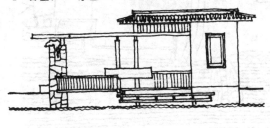

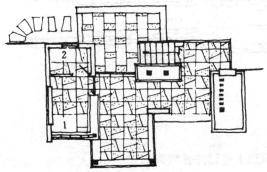

图 4-224 杭州玉泉照相亭

1—工作间；2—暗室

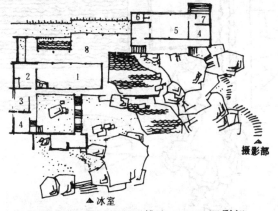

图 4-226 广东西樵山冰室、摄影部

1—冰室营业；2—工作间；3—仓库；4—宿舍；5—摄影部
工作间；6—服务台；7—暗室；8—敞厅

315

（六）游艇码头

1．游艇的类型

交通游览船。具有辽阔水域的风景区或公园，如无锡的太湖、武汉的东湖，杭州的西湖、云南的滇池等。它们不仅在陆地或半岛有众多的游览点，而且在湖心也有不少胜迹，

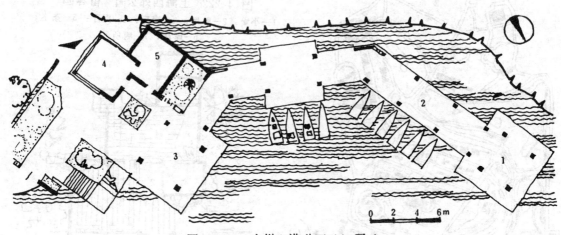

图 4-227　广州晓港公园游艇码头

1—亭；2—廊；3—休息台；4—售票；5—工具贮藏

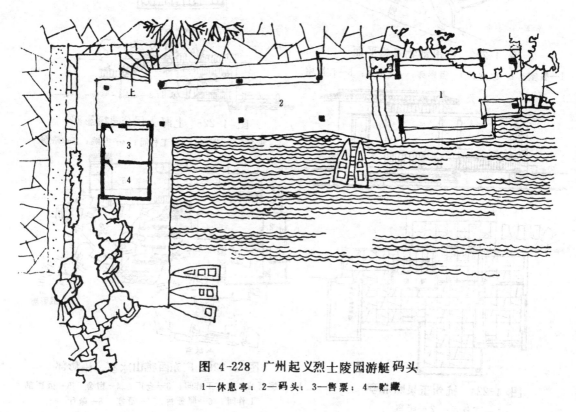

图 4-228　广州起义烈士陵园游艇码头

1—休息亭；2—码头；3—售票；4—贮藏

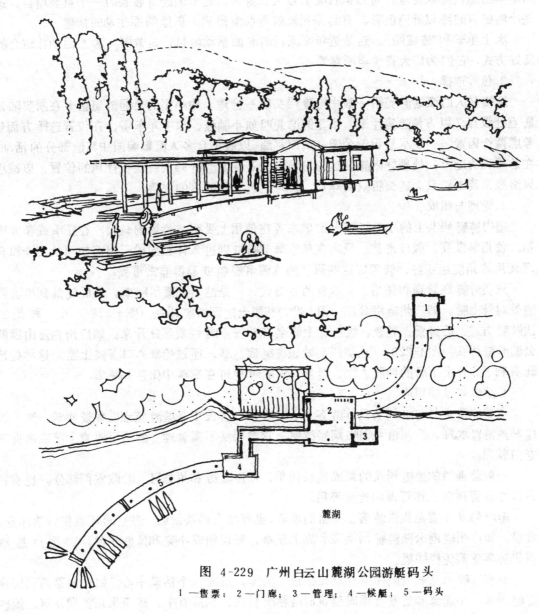

麓湖

图 4-229　广州白云山麓湖公园游艇码头

1—售票；2—门廊；3—管理；4—候艇；5—码头

吸引着广大游客，如无锡太湖的三山，杭州西湖的三潭印月等。因而这些交通游览船既可解决风景区中各风景点的交通联系，又可在湖中畅览湖光山色，有些甚至可以组织水上的一日游。

　　这类游览船除了满足游客视野要求外，尚需考虑有些船只旅游时间较长，因而要求有舒服的座位和设置，规模较大的并有餐食供应。杭州较大的交通游览船，单纯解决交通，且拥挤不堪，是其缺点。除一般游船外尚可考虑结合具体环境增设竹筏或飞翼船等，这对游客很具吸引力。福建武夷山乘竹筏游"九曲"，别饶风趣。同时，也为环境点出险滩急流的气息。

　　小游艇。在有湖泊的公园里多设有小游艇。规模 4 人至 8 人不等，适合各种不同年龄的游客随意泛舟或竞渡。每当假日吸引着大批游客，是公园经济收益的一个重要项目。这些小游艇有的漆以鲜艳色彩，有的采用天鹅等水禽形象，更添湖面生动的情趣。

水上单车和"碰碰船"。这是近年来流行的水面活动项目，是游湖与水上运动相结合的良好方式，它们为广大青少年所喜爱。

2.位置选择

规模较大的交通游览船一般由轮渡码头统一管理。中小型的交通游览船多在湖滨陆地景点处设点，以方便游客往来。小型的游览船如小舢板、水上单车等、在位置选择方面要考虑两个因素。一是尽量设于公园一隅或尽端，以避免众多人流影响园中其他部分的活动。在总平面功能上，处理好闹静分区的问题。二是注意游艇码头应设在背风的位置，以减小风浪经常袭击船只，延长船只的寿命，同时这也方便游客的上落。

3.管理与组成

园内游艇码头上的小游艇或水上单车等在使用上受季节性影响较大。在夏季或春末秋初，使用率极高，假日尤甚。反之在寒冬季节船艇则进入休整阶段，因而如何从安全和合理使用的角度组织好，管理好这些码头的人流和船舶就显得非常重要。

这类游艇在管理和使用上一般有两种方式。一是游客到票房购票，然后凭票到船艇停泊处对号上船。如广州晓港公园（图4-227）和烈士陵园游艇码头（图4-228）。另一种是二次候船方式。把售票、检票、候艇、上船各环节按不同性质区分开来。如广州白云山麓湖公园游艇码头（图4-229）。这类码头另设候艇廊、亭，通过检票入口等候上船。这样处理既有利于分开上下船的两股人流，游客在候船时也可在廊亭中休息和眺望。

4.游艇码头的组成

有些非营业性游艇码头只作游客上下船之用，多设于某些游览点或风景建筑一侧。如桂林芦笛岩水榭、广州植物园临湖接待室。这类码头不需管理、游客可随意上落或供贵宾专门使用。

一般营业性的游艇码头的组成也较简单，分售票房和维修间、贮藏室两部分。也有在入口处设管理室，作管理和检票等用。

游艇码头主要是提供游客上下船的所在,也有结合码头创造一些空间环境供游客休息、赏景。如广州晓港公园游艇码头在水廊上筑亭，底层组成小院和休息平台，二层休息亭可供游客登高凭栏眺望。

有些游艇码头和公园其他活动设施统一安排，形成一个活动中心。如广州荔湾公园由游艇码头、小卖部和茶室等组成建筑群落活泼轻巧，错落有序。建筑采用竖向分区、闹静分明，为一较佳的赏景点（图4-230）。

游艇码头在景区内其体型空间和组合，与水岸及环境关系十分重要。从其总体而言，要注意建筑与环境结合，建筑的虚实景效及其总体轮廓线。广州白云山麓湖水域较大，有较长的湖岸线，麓湖游艇码头平面布置结合地形向湖面铺开,建筑大部分支于水中,并采取横向展开与邻近的水榭、曲桥和鹿鸣酒家相呼应，形成较丰富的湖滨建筑轮廓（图4-229）。但这码头在建筑处理上过于强调通透和开敞，稍显单薄。若能适当增加实体部分，以实衬虚，对室内或室外空间景效，或许会得到一定的改善。

公园里的游艇码头，一般都能按风景建筑设计，但对风景区的水路入口或景区水上游览线的码头则往往重视不够，不应把这类码头看作是普通的交通建筑。汕头岩石公园轮渡

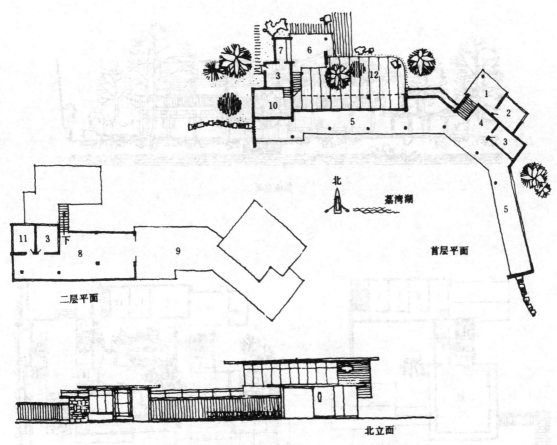

图 4-230 广州荔湾公园游艇码头、小卖部、茶室

1—码头入口；2—售票；3—管理；4—存浆；5—码头；6—茶室入口；7—小卖；

8—茶室；9—平台茶室；10—仓库；11—值班室；12—小院

图 4-231 汕头岩石公园轮渡码头

临溪立面

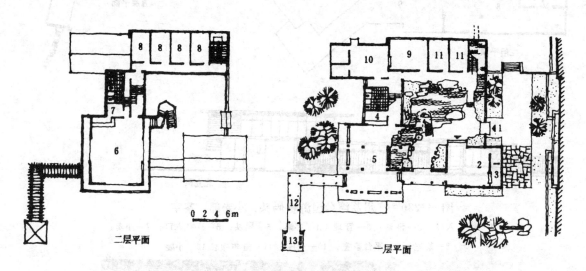

二层平面

0 2 4 6m

一层平面

图 4-232 武夷山星村候筏码头

1—入口；2—售票厅；3—售票；4—小卖；5—敞厅；6—接待休息；7—服务；8—招待所客房；
9—餐厅；10—厨房；11—职工用房；12—藤架；13—凉亭

码头，造型轻巧新颖，因而游客在到达岩石景区前就可以得到较佳的印象（图4-231）。

　　有些风景区水上游览码头的组成，由于总体功能的需要，还会增加一些接待室或旅业等项目。福建武夷山星村候筏码头就是由候筏，休息、接待以及小型旅业等项目组成的小建筑群（图4-232）。泛筏九曲，有如动观一幅长达十五华里的天然画卷，成为旅游武夷山的重要活动项目。星村候筏码头就是专门为慕名而来的中外游客而设，此码头位于齐云峰下嶂岩附近浅滩，建筑采用当地民间传统木构形式，配以粉墙及少量木雕、石雕，清新朴素。候筏厅底层敞露，水池渗入厅内，颇饶轻盈飘浮之意，是一组构思较佳的风景建筑。

第五章 园林建筑小品

第一节 园林建筑小品在园林建筑中的地位及作用

构成园林建筑内部空间的景物，除上章所述的亭、廊、榭、舫（包括其他建筑物）、花木水石外，还有大量的小品性设置。例如一樘通透的花窗，一组精美的隔断，一片新颖的铺地，一盏灵巧的园灯，一座构思独特的雕塑以至小憩的座椅，小溪的桥津，湖边的汀步等，这些小品不论依附于景物或建筑之中，或者相对独立，其选型取意均需经过一番艺术加工精心琢磨并能与园林整体协调一致。

在园艺造景中建筑小品作为园林空间的点缀，虽小，倘能匠心独运，辄有点睛之妙；作为园林建筑的配件，虽从亦每能巧为烘托，可谓小而不贱，从而不卑，相得益彰。所以园林建筑小品的设计及处理，只要剪裁得体，配置得宜，必将构成一幅幅优美动人的园林景致，充分发挥为园景增添景效的作用。杭州玉泉风景区"山外山"餐厅的山门，在它的正面墙上开设了一樘雅致的扇面空窗，隐现出后面小小空间的翠竹和湖石，为游览者提供了一幅生动的立体"国画"。强烈地吸引着人们的视线，自然地把游人疏导至餐厅的入口（图5-1）。广州友谊剧院贵宾休息室小庭院，由简洁的隔断、朴实的石墙、栏杆小凳及天棚围成的空间，在绿丛、景石、小池的衬托下，别有生气；从天棚园洞带来奇妙的光影变幻，也给小院增添了光彩（图5-2）。无论是扇面景窗或休息庭院的隔断墙、天棚园孔，它们虽然都是小品，但在造园艺术意境上却是举足轻重的；可以说建筑小品的地位，如同一个人的肢体与五官，它能使园林这个躯干表现出无穷的活力、个性与美感。

园林建筑在园林空间中，除有其自身的使用功能要求外，一方面作为被观赏的对象，另一方面又作为人们观赏景色的所在。因此设计中常常使用建筑小品把外界的景色组织起来，使园林意境更为生动，画面更富诗情画意。园林建筑小品在造园艺术中的一个重要作用，就是从塑造空间的角度出发，巧妙地用于组景。苏州留园揖峰轩六角通窗（图5-3），翠竹枝叶似很普通，但由于用得巧妙，成为一幅意趣盎然的景色，远观近赏，发人幽思。在古典园林中，为了创造空间的层次感和富于变幻的效果，常常借助建筑小品的设置与铺排，一堵围墙或一樘门洞都要予以精心的塑造。苏州拙政园的云墙和"晚翠"月门，无论在位置、尺度和形式上均能恰到好处，自枇杷园透过月门望见池北雪香云蔚亭掩映于树林之中（图5-4），云墙和月门加上景石、兰草和卵石铺地所形成的素雅近景，两者交相辉映，令人神往。扬州瘦西湖柳堤上的吹台小亭从组景出发，在临水墙面开设月门，从亭前透过月门向外眺望，对岸的白塔和五亭桥在框景中重新组织起来，使景色得以进行艺术的再现（图4-50）。通过上述景例可见园林建筑小品从园林建筑设计构思开始，就应从整体出发，以确定其形式、尺度和组合。

园林建筑小品的另一个作用，就是运用小品的装饰性来提高园林建筑的鉴赏价值。北

图 5-1 杭州玉泉"山外山"餐厅的山门

图 5-2 广州友谊剧院贵宾休息室小庭院

图 5-3 苏州留园揖峰轩六角通窗

图 5-4 苏州拙政园"晚翠"月门

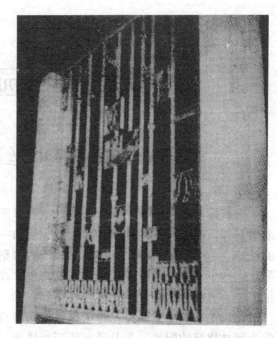

图 5-5 北京动物园两栖爬行动物馆
大厅中的装饰隔断

图 5-6 上海南丹公园"凤梅"花窗

京动物园两栖爬行动物馆大厅中，以各种动物抽象姿态图案构成金属装饰隔断，图案轻盈，形式大方，予人以一种美的享受（图5-5）。上海南丹公园"凤梅"花窗（图5-6）主题鲜明，图案新颖，展翅的孔雀似以欢乐的情绪迎接游客，使观赏者愉快的心情油然而生。南宁邕江饭店的屋顶花园，以支柱和屋顶构成的休憩空间，由于在支柱间灵活布置了墙段、空花窗及装饰隔断等建筑小品，加以景石、花池、草坪的配置大大增强了空间的艺术感染力（图5-7）。显然，园林建筑运用小品进行室内外空间形式美的加工，是提高园林艺术价值的一个重要手段。园林建筑小品特别是那些独立性较强的建筑要素，如果处理得好，其自身往往就是造园的一景。杭州西湖的"三潭印月"就是一种以传统的水庭石灯的小品形式"漂浮"于水面，使月夜景色更为迷人。湛江公园一座构思别致的喷水池，在园林环境中位置相对独立，通过小象喷水把群鸭赶得展翅纷飞，一种欢乐气氛活跃了观赏的情趣（图5-8）。海南岛一个花圃在庭园中所塑造的热带植物雕塑，使庭园艺术趣味焕然一新（图5-9）。热带植物在海南岛是司空见惯的，如果在这里仅仅是种植几株真实的热带植物，并不一定引人玩味。

园林建筑小品除具有组景、观赏作用外，常常还把那些功能作用较明显的桌凳、地坪、踏步、桥岸以及灯具和牌匾等予以艺术化、景致化。一盏供照明用的壁灯，虽可采用成品，但为了取得某些艺术趣味，不妨用最普通的枯木或竹节进行艺术加工，倘处理得宜，绝不嫌简陋，相反倒使人感到别具自然风趣。广州兰圃竹节壁灯（图5-10）就是一种工艺价值很高的小品。它与室内以竹材编织的顶棚、墙壁相互呼应，形式亦十

图 5-7　南宁邕江饭店屋顶花园小品

图 5-8　湛江公园喷水池

图 5-9　海南岛花圃庭院中的雕塑

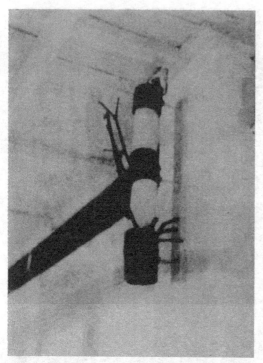

图 5-10 广州兰圃竹节壁灯

图 5-11 仿树桩桌凳

图 5-12 仿木蹬道

图 5-13 仿木桥板

分协调。庭园中的花木栽培为使其更加艺术化，有的可以在地上建造花池，有的可以在墙上嵌置花斗，有的可以构筑大型花盆并处理成盆景的造型，有的也可以选择成品花盆把它放在花盆的台架上，再施以形式上的加工。沈阳一公园在水泥塑制的树木支干中，错落搁置花盆，使平常的陶土花盆变成了艺术小品，十分生动有趣。园林建筑中桌凳可以用天然树桩作素材，以水泥塑制的仿树桩桌凳亦较用钢筋混凝土造的一般形式增添不少园林气氛（图5-11）。同样，仿木桩的驳岸、蹬道、桥板都会取得上述既自然又美观的造园效果（图5-12、5-13）。就地面铺装而言，其功能不外乎为游人提供便于行走的道路或便于游戏的场地，但在园林建筑中，就不能把它作为一个简单的工程技术去处理，而应充分研究所能提供材料的特征，以及不同道路与地坪所处的空间环境来考虑其必要的形式与加工。如在草坪中的小径，可散置片石或水泥板，疏密随宜，以水泥铺筑的室内或室外地坪，则可在分块，分色以及表面纹样的变化上推敲。在园林建筑中，即使那些属结构性较强的工程构筑物也应注意它在形式美上的加工，使之艺术化、小品化。

第二节　园林建筑小品设计

一、门窗洞口

门窗洞口在建筑设计中除具有交通及采光通风作用外，在空间处理上，它可以把两个相邻的空间分隔开来，又联系起来。在造园艺术中往往利用门窗洞口这种空间分隔和联系的作用，形成园林空间的渗透及空间的流动，以达到园内有园，景外有景，变化多采的意境。门窗洞口在造园艺术中除发挥静态的组景作用和动态的景致转换外，门洞尚能有效地组织游览路线，发挥导游的作用，使人在游览过程中不断获得生动的画面。因此，园林建筑中的门窗洞口不仅是重要的观赏对象，同时又是形成框景的主要手段。

园林建筑中，门窗洞口就其位置而言，大致分成两类：一类属于园墙中的门窗洞口，一类属于分隔房屋内外的门窗洞口。就其作用而言，空窗主要取其组景和空间的渗透；门洞主要用于空间的流动和游览路线的组织。

门洞的形式大体上可以分成三类：

1.曲线型的，是我国古典园林建筑中常用的门洞形式，如圈门（包括上下圈门）、月门（包括半月门）、汉瓶门、葫芦门、剑环门、梅花门还有形式更为自由的莲瓣门、如意门和贝叶门等（图5-14 a）。

2.直线型的，如方门、六方门、八方门、长八方门、执圭门，以及把曲线门程式化的各种式样（图5-14b）。

3.混合式，即以直线型为主体，在转折部位加入曲线段进行联接，或将某些直线变成曲线（图5-14c）。

现代园林建筑中还出现一些新的不对称的门洞式样，可以称之为自由型。广州东方宾馆新楼原支柱层庭园的过门，系利用钢筋混凝土抗震墙开设门洞来划分支柱层空间，既打破了空间的呆板，造成自由的格局，同时也起到将客人引导向庭园的作用（图5-15）。上海南丹公园分隔园林空间的"凤梅"门（图5-16），形式清新，以庭院叠石为对景，衬以绿丛景效也好。

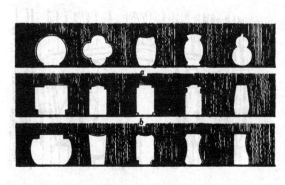

图 5-14　门洞形式

图 5-15　广州东方宾馆新楼原支柱层庭园过门

图 5-16 上海南丹公园"凤梅"门

图 5-17 窗洞形式

窗洞，除空花窗外，基本形式多与门洞相同，由于窗不受人流通过的功能限制，其形式较门洞更为灵活多变（图5-17），在传统园林中的什锦窗不论形式大小，更是不拘一格。

门窗洞口形式的选择，首先要从寓意出发，无锡锡惠公园的八角洞门，既作为登山路线的导游标志，又可作为仰视锡山塔影和俯视"锡麓书堂"时的景框（图5-18）。广州流花公园休息廊在仿树皮墙段上开设一景窗，衬以翠绿竹丛另有一番风味（图5-19）。一般置于围墙上的门洞为便于形成"别有洞天"的前景，宜选择较宽阔的形式（图5-20）。如寓意"曲径通幽"的门洞则不妨狭长（图5-21）。主要供人过往的门洞亦以采用狭长的形式为多（图5-22）。在现代园林建筑中，由于服务对象不同，往往人流量较大，应考虑这一因素来选择相应的门洞形式。广州东湖公园的椭圆门在景树、顽石衬托下，处理得也很得体（图5-23）。广州流花公园在分割游览空间的短墙上开设宽阔的八角形门洞，也满足了大量人流通过的要求，并同现代大公园的风景容量相协调（图5-24）。

可见门窗洞口形式的选择，应考虑到建筑的式样、山石以及环境绿化的配置等因素，务求形式和谐协调一体。广

图 5-18 无锡锡惠公园八角洞门

图 5-19 广州流花公园休息廊景窗

图 5-20　阔边门洞

图 5-21　狭长门洞

图 5-22 a 狭长门洞

图 5-22 b　狭长门洞

图 5-23　广州东湖公园椭圆门

图 5-24　广州流花公园八角门洞

图 5-25　苏州沧浪亭汉瓶门

图 5-26　桂林榕湖饭店四号楼庭院门洞

东新会"盆景园"景窗形似花朵，与窗前绿丛相映，透过景窗所见的室内盆景挂壁，巧妙地点出了盆艺的素雅格调。门窗洞口在形式处理上，直线型的门窗洞口要防止生硬、单调；曲线型的要注意避免矫揉造作。苏州沧浪亭中的汉瓶门的曲线本属繁琐，但由于它在颜色与形状上同园中芭蕉取得恰当的对比效果，却显得自然新颖(图5-25)。桂林榕湖饭店四号楼庭院采用几何形门(图5-26)，与相邻的几何形窗及空花墙一气呵成，与庭院中的水石花木在构图上亦相协调。窗洞的形式与其组景的对象的统一是十分重要的。广州流花公园茶室入口门廊上设置了一个圆月形景窗，配以下槛的简洁花格，形成大方挺秀的艺术形象，透过它可见与其格调相统一的茶室主体建筑，加强了对整个建筑疏朗明快的艺术感觉（图5-27)。门窗洞口的选型往往对园林建筑的艺术风格起着一定的支配作用，有的气质轩昂庄重，有的格调小巧玲珑，因此在门窗洞口形式的选择上绝不能凭个人的偏爱随意套用，应多从园林艺术风格上的整体效果加以推敲。

图 5-27　广州流花公园茶室入口圆月门

　　门窗洞口在形式处理上虽然不需过分渲染，但却要求精巧雅致。《园冶》有云："应当磨琢窗垣"，但却"切忌雕镂门窗"，意指门窗洞口的周边加工应精细，但又不必过分渲染。从园林建筑创作实践经验表明，处理得宜的门窗洞口加工重点应放在"门窗磨空上"，也就是对门窗洞口内壁要进行必要的加工。在传统建筑中就是要内空满磨青砖，而框的边缘则只要求留寸许，即所谓皮条边，如果砖稍厚，也应酌量削薄，方显得优美。现代园林建筑中门窗洞口的边套也多取这种"皮条边"的造法，格调亦称秀雅。在传统园林中，门窗套大多采用磨砖，亦有用粉白的。现代园林建筑中除用墙体洞口自身材料加以粉刷或磨砖外，尚可用水磨石、斧琢石以及贴面砖、大理石等。门窗洞口的线脚形式有外凸和内凹两种。外凸型的洞口挺拔明快，内凹型的简洁浑厚。在材料选择上需要考虑色彩与质感同周围墙壁的对比关系，如乱石墙以采用白水泥门窗套为宜，白粉墙则可采用深色磨砖或片石料贴面。

门窗洞口的细部处理，往往在门洞的槛石，窗洞的栏杆上要结合功能要求来加强它的装饰趣味性（图5-28）。在古典园林中门洞上的雕塑题额，如"春光"、"探幽"、"晚翠"等，其立意也起到了渲染园林佳境的效果。

二、花　窗

花窗是园林建筑中的重要装饰小品，它同窗洞不同，窗洞虽也起分隔空间的作用，但其自身不作景象，在组景中以能起到景框的作用为主，而花窗自身有景，窗花玲珑剔透，窗外景亦隐约可见，具有含蓄的造园效果，在空间延伸方面，也能扩展封闭的空间。

花窗大体可分为两类：一类是几何空花窗，一类是主题空花窗。

几何空花窗在园林建筑中使用较广，主要用砖瓦或混凝土制件在窗洞中叠砌成各种几何图案。在传统园林中，瓦砌空花窗以及磨砖空花窗，图案多样，形式灵活，常见的有绦环式、菱花式、竹节式、梅花式等（图5-29a～5-29f）。预制钢筋混凝土空花可以做出层次较多、疏密相间、虚实有致的纹样，并可借助光影的变化产生强烈的立体效果。混凝土空花窗还可以用几种通用的构件组合出变化多样的空花样式。

主题空花窗是把花窗中的图案按一定的题材构图，如花卉、鸟兽、山水等图案，取材范围较广。在传统园林中，如杭州虎跑（图5-30a、b），苏州狮子林曲廊花窗（图5-31）、福建泉州铜佛古寺庭院塑花窗（图5-32）以及杭州黄龙洞庭院围墙上所用的双鹿双雁花窗（图5-33a、b）都属这一类型。成都杜甫草堂在围墙上开设的塑竹景花窗，线条粗犷与清水

图 5-28　上海某公园景窗

a

b

图 5-29　瓦砌空花窗（一）

c d

图 5-29 瓦砌空花窗（二）

砖墙相配，显得朴实、大方(图5-34)。杭州玉泉的一组金鱼图案空花窗姿态自如，颇有生气(图5-35a、b)。成都锦水苑以花为题材的花窗清新、绚丽 (图5-36)。在现代园林建筑中以金属为材料的主题空花窗，近年来有较大的发展，是值得提倡的一种形式。上海虹口公园长廊"翠竹"钢漏花窗 (图5-37) 也是一幅饶有风趣的画面，游人在廊内休憩可随意欣赏"翠竹佳景"。此外如上海虹口公园长廊"梅花"窗(图5-38)，成都锦水苑的小卖部的金鱼花窗 (图5-39) 入口售票处的钢花窗均大方美观(图5-40)，成都滨河路茶室的花窗舒展新颖(图5-41)，还有杭州玉泉"山外山"空花窗(图5-42a、b)，桂林芦笛岩洞口花窗 (图5-43) 亦各具风韵。金属主题花窗主要用扁钢、方钢或圆钢构成主题性图案，有时中间夹入钢板、玻璃或彩色有机琉璃亦显得生动别致。现代园林花窗也有采用琉璃制品砌成漏花的。北京紫竹院入口围墙上的绿竹琉璃漏花窗，窗前配置艳丽的花草，窗后现出碧绿的竹丛，点出了紫竹院的主题(图5-44)。广州南园设在入口门斗的花窗形如花篮，似以一簇芬芳的花束欢迎嘉宾的来临。花窗在园林建筑中是应用最为普遍的一种装修手段，其配置主要用作通风与采光，在构图效果上多从对比关系加以考虑。在庭院中，分隔空间的隔墙以及半边封闭的步廊，一般亦多以安置空花窗来增加园景相互渗透的效果，或用以避免或减轻实墙闭塞的感觉(图5-45)。这些空花窗可以采用同一样式，均衡排列，或洞形相同，花样各异；也可以采用洞形花样均不相同的什锦式。处于厅、堂、廊、榭等园林建筑墙壁上的空花窗，要求虚实配置得当，它们既要考虑建筑物的构图要求，也要考虑园林空间的构图要求；要注意避免把空花设置在不容损坏的墙体上；在单调的墙面上如空花窗开设得宜，往往顿使一室生辉，园景添色。这类空花窗在建筑构图上常用以调剂壁面的虚实和体量的均衡。室内的空花窗如以独立的形式出现，多采用博古式。这类花窗古今都有采用，上多置四季盆花或小工艺品，显得十分古朴典雅。上海龙华盆景园博古窗设于隔断白粉墙中，借近石作景，窗上盆栽与窗前石景融成一体，把游人的视线凝聚于特定的范围内 (图5-46)。

　　不同材料的空花窗，具有不同的风格，钢空花窈窕清新，塑造的空花富丽华贵，砖瓦空花朴实雅致，混凝土空花浑厚含蓄。砖瓦与混凝土空花适于重复出现，钢制空花则宜选巧用精，塑造的空花以用于传统形式的园林建筑较为适宜，若用于造型简洁的园林建筑中会感到过于繁琐。因此空花窗与建筑整体在风格上如何求得统一是十分重要的。

　　空花的艺术效果主要是以其明暗对比和光影的关系来体现的。因此花窗一般都选择较为明快的色调，甚至在白粉墙上的空花窗，也多使空花同墙面采用同一色彩，这样，在阳光照射下，外面看去黑白对比明确、醒目，室内看出，明暗对比柔和、宜人。有时为了满足远看时造成空透的效果，近看时又有内容可以观赏，可把空花做成深色调。

　　空花的纹样在设计中应精心琢磨，主题性空花应与建筑物的内容相适应，金属空花虽可自由地采用抽象性构图、灵活的布局，但要注意形象的完美性。塑造的空花，虽能形象地刻划景物，但也不应流于自然。几何纹样的空花可以大量取材于民间建筑，也可自行创造，但应注意不同材料对空花在构图上可能带来的影响。在一般情况下，园林建筑中使用砖瓦组成的空花其尺寸是比较适宜的，用钢筋混凝土虽可组成任意大小的空花，但容易产生尺度过大的现象，在设计中空花的尺度一定要同所在的建筑物相关部分的尺度相协调。

　　三、装饰隔断

　　装饰隔断在园林建筑设计中，是组织空间的一个重要手段，在塑造园林建筑轻快的性格上是不可忽视的因素。它可以成功地把园林建筑空间处理得透而不空，封而不闭，使简

a   b

图 5-30 杭州虎跑花窗

图 5-31 苏州狮子林曲廊花窗   图 5-32 福建泉州铜弗古寺庭院塑花窗

a

b

图 5-33 杭州黄龙洞庭院围墙上花窗

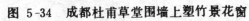

图 5-34 成都杜甫草堂围墙上塑竹景花窗

图 5-36 成都锦水苑花窗

a

b

图 5-35 杭州玉泉"金鱼"花窗

图 5-37 上海虹口公园长廊"翠竹"花窗

图 5-38 上海虹口公园长廊"梅花"窗

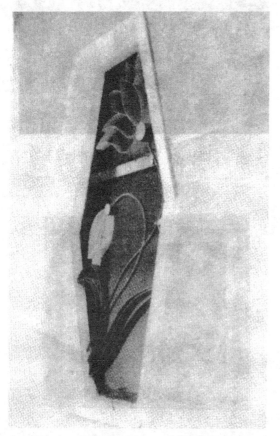

图 5-39 成都锦水苑小卖部的"金鱼"花窗

图 5-40 成都锦水苑入口售票处钢花窗 　　图 5-41 成都滨河路茶室花窗

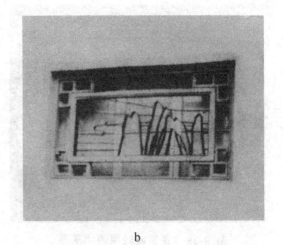

a   b

图 5-42   杭州玉泉"山外山"空花窗

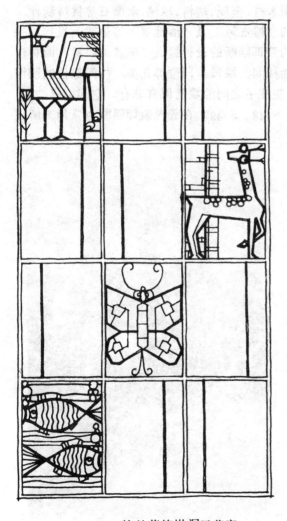

图 5-43   桂林芦笛岩洞口花窗   图 5-44   北京紫竹院入口围墙上的"绿竹"花窗

图 5-45　花窗减轻墙的闭塞感

图 5-46　上海龙华盆景园博古窗

单与平淡的园林空间，能够塑造出较为丰富的层次。

　　装饰隔断在近代建筑中用材很广，可以用木材、金属、塑料、玻璃、水磨石等材料制作。

　　园林建筑的装饰隔断是在我国古代建筑的"博古架"及"落地罩"等形式上发展起来的。传统建筑的砖瓦漏花墙以及木质隔扇也为装饰隔断的设计提供了丰富的素材。园林建筑中的装饰隔断就其所处的地位，大体可分为柱间、墙段、门位等几类。柱间部位的装饰隔断是园林建筑分隔室内外空间的主要方式，使柱子之间的墙壁似有非有，空间似隔非隔，达到通透并且富有装饰趣味的效果（图5-47、5-48、5-49）。在室内装饰隔断也常用来解决

图 5-47　上海某公园休息廊

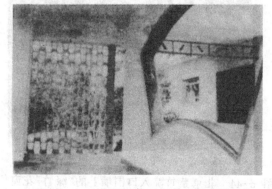

图 5-48　杭州玉泉"山外山"隔断

图 5-49　广州越秀公园休息廊

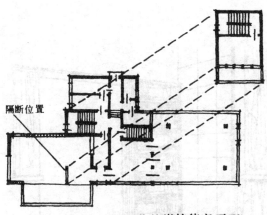

隔断位置

图 5-50 a　桂林芦笛岩接待室平面

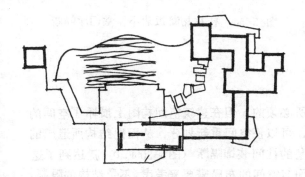

图 5-51 a　上海虹口公园长廊平面图

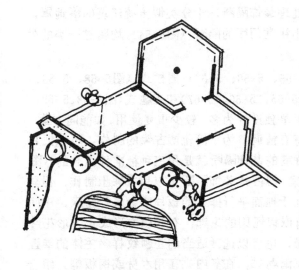

图 5-52 a　上海南丹公园水榭平面图

图 5-50 b　桂林芦笛岩接待室隔断

图 5-51 b　上海虹口公园长廊隔断

图 5-52 b　上海南丹公园水榭外景

图 5-53　桂林驼峰茶室隔断

图 5-54　桂林榕湖饭店小礼堂门厅隔断

结构与建筑之间的矛盾。有些柱子是结构上所必须的，但在建筑空间构图上损坏了空间的完整性。如果利用装饰隔断把两柱联系起来，可以使空间重新划分，从而把结构所造成的消极因素变成积极因素。如桂林芦笛岩接待室的柱间装饰隔断（图5-50 a、b）就达到了这一目的。作为墙段处理的装饰隔断一般以平面与空间的布局需要来考虑，不受结构的限制，主要起到组织空间与装饰空间的作用。如上海虹口公园长廊内部的装饰隔断，完全是为了把一个前后贯穿的空间用装饰墙段分隔开来，使其富于变化（图5-51 a、b）。上海南丹公园伞壳结构水榭，其装饰性墙段更是与结构无关，但它在平面上所形成的空间在构图上却是需要的（图5-52 a、b）。在园林建筑的门位上处理装饰隔断，十分类似传统建筑的落地罩，如桂林驼峰茶室（图5-53）和桂林榕湖饭店小礼堂门厅的隔断（图5-54）均属这一类的处理手法。

　　装饰隔断按其式样又可分为博古式（图5-55、5-56、5-57）栅栏式（图5-58、5-59、5-60、5-61、5-62、5-63）组合式（图5-64、5-65、5-66、5-67）和主题式（图5-68、5-69、5-70、5-71）等几类。博古式装饰隔断一般以单独设计为多，较少重复使用，如能同古董、盆景等陈设相配合将有助于加强其装饰性的特有情调。为了简化博古架的制作，可以把它做成几种标准件进行装配，如桂林芦笛岩接待室的装饰隔断就是用三种标准件组合的（图5-50b），它还可以组合成许多不同的博古式图案。博古式装饰隔断可以用混凝土制作，但室内多采用木质材料。栅栏式装饰隔断多以垂直于地面平行排列的板片或金属杆组成，中间辅以其他部件，有连以简单的水平杆件，有嵌以规则的花饰，有嵌以方形或长方形花斗（图5-58、5-59）。上述形式可以采用自由布局，也可以选择适当的主题纹样。主体的垂直构件在室外主要使用水磨石板，以适应室外风雨剥蚀，在室内则宜用木材或钢板等。组合式装饰隔断其用材及组合方式同组合式花窗基本相同，多半是由预制的细石混凝土花饰组合

图 5-55　广州白云山庄隔断

图 5-56　广州白云山双溪休息室隔断

图 5-57　桂林芦笛岩贵宾接待室隔断

图 5-58　广州东方宾馆隔断

图 5-59　桂林七星岩公园小卖亭隔断

图 5-60　广州东方宾馆隔断

图 5-61 广州西苑隔断

图 5-62 广州东方宾馆尼龙绳隔断

图 5-63 广州某园隔断

图 5-64 上海西郊公园组合式隔断

图 5-65 上海西郊公园休息室组合式隔断

图 5-66 广州某园组合式隔断

图 5-67 杭州虎跑汽车站组合式隔断

图 5-68 上海南丹公园隔断

图 5-69 桂林某园隔断

图 5-70 成都锦水苑隔断

图 5-72　广州白云山庄玻璃隔断

图 5-71　上海南丹公园水榭隔断

图 5-73　广州荔湾湖水上餐厅玻璃隔断

而成，在室内也可以用木材制作，它们中间可嵌以蚀花玻璃、彩色玻璃、磨砂玻璃等。广州白云山庄玻璃隔断（图5-72），广州荔湾湖水上餐厅玻璃隔断（图5-73）都获得良好的效果。主题性的装饰隔断多利用扁钢、方钢、圆钢进行造型，表现一定的主题和情趣，具有金属工艺品的性质。许多水榭及金鱼馆之类的园林建筑常常用热带鱼图案组成装饰隔断的画面，使主题同建筑功能有一定的联系。一般的园林建筑有时亦有选用某些带有象征性的主题纹样，如象征吉祥的凤凰图案等在传统建筑中素为群众所喜闻乐见，造型也较为生动，富于装饰性，因此也不一定要求其主题图案与建筑功能有直接的联系。

在园林建筑中选择装饰隔断，首先要明确它所处的地位和作用。处于建筑外檐柱间的装饰隔断，主要取其装潢作用，因此隔断式样的设计要从建筑全局来考虑，如在构图上以采用垂直或水平线条为宜，在对比上以实还是以虚为主，是否需要表现一定的主题等均要与建筑造型的整体性相协调。处于建筑墙段上的装饰隔断，往往带有墙体的功能性，虽要求通透，但在虚实比例上宜偏于实。处于门位的装饰隔断，常选择用落地罩形式，并可供陈设盆景和古董之用，或处理成与建筑功能有关的主题装饰图案。用作室内的装饰隔断主要把空间分成前后两部分，彼此又能隐约可见，隔断的式样务求其玲珑剔透，用料精致，并可局部或全部采用玻璃或蚀花玻璃。在室外的装饰隔断则以采用组合式的混凝土砌块为多。

装饰隔断的设计，对式样的选择，尺度的推敲，虚实的协调，要认真琢磨。在自由布局的图案选型处理上从形象的刻划到画面的布局也要精心设计。上海南丹公园孔雀图案以及桂林独山陈列室的古器皿图案花饰（图5-74）意匠都很深远，风格也很独特。尤其是后者的古器皿图案内容丰富，疏密有致，在用材的大小与厚薄上同图案亦配合得体，可视作一组完美的金属工艺品。

尽管在园林建筑中采用装饰隔断对创造轻快的园林建筑风格起着明显的作用，但绝不能滥用，应坚持少而精的原则。要防止在不同部位采用风格尺度完全迥异的式样，以免令人产生杂乱无章的印象。

四、墙

墙在园林建筑中一般系指围墙和屏壁（照壁）而言。它们主要用于分隔空间，丰富景致层次及控制、引导游览路线等，是空间构图的一项重要手段。

在造园中，用围墙和屏壁来形成空间是常用的手法。古典园林中巧妙地运用云墙、梯级形墙、漏明墙、平墙等将园内划分成千变万化的空间，同时利用墙的延续性和方向性使观赏者能自如地进入组景的程序，宛如置身于逐渐展开的园林画卷中。为着避免墙面过分闭塞常在墙上开设漏窗、洞门、空窗等，形成种种虚实、明暗的对比，使墙面产生丰富多采的变化。在不宜开洞的墙上可

图 5-74　桂林独山陈列室古器皿图案隔断

图 5-75　苏州留园古木交柯

题诗作画，或植大树使树木光影上墙，打破枯燥单调的局面（图5-75）。现代园林采用围墙和屏壁分隔空间，仍是空间构图的重要手段。桂林盆景园在一块不大的空间里，为着满足展出盆景的需要，采用围墙分隔以多添墙面位置，并巧妙地在围墙上设置不同形状的景窗，通过这样处理，不仅在虚实对比、空间渗透上产生了良好的构图效果，使园景清新活泼，并能引导游人步步深入内容颇为丰富的观赏路线（图5-76、5-77）。广州西苑利用屏壁把大自然的空间分隔开来，屏壁粉墙上巧悬气兰，引人瞩目，游人视线集聚于屏壁的趣味点上。广州东方宾馆新楼于支柱层与外部水面相接的月台上设置片石墙一道，造成空间的内外穿插，和室外空间似无尽头的效果。广州友谊剧院贵宾休息室小院设置一垛石墙，将不大的

图 5-76 桂林盆景园分隔墙之一

图 5-77 桂林盆景园分隔墙之二

庭院再行分隔，增添了空间的层次和有趣的变化。广州东方宾馆新楼的鹤壁和另一建筑的鹤壁（图5-78、5-79）在分隔空间和组织园景上都颇有新意。日本龙安寺庭园（图5-80）采用土筑矮墙把室内外空间融合起来，墙内组景与墙外自然景色连成一气，使不大的室外空间顿觉舒展开阔。成都杜甫草堂利用"草堂"照壁将陈列室与草堂两部分庭园连接起来，游人从陈列室经由照壁、围墙所导出的游览路线步入草堂时觉得十分自然，也增加了空间的层次感（图5-81）。桂林拱星山门照壁格局新颖，先数级踏步直抵照壁，然后转向拾级通过山门。照壁虚倚山门，点缀在月牙山下的翠绿丛中，显得格外多姿。

图 5-78 广州东方宾馆雁壁

图 5-79 雁壁墙

图 5-80 日本龙安寺庭园隔墙

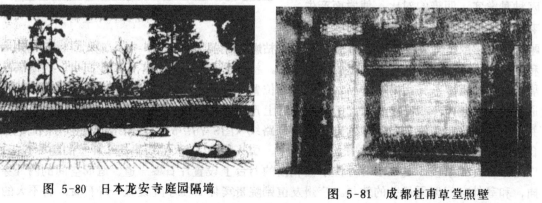

图 5-81 成都杜甫草堂照壁

墙的不同质地与色彩可以产生截然不同的造园效果。白粉墙朴实、典雅，同青砖、青瓦的檐头装修相配显得特别清爽、明快。在漏花窗的虚实与明暗的光影效果衬托下更显得轻松、悦目。山石树木以及其他建筑小品在以白粉墙为背景时轮廓显明，其造型美可以表现得更为淋漓尽致。每当和风轻拂树木枝叶随着阳光隐现，投在粉墙上斑驳的影照使人心旷神怡，所谓"粉墙花弄影"更添几分诗情画意。清水砖墙由于它不加粉饰往往使建筑空间显得更为朴实，一般用于室外。在现代园林建筑中为了创造室内外空间的互相穿插和渗透，常常有意引用清水砖墙来处理室内的墙面以增添室外的气氛。古代清水砖墙采用水磨砖面，表面平整，砖缝细密，显得十分高贵。现代园林建筑已较少采用。目下清水墙的处理砌工整齐，加上有机涂料的表面涂抹，仍不失为一种简便的可供观赏的墙面处理方式。用玛赛克拼贴图案的墙面实际上属于一种镶嵌壁画（图5-82），在园林造景中可以塑造出别致的装饰画景。玛赛克镶嵌壁画虽不能到处采用，但在某些建筑空间中偶尔用之，每令人一新耳目。在园林建筑中采用石墙也很普遍，类型也较为丰富，但石墙面一般宜重点采用。利用石墙在园林建筑中容易获得天然的气氛（图5-83），形成局部空间的切实分割，是处理园林空间获得有轻有重、有虚有实的重要手段。（图5-84、5-85 a、b）不同类型的石墙具有不同的性质，乱石墙显得自然、灵活（图5-86、5-87），块石墙严整、稳重（图5-88），贴片石墙平静、舒展（图5-89），粘卵石墙玲珑、别致（图5-90）。当然在石材的选择上还有很大的差别，如毛石就可以有不同形状，不同起伏和不同的颜色。毛石可以构成"虎皮纹"，片石可

图 5-82 玛赛克拼贴墙面图案局部

图 5-83 石墙

图 5-84 石墙分割空间

a

b

图 5-85　石墙分割空间

图 5-88　块石墙（凸缝）

图 5-86　乱石墙（凹缝）

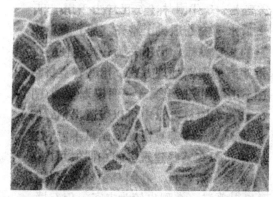

图 5-89　贴片石墙（大理石片，平缝，白水泥勾缝）

图 5-87　乱石墙（凹缝）

图 5-90　卵石墙（白水泥勾缝）

346

以构成"冰裂纹",块石可以做成自然分格或规整分格。石墙面还可以利用灰缝宽、窄、凹、凸的不同处理形成不同的格调。一般常用的有凹缝（图5-86）、平缝（图5-89）和凸缝（图5-88）以及干缝等。规整的块石墙可采用干缝处理，即先干摆石料然后以砂浆灌心，有时贴片石也可以采用类似干摆的严密对缝处理，片石墙除对缝外以采用平缝处理为宜。表面比较平整的大块毛石墙通常用凸缝，而乱石墙一般则用凹缝。灰浆的颜色也可以相应选择，用白水泥灰缝往往显得十分明快（图5-91）。墙面用大理石碎片饰面，可以嵌出种种壁画，广州东方宾馆新楼支柱层有一堵片石墙，就是采用大理石片和有机玻璃构成了大雁翔翔的壁画（图5-78），可说是一项高超技艺的工艺创作。鹅卵石墙也可以巧妙地粘出画意，形成别具一格的壁画，如桂林盆景园的室外一个墙面（图5-92）。水刷石墙面具有石料的表面效果，灰缝可按冰裂纹样或块石墙的式样划分，石子的颜色或水泥浆的颜色可随意调配以获得令人满意的效果。近年亦有用洗石分格结合石子、水泥颜色的调配，构成各种风景画面

图 5-91 石墙（白水泥勾凹缝）

图 5-93 桂林榕湖饭店庭园水刷石壁画墙

图 5-92 桂林盆景园卵石壁画墙

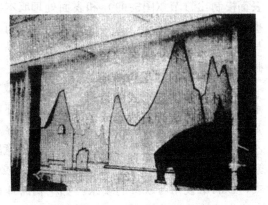

图 5-94 水刷石壁画墙

（图5-93，5-94）。此外还有竹片墙和树皮墙，在室内可采用天然材料，在室外一般采用彩色水泥仿塑，效果亦亲切自然。

五、铺 地

在我国造园艺术中，对厅、堂、楼、阁、亭、榭的内外地面铺装，以及路径的地面铺砌都十分重视。园林的路径不同于一般纯系交通的道路，其交通功能从属于游览的要求，虽然也要保证人流疏导，但并不以捷径为准则。园路的曲折迂回与一定的景石、景树、园凳、池岸相配，它不仅为景象组织所需求，而且还具有延长游览路线，增加游览程序，扩大景象空间的效果。同时在烘托园林气氛、创造雅致的园林空间艺术效果等方面都起着重要的作用。园林建筑的铺地大体可分为厅堂铺地、庭院铺地及路径铺地三种。

我国古典园林建筑中铺地常用的材料有方砖、青瓦、石板、石块、卵石，以至砖瓦碎片等。在现代园林中，除继续沿用这些材料外，水泥材料正以各种不同的型式处理，为造园家广泛采用。

园林铺地按材料不同，大致可分为下列几种：

1.用单一石材铺地的有石块、乱石、鹅卵石等，石板地面与路面可以铺砌成多种形式，利用方正的石料，采用多种规格搭配处理，形态较为自由，可用于铺砌庭院及路径地面(图5-95)。毛片石仄铺地，可以用于园林小路，颇具自然情调。乱石铺地可采取大小不同规格的搭配组合成各种纹样，或与规整的石料组合使用，气氛活跃、生动。嵌鹅卵石地面同样可以大小搭配以及用不同颜色组成各种形式（图5-96）。

2.用砖块铺地是我国古典园林铺地中广泛采用的方式。方砖基本用于室内，在庭园中则采用条砖仄砌，构成席纹、间方、人字、斗纹等图案（图5-97）。这种铺地方法简单，材料易取，在现代园林铺地中仍可采用。

3.综合使用砖、瓦、石铺地是园林铺地的一种普通的方式。在古典园林中用得较多，俗称"花街铺地"。根据材料的特点和大小不同规格进行的各种艺术组合 其形式不胜枚举。常见的有用砖和碎石组合的"长八方式"，砖和鹅卵石组合的"六方式"，瓦材和鹅卵石组合的"球门式"、"软锦式"以及用砖瓦、鹅卵石和碎石组合的"冰裂梅花式"等（图5-98 a、b）。

4.水泥预制块铺地在现代园林中占主要地位。除一般建筑采用的水磨石、美术水磨石、水泥地面外，造型水泥铺地砖是富有造园艺术趣味的一种铺地材料，式样有表面拉出条纹、表面模制出竹节（图5-99）和表面处理成木纹等。它们可以成片铺设（图5-100，5-101），也可以散置在草坪中，组合水泥块地面具有多种式样，还可以预制成两种大小不同的规格与卵石组合成各种图案。这种水泥预制块易于满足现代园林建筑的大空间尺度的要求，是砖、瓦、卵石的"花街铺地"的一种发展。

园林建筑铺地形式的选择，通常厅堂取其平整，以方砖、石板为宜，现代园林用美术水磨石夹铺碎大理石块形成的冰裂纹格调亦雅致；中庭可用石板、乱石铺砌，也可用砖、瓦、卵石作花街铺地；山路一般以乱石、碎石铺地为多；平地小径则可采用片石仄砌、大小石料搭配砌或水泥预制板块砌，以之随意散置于草坪中亦饶有趣味；山路及人流活动频繁的中庭或路径一般不宜采用鹅卵石铺地。必须根据不同环境因地制宜地合理选择铺地的方式，以满足使用与观赏的要求。如花街铺地玲珑富丽，宜用于较小的古典式样的园林庭园中；石板地面适应性较强，如材料来源方便可广为采用；其中以方整石料组合的庭园地坪

图 5-95 单一材料铺地　　　　　图 5-96 嵌鹅卵石地面花纹

图 5-97 条砖仄砌铺地

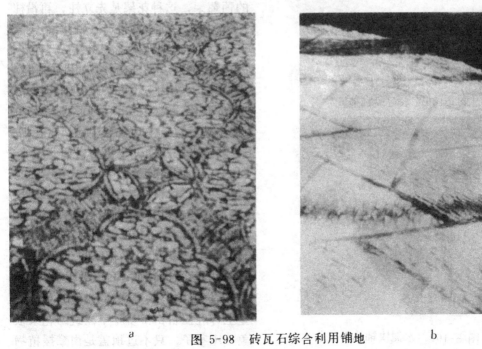

a　　　　　图 5-98 砖瓦石综合利用铺地　　　　　b

图 5-99　表面模制竹节地面

图 5-100　水泥块铺地

图 5-101　水泥块铺地

或路径，宜用于风格清新或端庄高雅的场合；乱石、仄片石铺地出自天然宜用于田园或山野环境中。水泥预制块组合拼花图式千变万化，在近代园林建筑中具有较大的适应性。

六、花　架

花架是攀援植物的棚架，又是人们消夏辟阴之所。花架在造园设计中往往具有亭、廊的作用，作长线布置时，就像游廊一样能发挥建筑空间的脉络的作用，形成导游路线；也可以用来划分空间增加风景的深度。作点状布置时，就像亭子一般，形成观赏点，并可以在此组织对环境景色的观赏（图 5-102）。花架又不同于亭、廊空间更为通透，特别由于绿色植物及花果自由地攀绕和悬挂，更添一番生气。花架在现代园林中除供植物攀援外，有时也取其形式轻盈以点缀园林建筑的某些墙段或檐头，使之更加活泼和具有园林的性格。

花架造型比较灵活和富于变化，最常见的形式是梁架式，亦即为人所熟悉的葡萄架，这种花架是先立柱，再沿柱子排列的方向布置梁，在两排梁上垂直于柱列方向架设间距较小的枋，两端向外挑出悬臂（图5-103），如供藤本植物攀援时，在枋上还要布置更细的枝条以形成网格。花架的另一种形式是半边列柱半边墙垣，上边叠架小枋，它在划分封闭或开敞的空间上更为自如（图5-104），造园趣味类似半边廊，在墙上亦可以开设景窗使意境更为含蓄。此外新的形式还有单排柱花架（图5-105）或单柱式花架（图5-106）及圆形花架（图5-107a、b）。单排柱的花架仍然保持廊的造园特征，它在组织空间和疏导人流方面，具有同样的作用，但在造型上却轻盈自由得多。单柱式的花架很象一座亭子，只不过顶盖是由攀援植物

图 5-102　点状花架

图 5-103　花架形式

图 5-104　花架形式

图 5-105　单排柱花架

图 5-106　单柱式花架

a

b

图 5-107　圆形花架

图 5-108　网格式花架

图 5-109　花架与窗洞结合

图 5-111　花架与花墙结合

图 5-112　花架与景窗墙洞结合

图 5-110　花架与景石相配

的叶与蔓组成。圆形花架，枋从中心向外放射，形式舒展新颖，别具风韵。各种花架形式处理重点是柱枋的造型，柱子构造主要采用钢筋混凝土预制，但砖柱、石柱仍然不失其质朴的性格，使花架保持一种自然美的格调。梁枋基本上已经很少采用木材，但在实际使用中，钢筋混凝土的梁枋在形式及断面大小上仍然保持木材的既有风格。许多花架对枋头的式样较为注意，早期使用木枋多作折曲纹样，现代钢筋混凝土枋头一般处理成逐渐收分，形成悬臂梁的典型式样。有的不作变化平直伸出也简洁大方。此外，更有采用钢筋混凝土网格式预制葡萄架（网格中距约为80厘米见方）的结构方法，施工时采用简易顶升法定位于柱子上，它具有构件截面小（矩形），省钢筋的优点，在体态上亦较为窈窕（图5-108）。

花架的设计往往同其他小品相结合，形成一组内容丰富的小品建筑，如布置坐凳供人小憩，墙面开设景窗、漏花窗（图5-109），柱间或嵌以花墙，周围点缀叠石小池以形成吸引游人的景点（图5-110、5-111、5-112）。

花架在庭院中的布局可以采取附建式，也可以采取独立式。附建式属于建筑的一部分，是建筑空间的延续，如在墙垣的上部，垂直墙面水平搁置横梁向两侧挑出。它应保持建筑自身统一的比例与尺度，在功能上除供植物攀援或设桌凳供游人休憩外，也可以只起装饰作用。独立式的布局应在庭院总体设计中加以确定，它可以在花丛中，也可以在草坪边，使庭院空间有起有伏，增加平坦空间的层次，有时亦可傍山临池随势弯曲。花架如同廊道也可起到组织游览路线和组织观赏点的作用，布置花架时一方面要格调清新，另一方面要注意与周围建筑和绿化栽培在风格上的统一。在我国传统园林中较少采用花架，以其与山水田园格调不尽相同。但在现代园林中融合了传统园林和西洋园林的诸多技法，因此花架这一小品形式在造园艺术中日益为造园设计者所乐用。

七、雕 塑 小 品

园林建筑的雕塑小品主要是指带观赏性的小品雕塑，不包括烈士陵园、名人纪念公园中的纪念碑雕塑，因这类雕塑已不属小品，而是属另一种带纪念性或其他性质的主体。雕塑是具有强烈感染力的一种造型艺术，园林小品雕塑题材大多是人物和动物的形象，也有植物或山石以及抽象的几何体的形象，它们来源于生活，往往却予人以比生活本身更完美的欣赏和玩味，它美化人们的心灵，陶冶人们的情操，比一般建筑小品的意义要大得多。

历来在造园艺术中，不论中外几乎都成功地融合了雕塑艺术的成就。在我国传统园林中，尽管那些石鱼、石龟、铜牛、铜鹤的配置会受到迷信色彩的渲染，但大多具有鉴赏价值，有助于提高园林环境的艺术趣味。在国外的古典园林中几乎无一不有雕塑，尽管配置得比较庄重、严谨，但其园林艺术情调却是十分的浓郁。在现代园林建筑中利用雕塑艺术手段以充实造园意境日益为造园家所采用。雕塑小品的题材不拘一格，形体可大可小，刻划的形象可自然可抽象，表达的主题可严肃可浪漫，根据园林造景的性质、环境和条件而定。

常见的园林雕塑小品有人物立雕和动物立雕。广州文化公园荔枝女雕塑（图5-113）和南京莫愁湖公园的莫愁女雕塑（图5-114）受到广大游人的喜爱，题材的选择多以历史传说为依据。莫愁女雕塑的形象使人感受到她的勤劳、善良和高尚的道德情操。雕像既有传统手法，又富于装饰效果。桂林七星岩公园儿童游乐园的"小八路"雕像（图5-115）是少年儿童学习的好榜样，雕塑生动亦为乐园增添了活力。杭州孤山上的"放羊娃"，它不仅使人们想起了"鸡毛信"的故事，而且还改善了环境的观赏质量（图5-116）。广州流花公园的"鹿群"表现了慈爱、幸福的主题，为庭院增加了几分宁静的色彩（图5-117）。北京日坛公园的"天鹅"造型优美，富有动感，吸引着大量游人成为公园的一个趣味中心，两只健美的白天鹅上下比翼，双翅高扬，细长的头颈伸向前方，似欲腾空飞去，亦颇具时代的气息（图5-118a、b）。武汉东湖公园的顽皮的小象（图5-119）、武汉中山公园的象（图5-120）和

图5 -113 广州文化公园"荔枝女"雕塑（右上）"
图 5-114 南京莫愁湖公园"莫愁女"雕塑（左上）
图 5-115 桂林七星岩公园 "小八路"雕像（右中）
图 5-116 杭州孤山上的 "放羊娃"（左下）
图 5-117 广州流花公园的"鹿群"（右下）

图 5-118　北京日坛公园"天鹅"

图 5-119　武汉东湖公园小象雕塑

图 5-120　武汉中山公园象雕塑

图 5-121　广州越秀公园小鹿雕塑

图 5-122　广州白云山冰室"贝壳"雕塑

广州越秀公园的小鹿（图5-121）打破了环境的平静，在树木的陪衬下丰富了园林空间的艺术气氛。广州白云山冰室在平坦的水边塑制了一个特大贝壳（图5-122）亦以造型别致取胜。上海西郊公园的"鹿群"、杭州动物园以及厦门万石园的"鹤群"亦属较佳的动物雕塑，湖光树影，白鹤，白鹿，亭亭玉立，神态甚为优雅（图5-123、5-124、5-125a）。以植物为题材的雕塑小品最常见的是塑成树桩的桌凳（图5-126）、塑成树干的支柱（图5-127）、塑成竹或木的园灯（图5-128）、栏杆等，这种以假乱真的造型，提高了园林建筑空间的艺术效果。上节曾提及的海南岛植物园的热带植物雕塑品（图5-9）系属一种以大尺度仿塑植物形

图 5-123　上海西郊公园"鹿群"雕塑

图 5-124　杭州动物园"鹤群"雕塑

图 5-126　成都锦水苑庭园内仿树桌凳

图 5-125a　厦门万石岩"鹤群"雕塑

图 5-125b　杭州动物园海豹池雕塑小品（几何形体）

图 5-127　广州矿泉客舍敞厅仿树柱

态的雕塑手法，雕塑形象往往比自然形象更
能动人。

　　亦有用几何形体为题材的雕塑小品，以
其简洁抽象的形体给人以美的艺术享受（图
5-125 b）。

　　我国园林中山石系一种主要造景手段，
造型千姿百态，寓意隽永，令人叹为观止。
近年我国园林工作者渐感自然山石的选择和

图 5-128　仿树园灯雕塑

治理，不能满足现代园林的需要，因而塑造一种人为的假山石，特别是那些构成小景独立
配置、供人观赏的假湖石、假钟乳石、假化石等，它们的造型以及恰到好处的配置，都不
失为一种另赋新意的艺术品（图5-129）。

　　园林雕塑小品还应包括那些运用雕塑艺术造型手段处理的果皮箱、饮水栓等（5-130、
5-131），它们虽然不属"高雅"的雕塑艺术品，若处理得好将会增强园林环境的气氛。

　　园林环境中雕塑的取材和表现形式是多种多样的，但其中处于主导地位的要算人物和

图 5-129　塑石雕塑

图 5-130　果皮箱雕塑

357

动物雕塑。它们不像纪念碑雕塑或建筑物的主题性雕塑那样具有突出的地位和重大的题材，但却能以其装饰性和趣味性很强的小品造型来表达其生命的活力、青春的美妙、爱的高尚等，它们强烈的生活气息激发着人们对美好生活的热爱和对未来的向往。从哈尔滨松花江边斯大林公园一组雕塑来看，我们完全可以理解它们深刻的内涵。"跳水"（图5-132）表现了一个少儿对游泳的热爱和勇敢，"抚琴"（图5-133）从其专心致志地练琴的形象来看，我们可以从中体会生活的甜蜜和幸福，"攻读"（图5-134）表现了我们这一代青年人为"四化"建设如饥似渴的学习精神，"小憩"（图5-135）表现了丰收的喜悦和对美好未来的憧憬。总的来说，在题材广泛的园林雕塑小品中取材广泛，且思想性是内涵的，例如，广州流花公园庭院绿地中的鹿群雕塑，动人情怀的不单是几只鹿的自身形象，而是一种宁静、优美、充满阳光和充满幸福感的体现。园林雕塑小品应避免采用那些口号式和标签式的题材。

园林雕塑的取材应与园林建筑环境相协调，要有统一的构思，使雕塑成为园林环境中一个有机的组成部分。此外，题材的选择要善于利用地方上的民间传说和历史遗迹。广州越秀公园的五羊雕塑（图5-136）就是选择了人们喜闻乐道的民间传说，五羊故事情节神奇美妙，引人入胜，在广州民间世代相传，五羊城，穗城之得名也源于此。越秀公园选择高地塑造五羊雕像，是十分适宜的。同样在南京莫愁湖公园庭院里所塑造的人物雕像，也只有莫愁女这一题材能予游人以艺术深刻的感受。因此雕塑的取材绝不能脱离园林建筑的特定环境，甚至宁静与活泼这两种性质不同的空间都应在取材上有所反映。"小憩的鹿群"所表现的那样悠闲、宁静、安祥、冥思的气氛，对一个庭院所追求的舒适、安宁是非常协调的；而"展翅高翔的天鹅"所表现的欢快、乐观、向上的气氛，同公园供大量游人活动的欢跃的场景是十分合拍的。那种不看条件，不区别对象，任意设置同环境不相干的雕塑，其艺术的感染作用是难以发挥的。

园林雕塑小品的题材确定后，在建筑环境中应如何配置是一个值得探讨的问题。因为它不同于架上雕塑，它有着固定的"陈设"条件；也就是特定的空间环境，特定的观赏角度和方位。广州流花公园的"美人鱼"雕塑（图5-137）就是以白色的塑像和黑色的石块相互衬托组织人流的观赏范围，以使雕像与观赏者之间形成一个特定的观赏关系。一般架上雕塑可以随意摆在什么地方，随意选择其背景，甚至照明也可以由人工进行安排，但处于园林环境的雕塑却由于地形、地物的存在，人流活动线路的走向，空间的开阔与封闭等因素，雕塑的创作必须与其相适应。广州五羊雕塑，同越秀公园木壳岗的山势相统一，老仙羊前腿屹立在山岩上翘首含穗，颈项高昂，形成了高耸的构图，其余四只仙羊互相依偎烘托出老仙羊的威严与慈爱，雕塑素材采用浅色的花岗石以天空为背景，形象鲜明醒目，整座雕塑十分妥贴地融合在岩岗绿丛中。作为园林雕塑，绝不能只孤立地研究雕塑本身，应从建筑环境的平面位置、体量大小、色彩、质感各方面进行全面的考虑。雕塑的大小、高低更应从建筑学的垂直视角和水平视野的舒适程度加以推敲。其造型处理甚至还要研究它的方位朝向以及一日内太阳起落的光影变化。

同雕塑直接结合在一起的建筑要素，一般是指基座而言。基座的处理应根据雕塑的题材和它们所存在的环境，可高可低，可有可无，甚至可以直接放在草丛和水中。南京莫愁湖的莫愁女雕塑没有像座，而是直接摆在石旁水边，如果位于高台那就会完全丧失其亲切生动的情调。上海动物园鹿群的雕塑完全排除了人工环境而是直接摆在湖滨的草坪上，使其生活气息更加浓郁。重庆文化宫的"天鹅展翅"几乎就是从水中冲出，完全取消了基座

图 5-131 果皮箱雕塑

图 5-133 哈尔滨斯大林公园"抚琴"雕塑

图 5-132 哈尔滨斯大林公园"跳水"

图 5-134 哈尔滨斯大林公园"攻读"雕塑

359

图 5-136 广州越秀公园"五羊"雕塑

图 5-135 哈尔滨斯大林公园"小憩"雕塑

图 5-138 重庆文化宫的"天鹅展翅"

图 5-137 广州流花公园的"美人鱼"

图 5-139 沈阳南湖公园的"牧鹿"

（图5-138）。沈阳南湖公园的"牧鹿"是使雕塑融于丛山与松涛之中，也无独立的基座（图5-139）。这些处理手法都显得异常生动活泼。哈尔滨斯大林公园的雕塑，由于它们置于人行道上，因此作出了比较高的独立基座，使雕塑高于行人，这样，雕塑显得很挺拔，具有较多的艺术陈设品的趣味。因此，可以说像座无一定的格式，不可千篇一律，也不要草率从事，务求配合得宜，相得益彰。

目前园林雕塑小品中存在的问题是缺乏统一规划，不少题材相似，被人们批评为："'鹿群'到处跑"，"'天鹅'满天飞"。因此，今后各城市兴建大型雕塑及园林雕塑小品时均应统一规划，既要抓好雕塑本身的艺术质量，也要力求题材新颖独特，避免雷同。

八、花　　池

在现代庭园中，花池是庭园组景不可缺少的手段之一，甚至有的在庭园组景中成为组景的中心，既起点缀作用，也能增添园林生气。

花池随地形、位置、环境的不同，是多种多样的。有单个的花池，也有组合的花池（图5-140），可以是大面积的花坛，也可以是狭长形的花带，有的将花台与休息坐椅结合起来（图5-141），也有的把花池与栏杆踏步等组合在一起，以便争取更多的绿化面积创造舒适的环境（图5-142）。在东方特别是在我国传统园林中，多以自然山水布局为主，庭园组景讲究诗情画意，植物多为自由栽种，很少采用花池形式。反之，于庭前篱畔不论丛栽孤植，虽范以陶砖乱石，只要剪裁有度，点缀得宜便辄成景（图5-143）。也有类似西方园林花台的"牡丹台"的做法（图5-144）。或者有的在曲廊转折处留一天井开口，争取阳光，进行绿化。

在我国现代园林建筑实践中，花台的处理手法，在吸取我国古典手法和西洋手法的基础上有较大的创造和发展。例如结合平面布置，利用对景位置设置花台；或在屋顶辟半方小孔，透进阳光雨露，种植花木。如广州矿泉别墅走道尽端处理（图5-145），友谊剧院贵宾室花池（图5-2）。有时也把花池与主要观赏点结合起来，将花木山石构成一个大盆景。如广州白云宾馆屋顶花园盆景花池（图5-146），上海西郊公园盆景花池（图5-147）。有的结合竖向构图，把花池作成与各种隔断、格架或墙面结合的高低错落的花斗。这种由南方传统园林壁上花插脱胎出来的壁面花斗形式，在现代南方园林建筑小品中大量采用，使绿化得以有机地和建筑装修结合起来。在构图上形成富有趣味性的景点（图5-148、5-149）。

图 5-140　组合花池

图 5-141　带坐位的花池

图 5-142　与栏杆结合的花池

图 5-143　山石组成的花池

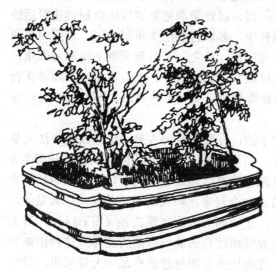

图 5-144　牡丹台

图 5-145　广州矿泉别墅走道尽头花池

图 5-146　广州白云宾馆天台花园大盆景

图 5-147　上海西郊公园大盆景

图 5-148　越秀公园小卖部花斗

图 5-149　壁上花斗

图 5-150　室内花盆箱及花盆盒

图 5-151　造型花池

　　在国外，花池多讲究几何形体，诸如圆形、方形、多边形等。在古典西洋园林中每每把花池与雕塑结合起来，或在庭园中布置有一定造型的花盆、花瓶。这些手法在东欧和苏联现代庭园布置中仍有采用（图5-150、5-151、5-152）。

图 5-152 广州东方宾馆屋顶花园花池

图 5-153 面砖花池

图 5-154 磁砖花池

图 5-155 洗石花池

图 5-156 干粘卵石花池

图 5-157 干粘石花池

花池在国外也用于室内。大都采用可以移动的花盆盒或花盆箱随季节变更而更换盆花。花池造型简洁多样。随着屋顶花园的盛行，这种可移动的花池也陆续发展到天台屋顶上。为了减轻荷载，有的甚至采用轻质疏松的培养基来取代土壤栽植花木。另一方面取其便于搬动和有利于按照设计者的要求进行布置。

建造花池的施工工艺和材料也是多种多样的。有天然石砌筑的，有规整石砌筑的，混凝土预制块砌筑的，此外还有砖砌筑和塑料预制块砌筑的。表面装饰材料有干粘石，粘卵石，洗石子，磁砖，玛赛克等（图5-153～图5-157）。

九、栏杆（边饰）

栏杆在园林建筑中，除本身具有一定的功能作用外也是园林组景中大量出现的一种重要小品构件和装修。园林中的栏杆要经过一番推敲才能匠心独具，获得完美的形式。在栏杆的设计中，诸如栏杆与主体建筑的关系、栏杆与所在环境的关系、栏杆的尺度控制，栏杆的韵律与动静感、栏杆的虚实、黑白关系的处理等都是十分重要的，设计者要经过一番创造性的推敲，才能得到理想的作品。

栏杆与建筑的配合，主要在单体建筑的设计中解决。要注意与建筑风格的协调，且能与建筑物其他部分形成统一的整体，宜虚则虚，宜实则实，还要注意主次分明。

栏杆的形式和虚实与其所在的环境和组景要求有密切的关系。临水宜多设空栏。避免视线受过多的阻碍，以便观赏波光倒影，游鱼禽鸟及水生植物等。水榭、临水平台、水面回廊、平水面的小桥等处所用的栏杆即属之（图5-158、5-159）。

高台多构筑实栏，游人登临远眺时，实栏可予人以较大的安全感。由于栏杆作近距离观赏的机会少，可只作简洁的处理。若栏杆从属于建筑物的平台，虽位于高处，也须就其整体的构图需要加以考虑（图5-160）。

在以自然山水为主的风景点，盘山道若需设栏杆，一般亦多设置空栏，有的甚至只用简单的几根扶手，连以链条或金属管务求空透，不影响自然景色，不破坏山势山形及风景层次。如云南石林,安徽黄山,辽宁千山,陕西华山及朝鲜金刚山等风景地所采用的栏杆皆属此例（图5-161、5-162）。

图 5-158 广州动物园水榭空栏

图 5-159 广州东山湖公园水边塑竹栏

图 5-160　桂林芦笛岩洞口休息平台栏杆

图 5-162　朝鲜金刚山栏杆

图 5-161　黄山飞来峰栏杆

图 5-163　槛墙

1.栏杆的尺度控制

　　栏杆在构图上具有垂直方向的性质，又接近游人，其尺度合适与否易于为人察觉。特别在庭园的小空间中与组景的关系显得更为密切，在设计时不能掉以轻心。在小空间的庭园中若配以适当小尺度的栏杆，通过对比的作用可以使人顿时感到空间的扩大，虽处斗室，亦无局促之感。如苏州园林中游廊多处理成小尺度的低矮槛墙，除可供人休息外，在构图上也是尺度控制的一种好办法（图5-163）。日本东京馆竹叶小型旅馆入口庭园位于热闹市区，虽咫尺空间，但对进门的小桥栏杆作了恰如其分的小尺度处理，使庭园空间显得开阔起来，如若不设栏杆，空间没有最小的量度单位，反而不能达到以小衬大的目的（图5-164）。

　　有时为了保证安全，栏杆必须要有一定的高度，为了不致使这一尺度破坏整个庭园空

图 5-164　日本东京馆竹叶旅馆入口矮栏

图 5-165　美人靠

5-166　栏杆的黑白变化

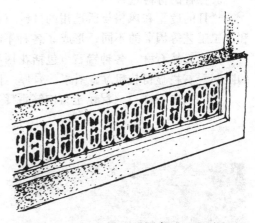

图 5-167　广州泮溪酒家玻璃花砖栏杆
（质感和色彩之对比变化）

图 5-168　广州白云山弯曲栏杆

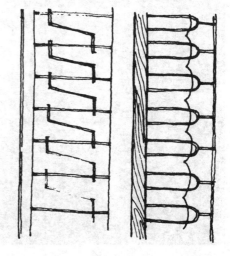

图 5-169　斜线和弧线具有运动感

367

间的比例，我国传统庭园中多采用把栏杆与坐凳结合成美人靠，把栏杆从水平方向横分为二，再加上色彩的区别。一黑一白，一虚一实从而使一大变为二小，亦达到了尺度控制的目的（图5-165）。

2.栏杆的韵律与对比

栏杆也具有水平连续的性质，重复出现的构件必然涉及韵律的处理问题，例如疏密、虚实、黑白等关系。其至还会出现有动静感的处理问题。

在园林建筑中，顺光时实栏的色彩感觉，系以白（栏杆的实体部分具有图案中白色的效果）为主的，从而形成黑白的对比关系，而处于背光的同种栏杆，其黑白效果，则会完全颠倒过来。如果再加上色彩和材料质感的处理，黑白的趣味感将更为丰富（图5-166、5-167）。

我们所说的动静感，也是韵律的一种表现，在我国房屋建筑的处理中历来不大为人所注意，而在国外建筑构图中，特别是在工艺美术及建筑小品中则随处可见，在栏杆的韵律处理上体现得更为明显（图5-168、5-169）。

3.栏杆的材料选择

栏杆的造型和风格与所选用的材料有密切的关系。各种材料由于其质地、纹理、色彩、和加工工艺等因素的不同，形成了各种不同的造型特色和风格。

（1）天然石材　各种岩石（包括花岗石、大理石）由于石质坚硬，受到加工手段一定的限制。石栏显得较粗犷、朴素、浑厚（图5-170）。

（2）人造石材　（混凝土与钢筋混凝土）多由塑性材料仿作，由于制作自由，造型比

图 5-170　天然石栏杆

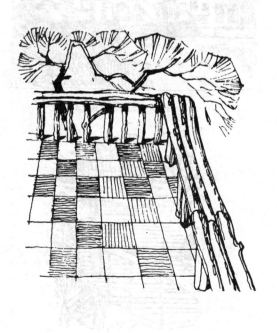

图 5-171　塑造仿木栏杆

较活泼，形式丰富多样。色彩和质感可随设计要求而定。亦可获致天然石材的效果。

（3）金属 钢栏杆包括钢管、型钢和钢筋等作成的栏杆。此类栏杆造型简洁、通透，加工工艺方便，造型丰富多样，且可作成一定的纹样图案，便于表现时代感，耐久性好。用于室外时其表面须加以防锈蚀处理。

铸铁栏杆，可按一定的造型浇铸，耐剥蚀、装饰性强，较石材栏杆通透，比钢材栏杆稳重，虽能预制，但由于造价太昂贵，不能广泛采用。

（4）木材（竹材） 材料来源丰富，加工方便。属优良品种的木料其色泽、纹理、质感极富装饰性，但耐久性差，多用于室内。用于室外需加以防腐处理和防水保护措施，在现代园林建筑中很少用于室外。为了达到自然竹木材料的装饰效果，广州等地近年来在园林中大量采用塑性材料仿塑竹木栏杆，颇具竹、木材的自然风味，耐久性也强。是值得推广的好经验（图5-171）。

（5）砖栏杆 施工方便，能砌出不少花样，变化丰富，我国古代园林中曾大量采用，但由于其色彩和加工工艺的局限性，在现代园林中已很少采用。但陶质和琉璃砖栏杆是我国的宝贵遗产，富有东方色彩，应在降低成本的前提下加以改进。

十、梯级与蹬道

梯级在园林建筑中主要作为垂直方向的联系手段，在构图上亦可以分隔空间，打破水平构图的单调感。空透的梯有时也起着类似隔断的作用。楼梯还可以形成动的组景，自然地引导人们按一定的程序观赏景物。一个处理得成功的梯级，本身就可视作一个景点，故也有梯景之称。

梯由于其位置和组景的不同处理，形式也是多种多样的。

1.梯的处理手法

梯的位置应服从平面组合的要求，在解决功能的基础上考虑其造园效果，以下就各种梯式处理手法进行一些分析。

（1）悬挑梯 这类梯在庭园中多处理成三面凌空，成为庭园中组景的中心，属这类梯的有广州矿泉别墅悬挑梯，广州邮电大楼悬挑梯等。

广州矿泉别墅悬挑梯是处理得比较成功的。该梯位于支柱层东端，作为底层和二层的垂直联系，又成为支柱层的一组端景。它既分隔了支柱层空间和庭园，又增加了组景的层次而不使庭园一览无余。由于有梯的分隔，使庭园空间在上下、左右，内外各自形成了不同变化的景观，当人们由梯循级而上，亦有一种步移景异动的景观的感受，虽然庭园空间并不太大，梯景却起着支配园景变化的作用（图5-172）。

（2）半开敞梯 这类梯多处理成向庭园方向敞开一到两个面，通过隔断和玻璃墙使梯内外的庭园景色融为一体。广州白云宾馆餐厅庭园梯是这类梯中处理得较成功的一例。该梯一侧用大片玻璃墙把室内外空间沟通，并且在梯平台处大胆地采用开敞的处理，把庭园中一组苍劲的巨榕透入室内，使梯间笼罩在古朴、宁静、清雅的气氛中。梯上梯下各空间景色的变化，亦引人入胜（图5-173）。

（3）旋梯 这类梯旋律活泼，有一种强烈的动感，富于装饰性，并有助于从竖向扩大空间使室内景象得到变化。东方宾馆新楼北大厅旋梯，上海西郊公园接待室旋梯，广州南园酒家飞梯，都属此类（图5-174、5-175、5-176）。

广州东方宾馆新楼北大厅旋梯，旋转作半圆周状，处理简明大方，在宽度较大的门厅

图 5-172　广州矿泉客舍悬梯

图 5-173　广州白云宾馆开敞梯

图 5-174　广州东方宾馆北门厅旋转梯

图 5-175　广州南园飞梯

图 5-176　上海西郊公园接待室旋梯

图 5-177　桂林榕湖饭店四号楼庭园小梯

里通过梯的设置使空间从竖向得到扩大。梯下一潭如镜的水面形成的倒影，增添了空间的层次；梯旁一组红木桌凳在几株棕竹盆栽的衬托下，改善了旋梯周围空间的局限性，收到丰富梯景的效果。另外尚有一些处理得较有特色的梯级小品，例如桂林榕湖饭店四号楼庭园小梯，由于把梯单独设于庭园内，既加强了平面组合的紧凑性，又改善了庭园空间的单调感。通过梯段的竖向延伸扩大到平屋顶上，也丰富了小院空间的趣味性。(图5-177)。

广州华南植物园接待室的室外梯虽然造型并不特别，但由于巧妙地在梯上绕以攀援植物，并配以其他绿化，从而得与园中其他景色浑然一体，格局自然，富有生气(图5-178)。

在梯景设计中应利用梯段造型，因地制宜，敢于创新。

2. 石梯、蹬道

石梯和蹬道在造园和组景中常以之组织室外竖向交通。一坡毫无变化的石级枯燥乏味，容易使人望而生畏，挫损游人登攀的兴致，因此在我国传统园林中多把石级和堆山叠石结合起来，形成随地势起伏的蹬道或爬山廊，使其与园林环境，建筑物的布局有机地融在一起，让游人在观赏中不知不觉地向上攀登，这样的处理，既解决了交通的联系又丰富了组景的内容，是园林建筑设计中一举多得的好办法，在传统园林中是经常采用的，在现代造园实践中也有不少成功的例子。

广州泮溪酒家内庭，一幢两层的小餐室旁利用蹬道结合假山布置，自然地把宾客引导到第二层，避免了上下两层人流的相互干挠。在庭园中做成有山有水，有廊有桥，有高有低，有起有伏富有变化的景色 (图5-179)。

在大型公园或自然风景区亦可采用蹬道的手法代替某些石级，如广州烈士陵园的天然石蹬道，流花公园的一组以水泥塑造的仿树桩蹬道 (图5-12)，此外还可以做成仿木板、仿木桩等形式，凡此种种均饶有山林野趣。凡是依山就势自然凿出的蹬道，处理时应与地形地貌相协调。以保持自然的情趣 (图5-180)。

日本古典庭园中也有类似的手法，如桂离宫草地上一组飞石和园门内的石蹬道相互呼应，富有节奏感(图5-181)。

图 5-178　广州华南植物园室外梯

图 5-179　广州泮溪酒家假山登道

图 5-180　广州流花公园树桩登道

图 5-181　日本桂离宫乱石园路

在园林建筑中必要时即使属普通的石级也应进行小品化的处理；如平面组合的变化；栏杆花池的配合；材料特色的发挥；表面质感的加工等。总之一定要着眼组景的效果，能予人以轻快的感受，不致因处理不当而破坏园林组景的全局。

十一、小桥与汀步

我国传统园林以处理水面见长，在组织水面风景中，桥是必不可少的组景要素，桥具有联系水面风景点，引导游览路线，点缀水面景色，增加风景层次等作用。

庭园中的桥多采用小桥或汀步。因而列入小品范围。在大型园林中，如颐和园和杭州西湖等在广阔水面上所采用的一些大型桥梁尽管其体型较大，但在造型上亦十分讲究。如颐和园玉带桥（图5-182）。

小水面架桥，取其轻快质朴，常为单跨平桥。水面宽广或水势急湍者设高桥并带栏杆。水面狭窄或水势平静者，可设低桥免去栏杆。水与山相邻，山下岩边桥面临水不宜高，以显山势峥嵘。水面与地面水平相近，架桥低临水面，亦可使游人濒溪漫步，别饶情趣。在清澈的水面，要巧于利用桥的倒影效果。平坦地段桥式宜有起伏变化的轮廓。

单跨平桥　造型简单能予人以轻快的感觉。有的平桥用天然石块稍加整理作为桥板架于溪上，不设栏杆，只在桥端两侧置天然景石隐喻桥头，简朴雅致。如苏州拙政园曲径小桥（图5-183）、广州荔湾公园单跨仿木平板桥，亦具田园风趣（图5-184）。

曲折平桥　多用于较宽阔的水面而水流平静者。为了打破一跨直线平桥过长的单调感，可架设曲折桥式。曲折桥有两折、三折、多折等。广州东方宾馆内庭池面的三折桥（图5-185）。从高处俯瞰，活泼多姿。南京瞻园假山下四折曲桥，桥面较窄，桥板甚薄，并以微露水面的天然石为磴，桥低贴水面，桥上亦不设栏杆，步于其上，对水面倍感亲切（图5-186）广州火车站内庭曲桥，桥面与路面采用同一铺砌，使桥与路一气呵成（图5-187）。杭州三潭印月曲桥轻快活泼（图5-188）。上海城隍庙九曲桥，饰以华丽栏杆与灯柱，形态绚丽与庙会时的热闹气氛相协调（图5-189）。

拱券桥　用于庭园中的拱券桥多以小巧取胜，网师园石拱桥以其较小的尺度，低矮的栏杆及朴素的造型与周围的山石树木配合得体见称（图5-190）。广州流花公园混凝土薄拱

图 5-182　北京颐和园玉带桥

图 5-183　苏州拙政园曲径小桥

图 5-184　广州荔湾公园平板桥

图 5-185　广州东方宾馆内庭三折桥

图 5-186　南京瞻园假山下曲桥

图 5-187　广州火车站内庭小曲桥

图 5-188　杭州"三潭印月"曲桥

图 5-189　上海豫园九曲桥

图 5-190　苏州网师园石拱桥

桥造型简洁大方，桥面略高于水面，在庭园中形成小的起伏，颇富新意（图5-191）。厦门万石岩寺庙前的德寿石桥凌跨涧上，直通寺庙。石材桥面及栏杆颇古朴、简洁（图5-192）。

水景的布置除桥外在园林中亦喜用汀步。汀步宜用于浅水河滩，平静水池，山林溪涧等地段。近年来以汀步点缀水面亦有许多创新的实例：

杭州黄龙洞自然石汀步，虽只三、四块，但与自然环境十分协调，远胜架桥其上（图5-193）。

上海虹口公园长廊的不规则汀步，虽造型尚欠成熟，但有一定的创造性（图5-194）。

桂林杉湖公园水榭树桩汀步，在处理上深得自然韵味（图5-195）。

桂林芦笛岩、成都锦水苑庭园的荷叶形汀步，亦属一种大胆的创造。荷叶片片浮于水面，高低错落，造型变化有趣，游人跨越水面时，更富与水面的亲切感（图5-196）。

十二、庭　园　凳

园林作为供游人休息的场所，设置坐凳是十分必要的，坐凳除具有功能作用外，还有组景点景的作用。在庭园中设置形式优美的坐凳具有舒适诱人的效果，丛林中巧置一组树桩凳或一组景石凳可以使人顿觉林间生意盎然。在大树浓荫下，置石凳三、二，长短随宜，往往能变无组织的自然空间为有意境的庭园景色（图5-197，5-198）。

坐凳设置的位置多为园林中有特色的地段如池边、岸沿、岩旁、台前、洞口、林下、花间，或草坪道路转折处等。有时一些不便于安排的零散地也可设置几组坐凳加以点缀，甚至有时在大范围组景中也可以运用坐凳来分割空间。

坐凳根据不同的位置、性质其所采

图 5-191　广州流花公园小拱桥

图 5-192　厦门万石岩的德寺桥

图 5-193　杭州黄龙洞汀步

图 5-194　上海虹口公园长廊汀步

图 5-195　桂林杉湖公园水榭汀步

图 5-196 成都锦水苑庭园汀步

图 5-197 广州烈士陵园凳

用的形式，足以产生各种不同的情趣。组景时主要取其与环境的协调。如亭内一组陶凳，古色古香（图5-199），临水平台上两只鹅形凳别有风味（图5-200），大树浓荫下一组组圈凳粗犷古朴（图5-201、5-202）。于城市公园或公共绿地所选款式，宜典雅、亲切，在几何状草坪旁边的，宜精巧规整，森林公园则以就地取材富有自然气息为宜（图5-203）。

在现代园林中创造了许多各具特色的坐椅，大量性的则以采用预制装配为多，上海虹口公园及向阳公园仿古几何形的混凝土凳，古而不老，新而不怪，也是一种成功的尝试（图5-204）。

其他各种造型优美的混凝土凳亦足资参考（图5-205）。如上所述，在传统园林中尚有各种与栏杆结合的美人靠、低槛墙、矮栏等坐凳形式，在近代园林中亦可斟酌使用（图5-206）。

图 5-198 广州流花公园桌凳

图 5-199 苏州园林一组陶凳

图 5-200　桂林芦笛岩水榭鹅凳

图 5-201　树下圈凳

图 5-203　苏联森林公园原木坐凳

图 5-202　树下圈凳

图 5-204　仿古几何形坐凳

图 5-205　各式坐凳

图 5-206　矮栏坐凳

十三、庭　园　灯

庭园灯在园林建筑组景中也是一种引人注目的小品。白天园灯可点缀庭园组景，夜间柔和的照明，可充分发挥其指示和引导游人的作用，同时亦可丰富庭园的夜色。庭园灯还有突出组景重点，有层次地展开组景序列和勾画庭园轮廓的作用。特别是临水庭园灯，衬托着涟漪波光，别具一番风味。

庭园灯可分为三类：第一类纯属引导性的照明用灯,使人循灯光指引起到导游的作用。在布置时要注意两灯之间应保持一定的连续性和呼应（图5-207）。第二类是在较大面积的庭园、花坛,广场和水池间设置庭园灯来勾画庭园的轮廓，使庭园空间在夜间仍然不失其风貌，如果再加以彩色光辅助将更加生动(图5-208)。第三类属于特色照明灯，此类庭园灯并不在乎有多大的照明度，而在于创造某种特定的气氛。如我国传统庭园和日本和风庭园中的石灯（图5-209、5-210）。杭州西湖"三潭印月"，每当月明如洗，亮着的三个葫芦形石灯在湖面上便会出现灯月争辉的奇异景色。在现代庭园中也有这类灯的应用：如广州矿泉别墅庭灯；海珠花园庭园石灯（图5-211）和中山纪念堂新接待室庭灯。

庭园灯的造型不拘一格，凡具有一定装饰趣味，符合庭园使用要求，如防御风雨，均可采用。同一庭园中除作重点点缀之庭灯外，各种灯的格调应大致协调。

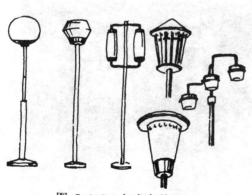

图 5-207　各式室外庭园灯

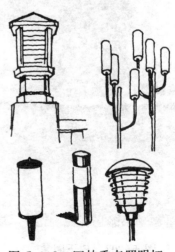

图 5-208　园林重点照明灯

图 5-209　古典庭园石灯

图 5-211　广州海珠花园庭园石灯

图 5-210　日本庭园石灯

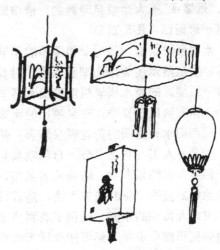

图 5-212　室内各式装饰灯

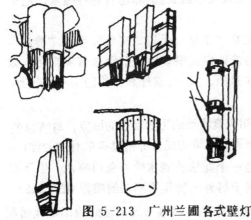

图 5-213　广州兰圃 各式壁灯

图 5-214　国外庭园隐灯

室外灯多作远距离观赏，或观赏光的效果，灯的造型宜简洁质朴，尽量避免纤细和过分繁琐的纹饰。灯杆的尺度与所在空间要配置得宜，有时也可以将同类型灯成组设置，作为某一组景的趣味中心。作为局部空间中的灯或重点灯虽处于室外也可以处理得丰富一些，以增添灯的情趣。室内的装饰灯，由于具有近距离的静观性质，造型应较精巧富丽。诸如我国传统的宫灯、花灯、诗画灯、彩灯或其他装饰灯。亦可在园林建筑中特定的场合选用。此外尚有各种造型的壁灯，如广州兰圃竹筒壁灯也富有地方特色(图5-212、图5-213)。

有的庭园灯只着重观赏灯光，并不突出灯的形式，有的甚至将其隐匿，俾于夜间产生一种出人意料的效果。国外庭园采用此类手法的较多（图5-214）。

现代庭园中灯的设计随着技术的发展手法日渐多样化。如广州兰圃一座仿树木质感的庭灯，作工细致，再加以藤蔓缠绕，真真假假，难以辨认，是比较成功的佳作（图5-128）。

十四、喷 水 池

庭园中的喷泉及水池，能使庭园富于生气，是美化环境的重要手段。它比起植物栽植或其他园艺小品，收效快，点景力强，易于突出造园的效果。在设计要求上可粗可细，维护工作可大可小，于面积不大的庭园中更为人所喜爱。

随着东西方文化的交往，西洋喷泉和几何形体规划的园林一起传入我国，明清以来不论在皇家园林或私家园林都有西式喷泉的出现。如圆明园西洋楼部分的"海晏堂"、"大水法"、"远瀛观"等大型喷泉即属之，惜均毁于战火；目下北京故宫御花园中的龙头型喷泉，仅其一斑而已（图5-215）。

水面反映景物，随时令和季节的不同而富于变化。若池中设置喷泉，水声波影将更添风趣。喷泉落水还能净化湖水水质，对养殖鱼类具有良好的增氧作用。广州几个公园的水池目下所增置的喷水增氧机能喷出水高3至4米，落水直径10至12米，喷水场面异常壮观。此外，南方地区在夏季，喷泉喷出的水雾及其所湿润的空气，也可以收到调节小气候的功效，成都锦水苑庭园的荷花喷泉即属一例（图5-216）。

喷泉有人工与自然之分。自然喷泉是大自然的奇观，属珍贵的风景资源。人工喷泉流行于西方，多饰以人物、动物或者某些以神话故事为题材的雕塑，成为美化城市广场，公共绿地和公园的常见的造景手法。随着科学技术的发展出现由机械控制的人工喷泉后，为园林组成大面积的水庭，提供了有利的条件。喷泉的设计日益考究，对喷头、水柱、水花、喷洒强度和综合形象等都可按设计者的要求进行处理。日本东京地下街近年来出现了由电子计算机控制的带音乐程序的喷泉。国内最近于北京鼓城小区公园，亦建有音控喷泉，池中央立有雕像，造型新颖、明快（图5-217）。

在中国传统风景名胜中不少以泉而闻名，如北京"玉泉"，无锡"二泉"，镇江"冷泉"，杭州"虎跑"、"龙井"，济南的"趵突泉"等。泉的造景样式很多，一般手法着重自然，如就山势作飞泉，岩壁泉，滴泉；于名山古刹则多作泉池、泉井，或任其自然趵突不加裁剪。亦有在泉旁立碑题咏，点出泉景的意境。

沈阳中山公园"阳光雨露"塑像喷泉，雕塑通过一组天真活泼的儿童玩水的形像，与喷泉的功能结合得十分自然有趣，惜基座的处理尚欠成熟，与周围环境的配合亦稍显孤单(图5-218)。

哈尔滨斯大林公园的"鱼群"喷泉，实际上是一个花坛的洒水栓，鱼口喷水，但下面不设水池，水成雾状，时断时续，喷于花坛上，是属于另外一种作用不同的喷泉(图5-219)。

广州小北街心喷泉，是街心花园设置喷泉的优秀作品，喷泉与大尺度的假山及池面配

图 5-215　北京故宫御花园喷泉（左上）

图 5-216　成都锦水苑庭园喷泉（左中）

图 5-217　北京古城小区音控喷泉（左下）

图 5-218　沈阳中山公园"阳光雨露"
　　　　　喷泉（右上）

合得体，造型气势浑厚质朴。假山全部用砖砌水泥抹面，造价经济，施工快捷，假山所配的地方绿化品种更添几分南国情调（图5-220）。

图 5-219 哈尔滨斯大林公园"鱼群"喷泉

图 5-220 广州小北街心喷泉

结 束 语

解放以来，我国园林事业随着社会主义建设的蓬勃发展而进入了新的历史时期。全国各地都在不同程度上开展了新园林与新建筑的创作，各具特色，成果丰硕。一般说来，这些园林与建筑设计大多体现了社会主义的物质文明和精神文明，积累了许多宝贵的经验。但也必须看到，实践的道路是不平坦的，在创作思想上和造园手法上还存在着若干值得商榷的问题，有待进一步的探索。为此在本书的结束语中，提出下列几点意见，以供讨论。

一、新时代与新需要

在社会主义新时代，人民的生活、思想和情感都起了很大的变化。新形势、新任务对园林与建筑设计也提出了新的要求。归纳起来，社会主义新园林与新建筑主要负有下列三项任务：

1. 丰富和活跃人民生活——在社会主义时期，人民是社会的主人，园林内容要充分体现人民性，满足人民物质和精神生活的需要。如解放后新建的北京紫竹院公园、上海南丹公园、广州越秀公园、武汉东湖公园，以及其他各类文化公园、娱乐游园、休憩园地等，它们为广大群众服务的目的性是明确的，在内容上既丰富多彩，布局上也灵活多样，表现了欣欣向荣的新时代风貌。由于各地人民的生活习惯不同，各阶层人民的活动规律不同，在新的园林与建筑设计中也逐步体现出内容的多向性，形式的多样性，从而丰富和活跃了不同对象人民的活动要求。

2. 美化和保护城乡环境——美化环境是社会主义的新风尚，城乡园林化是人类健康生存的必要措施。新园林与新建筑在设计上应兼承美化和保护环境的要求。首先在选址和布点上要考虑居民的卫生防护需要，作出合理的安排，其次是要按不同的需要综合研究园林的形式、规模、内容和绿化手段以及各种景观性和服务性的建筑布局等。它们的美化作用应表现出新时代明朗、亲切、轻松的气氛，增加人民的生活情趣，激发人民对社会主义新生活的向往。

3. 满足旅游事业发展的需要——现代旅游观光业的迅速发展，急需扩建和开发一些风景园林、游乐中心和度假村，同时也要相应建造一批宾馆、旅社、茶楼酒家等，其规划与设计的有无吸引力，往往取决于园林手法处理的成败。桂林七星岩、广东肇庆星湖、云南石林等风景名胜区，通过借鉴传统名山庙寺的园林布局手法，把建筑与自然风景融为一体，促使旅游宾客留连忘返。北京、上海、南京、广州等地近年来新建的一些宾馆客舍，运用传统庭园的布局手法，形成种种富有地方情趣和幽雅安静的园景，在国际旅游业中亦获得了良好的声誉。

二、地方特点与环境协调

我国幅员广阔，各地地理环境（地质、地形、地貌等）、气候条件、风景资源和文物古迹等各有差异，历史上就形成了各地不同的园林艺术风格。造园"贵在有我"，园林建筑设计要充分注意到地方特色，其中包括如下方面：

1. 体现当地传统建筑风采与工艺特色——各地庙观、民居、店铺、廊舍等地方建筑，均各有特点，借鉴其造型、色彩、装饰和空间布局手法进行园林创作，将有利于园林建筑地方特色的表现。如前所述北方传统建筑的稳重大方，江南的秀丽典雅，岭南的畅朗轻盈，都是客观的存在，如能善为运用其种种表现手法与技巧，将使我国新园林与新建筑的艺术形象更增添异彩。如仅参照某地园林的模式，全国照搬，千篇一律，那就未免显得贫乏与单调。

2. 利用乡土花木与气象景观——各地均有形、色、香不同的名花异木，如洛阳牡丹、云南茶花、泉州刺桐，又如北方特有的雪松，岭南的椰、葵，这些土生土长、形象鲜明、有浓厚乡土气息的花木，应突出其特有的表征，以增加园林景效。云、雾、霜、雪和天色，亦可用来表现地方特殊的景观，如哈尔滨斯大林公园利用严冬的雪景和冰雕造景，颇为别致；成都、重庆的雾色罩景亦耐人寻味。

3. 利用自然景物特有风貌和古代文物遗迹——各地山川、湖泊、名泉、飞瀑和其他风土乡情景观具有异常诱人的魅力，是发展旅游事业的一项重要资源。要运用传统的因借手法，将其摄取到园景中来，用以构成园林建筑的地区特色。如苏州园林巧依秀丽的水域，借助太湖怪石构山，因地制宜地勾画出不少以水石景为主的独特写意山水画式的景观。同样，各地的寺庙、楼台、古塔、碑碣，以至古文化遗址和革命纪念文物等亦可作为构景对象，以增加更多的乡土风情。

4. 传统地方建筑材料的运用——注意就地取材，发挥传统地方材料的艺术表现力，亦是体现园林建筑设计地方特点不可忽视的因素，如桂林月牙楼、碑林，苏州东园茶室，上海虹口公园艺苑等，由于运用小青瓦、虎皮石墙、木质装修、粉墙、砖瓦脊饰等材料，保存了传统雅素的基调，富有浓厚的地方风味，与周围环境亦易取得协调。此外，各地园林叠山，采用当地的湖石、英石、黄腊石、连川石、松皮石、钟乳石等，亦有助于表现地区园景的特色。广州近年来新建的一些园林，有效地采用了石湾琉璃通花、面饰和当地的彩色玻璃、铸雕、瓷塑等工艺材料，亦很有地方特色。

在处理环境协调方面，首先要注意邻近地区原有建筑的形式、尺度和环境空间对新建园林的影响，当新旧空间难于调和时，可考虑创设一个过渡空间，以作转换。如广州兰圃，东北侧为城市干道，属喧闹的动空间，与兰圃观兰游息的静空间难于协调，构园者在其两者之间垒土作丘植竹，以作屏障，又置古文物小石塔作点景，收到了良好的空间转换效果。

园林对于整个城市来说，可理解为大环境中的一个小环境，新建园林不能不受到大环境条件的制约。忽视大环境因素的影响，将会造成设计风格上的混乱，导致艺术形象上的缺乏整体性与和谐感。

城市与村镇、历史名城与新兴城镇、风景名城与工商业城市、少数民族城市与边疆城镇等，大环境的特点比较明显，新建园林应与之配合得宜。如北京、西安等历史古都，园林宜多考虑文物古迹和传统建筑因素的影响；桂林、杭州、肇庆等自然风景名城，园林宜多考虑自然风光的体现；上海、广州等口岸大城市，园林可多从革新和创新着想。总之，园林与建筑设计要讲山川地貌、风土人情，要懂历史源流、传统文化，在城市总体特征的前提下寻求个性。

三、新技艺与新园林

现代科学的进步，新材料、新结构、新技术、新工艺的发展，为造园的革新提供了新的因素，如在园林建筑的造型、结构、装修等方面创造了许多新的表达手段，在园林新景和新的游乐活动设施上亦增添了不少崭新的内容。

实践说明，各种新技艺带来了各种性质不同的新风格，如上面所提过的广州白云山双溪别墅和广西桂林伏波山和芦笛岩的接待室，建筑均依山崖构筑，用钢筋混凝土作悬挑结构，取得视线开阔，造型简洁的景效。广州白云山爬山廊，广州泮溪酒家水廊、上海动物园金鱼廊等，所采用的钢筋混凝土平屋顶结构，在形、神、势方面仍保持着传统游廊的特色，负起在景观上组景、借景和划分空间的良好作用。建筑形象亦显得十分轻快、明朗。广州矿泉客舍和南京玄武湖白苑饭店的室外悬臂楼梯与山池的巧为配合，亦富有传统云梯轻盈升腾的美感。

现代框架结构的力学原则与传统木构体系是基本一致的。运用现代的结构手段同样可以创造出象古典园林那样灵活多变、渗透流动的空间。各种新装修材料的质感和色彩亦有助于表现现代园林建筑轻快明朗的性格。

在现代造园中，利用新科学设备的成就创造奇特景观者日渐增多，如空中缆车、飞车旋机、电子游戏、人工海涛、人造云雾等，为现代园林增加了富有吸引力的活动项目。无疑地新技术的应用，不能忽略其对自然景观破坏的可能性，在这个问题上应权衡得失，慎重处理。

现代声、光技术的发展亦大大丰富了新颖的园林景致。如各种音控喷泉和水幕所造成的美妙声调旋律。国外还有利用电子技术把静止的内蕴美的艺术创作变为新颖、活跃、充满动力的"动感雕塑"。这种"动感雕塑"是将振动原理、闪光照明和回馈控制系统三种技术结合起来创造而成的。它能在观众的参与下，作出反应，创造出种种不同的视觉形象，五彩缤纷、绚丽夺目的光影变幻和奇妙的投射光束，从而把人们带入神话般的境界。

假山和山石小品是我国传统园林艺术表现的重要表征。但天然景石日趋缺少，且运输亦不经济，如何广开材源，革新工艺以补不足，是今日造园亟待解决的一项问题。假山本来是假，假得有趣反而会添增情趣。广州园林部门近年来用新材料塑造景山、景石已取得不少经验和成就，匠师们运用砖、钢筋、水泥等材料，按一定的艺术构思，塑造了各种不同形象、性格、尺度的山石仿品。

四、广为交流，不拘一格

每一个国家、地区、民族的造园都各有其特点和长处，互相间的交流和学习在历史上是常见的。自汉末佛教传入中国后，西亚和印度的"浅水方池"、"须弥山"、"浮屠院"等园林手法陆续流传到我国。在日本飞鸟时代，我国寓有蓬莱仙岛意境的山水式园林亦传到了日本，随后相继传入的净土宗和禅趣庭园，对之亦有一定的影响。在元代，我国园林已通过马可·波罗介绍到西欧；18世纪初叶，我国山水式园林曾在欧洲风靡一时；清朝乾隆年间，意大利人郎世宁和法人蒋友仁曾把西洋式园林和建筑移植到北京圆明园。上述史实说明，园林艺术的互相交流对园林的发展具有一定的推动作用。在世界文明高度发达的今天，造园经验的广泛交流更有其特殊的意义。

地区间的交流在我国造园史上也是很普遍的。如颐和园中的谐趣园仿摹无锡寄畅园，圆明园的狮子园仿照苏州狮子林，承德避暑山庄烟雨楼仿效嘉兴烟雨楼等。其他各民族间之园林建筑与造景手法之相互影响也是常见的。另外，明代《园冶》和《长物志》、《一家言》等著述的流行，以及造园匠师间的交往，也推动着全国造园经验的相互交融。

现代西方园林常以植物组织景观，并结合大片绿化的几何平面构图来取得开敞宽阔的园林空间，这对环境的美化和保护确有较大的优越性。此外，常见的疏林草地、平岗丛林和森林公园等，亦有花钱少，见效快，又能容纳大量人群的优点，值得我们借鉴。杭州花港公园对于吸收外来造园经验是较成功的，此园基本上运用了我国传统园林山迴路转和空间开合、收放、层叠等的造园手法，而造景处理却参照西洋组景方式，在大面积草地间适当配置了雪松、花坛和集锦式的剪型树木，另外还补饰些亭榭和园林小品等，在造园效果上，别有一番幽雅涵蓄，旷朗清新的韵味。游览道路的处理，在宽度和路线的铺排上亦能考虑到假日大量人流的收容、疏导和吞吐的适应性。

广州地处祖国南大门，兼以华侨众多，造园手法很早就受到外国的影响，解放后新建庭园亦常借鉴于日本和西欧的现代造园技艺经验，并在原来岭南传统庭园的基础上加以创新，为我国当代园林的创作　展开了新的局面。过去日本和西洋曾经学习过我国的造园经验，发展了他们自己的风格，今天我们借鉴外国的造园经验来提高自己，这是合乎发展逻辑的。

五、革新源于生活

解放以来，各地的园林建设事业，在继承我国丰富的造园经验的前提下如何进行革新，这是广大园林工作者所共同关心的问题。

我国古典园林具有鲜明的民族特色，它的伟大成就在世界文化史上将永放光彩。作为历史文物，在特定条件下修复和复制一些名园是需要的，如北京圆明园的复建建议和《红楼梦》大观园的模拟等，但由于不同的时代背景，任何因袭古典造园的形式和手法，都不能完成新时代所赋予新园林建设的伟大任务。

造园的传统与革新是相辅相成的，只有朝着革新的道路前进，不断增加新血液，祖国传统的造园艺术才能发扬光大，才具有生命力。

我国传统造园的产生和发展是一脉相承的，它的艺术创造历来就扎根于丰富的生活土壤，经过历代的积累、提炼和发展，才取得了如此辉煌的成就。

丰富多彩的现代生活增添了新园林与新建筑的创作内容；现代生活题材亦构成了新的造景形象，凡此都做成了与传统造园迥然不同的情趣。如叠山一项，近年来在广州动物园所构筑的狮山和虎山，用新材料塑造出来的丘壑岩穴和峰峦岗谷，气势磅礴，山下配置的泉池、矶渚、丛莽，再现了猛兽栖息的苍野气息，其造景构思是远非古典山水园景所能概括的。

现代园林与雕塑、壁画、园艺、诗文的关系更为密切，结合造园的主题思想运用各种景观小品的形式更为多样。如上文介绍过的南京莫愁湖与广州文化公园园中院所运用的雕塑诗画等，有效地增加了艺术的表现力，其中选用的民间传说、地方风物和历史事迹等题材，充满着生活气息，洋溢着诗情画意。又如上海龙华公园入口处的石景，以现代革命史实"红岩"作主题，亦颇有新意。

园林建设事业是社会主义物质生活不可缺少的重要组成部分、在精神文明方面，它亦负有陶冶人民思想情操和提高人民精神素养的崇高使命。

新园林与新建筑的创新道路是漫长的，要经历一段实践、演进的过程；新的风格只有在"百家争鸣，百花齐放"的方针指引下，经过广大园林工作者和造园家的共同努力，反复实践，不断总结经验，才能逐步形成。

园 林 建 筑 实 录

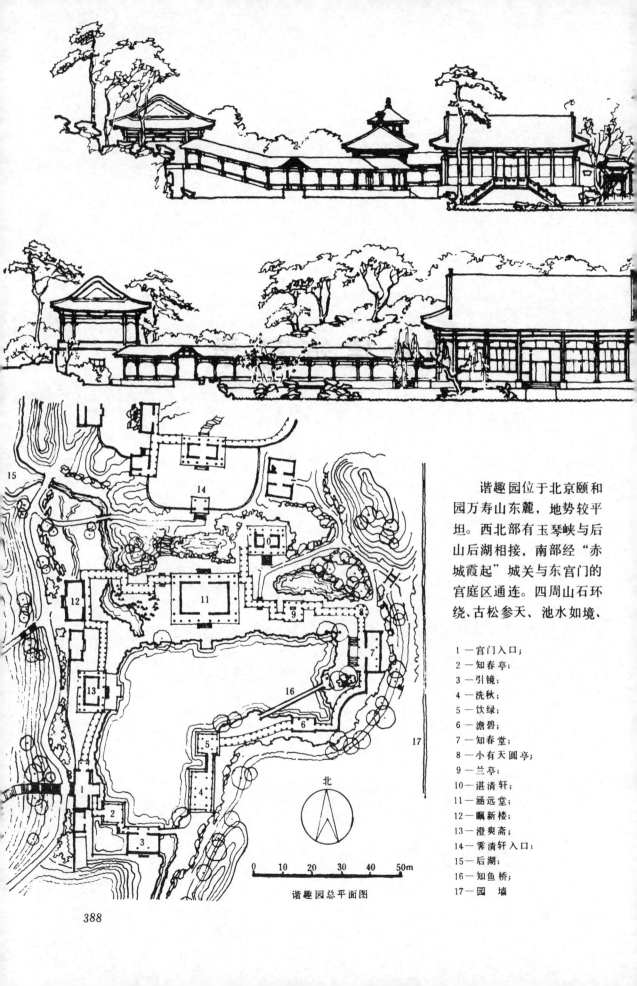

谐趣园位于北京颐和园万寿山东麓，地势较平坦。西北部有玉琴峡与后山后湖相接，南部经"赤城霞起"城关与东宫门的宫庭区通连。四周山石环绕、古松参天、池水如境、

1—宫门入口；
2—知春亭；
3—引镜；
4—洗秋；
5—饮绿；
6—澹碧；
7—知春堂；
8—小有天圆亭；
9—兰亭；
10—湛清轩；
11—涵远堂；
12—瞩新楼；
13—澄爽斋；
14—霁清轩入口；
15—后湖；
16—知鱼桥；
17—园墙

谐趣园总平面图

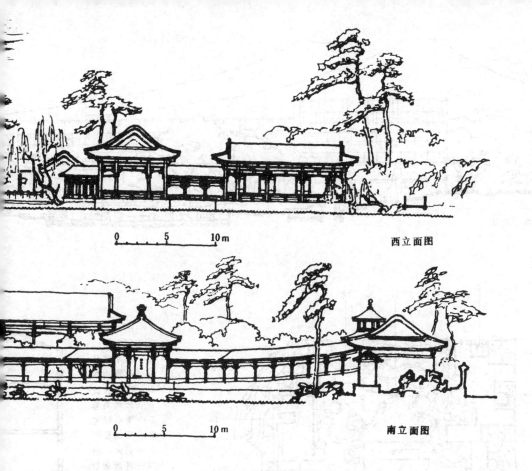

0   5   10 m   西立面图

0   5   10 m   南立面图

建筑精巧，园林格调清幽雅致，与前山景区富丽堂皇的气氛迥然不同，在颐和园内自成一局，有"园中园"之称，慕名来游者至众。

谐趣园初建于1751年（乾隆十六年），原名惠山园，仿自江南名园——无锡寄畅园。1811年重修，1860年被英法联军烧毁，1892年重建。

布局上以水面为中心，北部以山林为主，就自然山势建霁清轩一组建筑，建筑集中于水池南岸，并以折廊与池东、西两岸的建筑相连，北实南虚，互成对比。园入口部位选在西南和西北两个角位，以获得斜角方向上的透视效果，这样的处理既可扩大庭园的纵深感，也保护了中部立体景观的完整性。

（本例图稿由清华大学
冯钟平编绘 并摄影）

北京颐和园谐趣园

纵剖面图

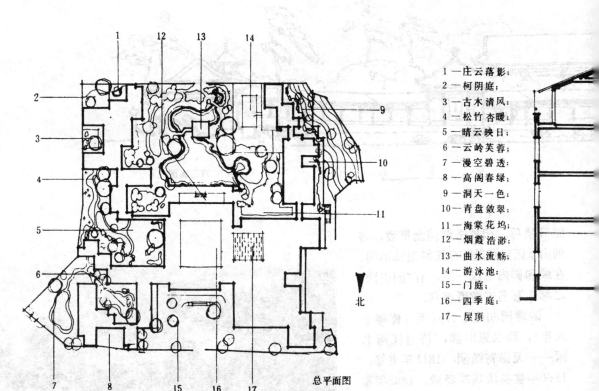

1 —庄云落影；
2 —柯阴庭；
3 —古木清风；
4 —松竹杏暖；
5 —晴云映日；
6 —云岭芙蓉；
7 —漫空碧透；
8 —高阁春绿；
9 —洞天一色；
10 —青盘敛翠；
11 —海棠花坞；
12 —烟霞浩渺；
13 —曲水流觞；
14 —游泳池；
15 —门庭；
16 —四季庭；
17 —屋顶

北

总平面图

　　香山饭店位于北京香山公园内，为一具有322间客房规模的低层庭院式高级饭店，占地３公顷，总建筑面积36,000平方米,建筑占地13,200平方米。系由美籍建筑师贝聿明设计,庭院由北京市园林局设计所檀馨设计， 于1983年初建成交付使用。

　　香山饭店掩映于苍松翠柏间，它利用建筑体形的曲折变化，组成了大小11个优美活泼的室外庭院，庭院的总面积达16,000平方米，经过精心的布置又可分为十八个景点。

　　在主要入口处安排了一个名为四季厅（又名溢香厅）的室内庭园，面积780平方米,处理手法富有中国古老民居四合院的特色。

　　饭店南部正中是整个饭店的主庭院，其间开掘有1,400平方米的人工湖——"流华池" 池中建有莲花浮灯72盏，环湖共分八个景点，主峰迭石上装有人工瀑布，池心青石方台，是重修清乾隆年间的古迹 "曲水流觞"。有小桥可通，桥头所设的铜柱宫灯，入夜灯影摇曳,颇饶雅趣。整个庭

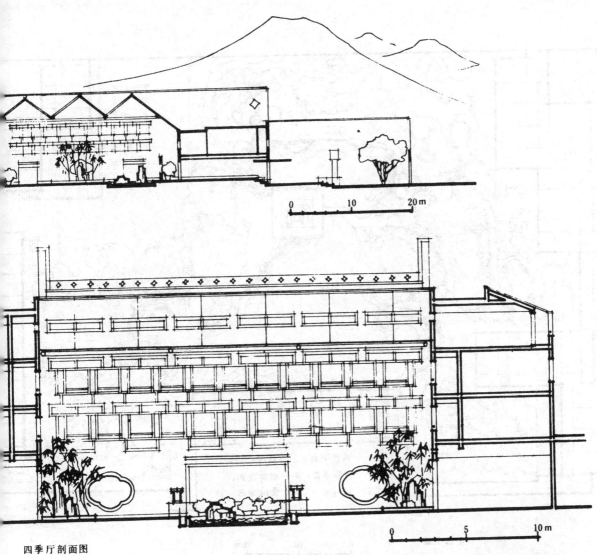

四季厅剖面图

院与建筑统一、和谐，体现了设计人"室内空间与庭园建造不可分隔"的设想，其余各小庭园也各有特色，宁静朴素的气氛尤吻合山庄饭店的意境。

（本例图稿由北京工业大学宛素春编绘，秦凤京摄影）

四季厅

北京香山饭店庭园（Ⅰ）

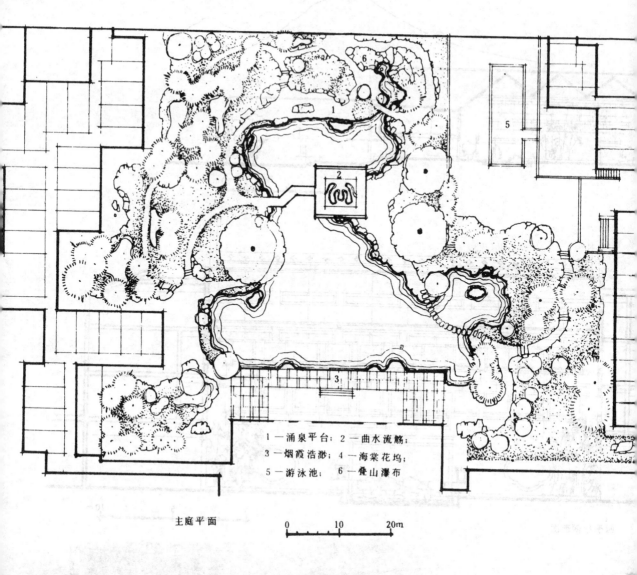

1—涌泉平台；2—曲水流觞；
3—烟霞浩渺；4—海棠花坞；
5—游泳池；6—叠山瀑布

主庭平面

0　　　10　　　20m

主庭山石

松竹杏暖

曲水流觞   叠山瀑布

北京香山饭店庭园（2）

中庭（A视点）

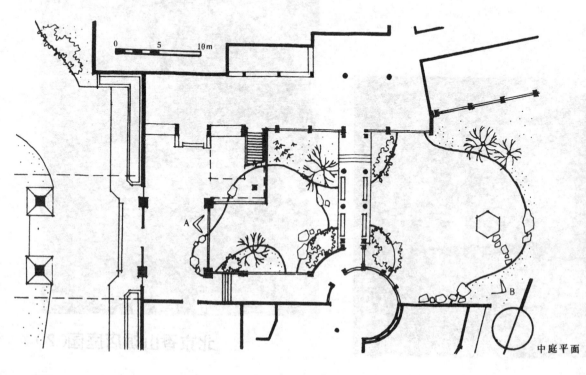

中庭平面

0　　　5　　　10m

A

B

中庭（B视点）

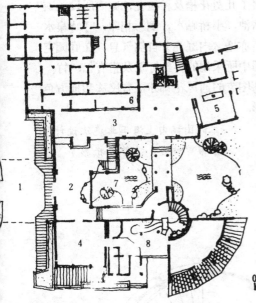

底层平面（局部）

1—入口；　2—进厅；
3—门厅；　4—团体休息；
5—商店；　6—总服务台；
7—中庭；　8—室内庭园

0 2 4 6 8 10m

从门厅看中庭

龙柏饭店位于上海西郊虹桥俱乐部绿化茂密环境幽雅的园子内，设有两处性质不同的庭园。

一为结合进厅沟通室内外空间的水庭。饭店的主入口布置在整个建筑物的一侧，正对大片绿化庭园，旅客一步入进厅，一个绿化布置精致具有江南风味的水庭即跃入眼帘。水庭与外围的大片绿化及庭后的茅亭景点景致共同组成了一幅层次丰富的立体画面。在庭园中环绕水池点缀有湖石，水面设计成两个不同的标高，水由远处经过跌落注入连通进厅的池面，池中还有多处涌泉形成了动与静的对比，加上潺潺水声使寂静的气氛顿添生趣。

另一为布置在六层客房楼南面二层的贵宾用房部分，采用室内庭园方式布置系利用顶部采光。庭园的特点是内向的，在功能上可满足接待贵宾任务的私密性（Individual privacy），在无接待任务时亦可开放供公众使用。

上海龙柏饭店庭园（Ⅰ）

室内空间高低起伏，相互贯通。富有旋律感。地面壁面的处理，多处运用室外材料如面砖、地砖等，局部地面且黏以人造草皮、在绿化布置方面，随宜点缀了几处花槽及种植孔，庭内所设一弯清池，小桥贴水，倒影相印，叮咚泉水声亦增添内庭几分自然气息。在庭园空间中所采用的传统灯笼及带有松、竹、梅图案的通风花饰亦富有民族和地方色彩。

（本例图稿由上海工业建筑设计院
张耀曾编绘，方维仁摄影）

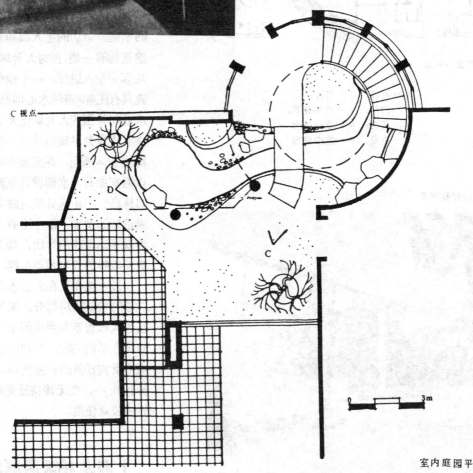

C 视点

0   3m

室内庭园平

鸟瞰旋梯

D视点　　　　　　　E视点

二层平面局部

1—大餐厅；2—竹厅；3—贵宾卧室；4—贵宾会客室；5—接待厅；6—过厅；7—小餐厅；8—中餐厅；9—服务员室

上海龙柏饭店庭园（2）

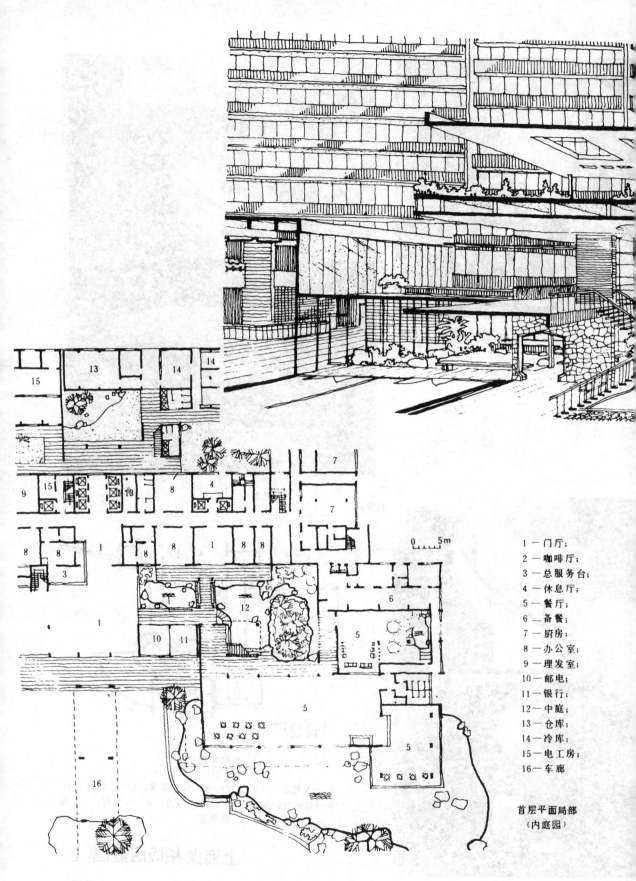

1—门厅；
2—咖啡厅；
3—总服务台；
4—休息厅；
5—餐厅；
6—备餐；
7—厨房；
8—办公室；
9—理发室；
10—邮电；
11—银行；
12—中庭；
13—仓库；
14—冷库；
15—电工房；
16—车廊

首层平面局部
（内庭园）

剖面

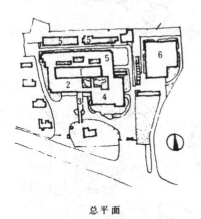

总平面

1—主楼;
2—门厅;
3—门廊;
4—餐厅;
5—辅助用房;
6—友谊商店

白云宾馆南临广州环市东路，距广东交易会4公里，交通方便，建筑周围环境幽静，绿化整齐，为一接待国内外宾客的高层宾馆，于1977年建成。

宾馆主楼建于地段中地质较好的西北角，四周设有餐厅和辅助用房。为了有利于主楼低层用房和主楼四周裙房之通风采光和结合宾馆的使用功能，环绕主楼各高低层间设置了若干个规模不等的庭园，餐厅外面又挖池叠石、小餐厅且筑光棚小院，馆南利用原土山设庭，整个宾馆庭园绿化内外延续、自然而富有变化。

餐厅和主楼间的中庭是宾馆的主要景点。中庭面积不大，巧妙地利用中庭倚角原有的三株古榕作风景树，古榕四周又用人工塑石护土。粗犷浑厚的景石、瀑布、悬空飞梯和浓荫蔽天的古榕组成了中庭的景观焦点，庭院中间所设"浮廊"亦有助于丰富空间的层次感。这古拙而典雅、简朴而丰富的中庭，透过大玻璃墙，使得门厅与之融为一体，门厅因之亦显得生机勃勃，瑰丽舒畅。白云宾馆的中庭构思，反映了广州庭园植根自然、继承传统、勇于探索的特点。

（本例图稿由华南工学院叶荣贵编绘）

广州白云宾馆庭园（Ⅰ）

中庭（A视点）

甘泉厅小院

中庭（B视点）

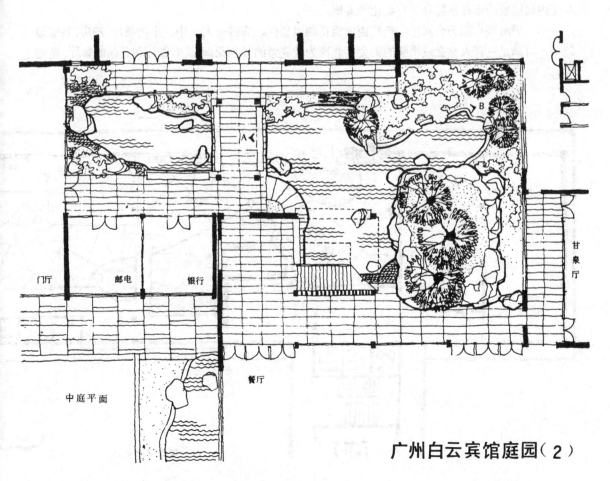

门厅　邮电　银行

甘泉厅

餐厅

中庭平面

A<

B

广州白云宾馆庭园（2）

A 视点

东方宾馆新楼位于旧楼西侧，西临广州人民北路，与流花公园相邻，北临流花路，与"广交会"展馆夹路相对，交通便捷，环境清幽。新楼由广州市设计院设计，1973年建成。

东方宾馆新楼利用原宾馆现有设施，发掘潜力，综合平衡，把新、旧建筑物有机地结合起来，以节约投资、降低成本，扩大经营。新楼采用"工"字形平面，新楼与旧楼绿化空间连成一体，以利于内庭园景的布置及提高原有绿化的素质。

十一层南座东部为套间区，西座面向流花湖风景区，安排有大、中、小型餐厅，厨房、备餐设施等，可满足三百人宴会或用膳的需要。北座为较完整的屋顶花园，设有餐厅和开敞的餐厅、游廊

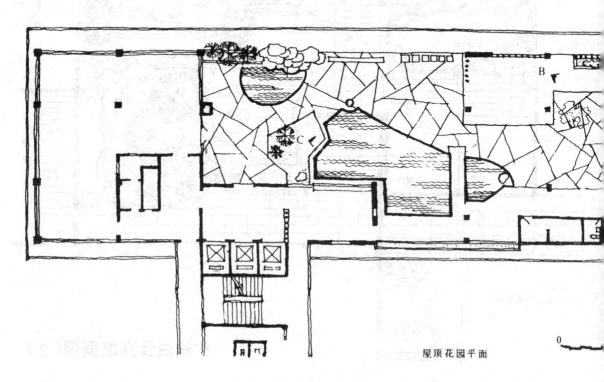

屋顶花园平面

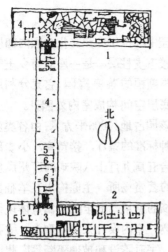

十一层平面

1—屋顶花园；　2—套间客房；　3—电梯间；
4—餐厅；　　5—备厅；　　　6—厨房

B视点

等，充分体现了岭南利用屋顶作绿化布置和休憩用地的传统经验。屋顶花园的造园手法和地面庭园有其共同之处，所异者只是高层建筑顶层的庭园更重于因借建筑周围的景色，东方宾馆屋顶花园布局简洁疏朗，在这面积不大的矩形地段，空间划分大小适中，敞闭有序，绿化、水石组合得宜。实践证明，客人早上常喜欢到这里眺望广州风光和沐浴阳光，傍晚则可纳凉、小憩。西座大餐厅举行大型宴会时，屋顶花园亦可起到缓冲人流和减轻电梯输送压力的作用。

（本例图稿由华南工学院叶荣贵编绘，广州市设计院陈绍礼、戴崇礼摄影）

C视点

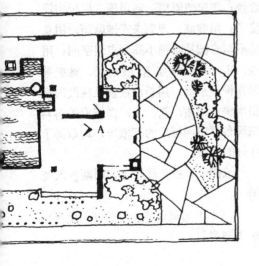

广州东方宾馆屋顶花园

A视点

B视点

C视点

园中院位于广州文化公园内四层展馆的楼下支柱层，是一座既有乡土气息又异常新颖的茶座庭园，它充分利用建筑物底层空间构成室内外园景。

该园占地4,095平方米，由各类庭式和各种标准的茶厅、接待室、小卖部组成二台五廊九厅十八院式的广州民众所喜爱的茗赏场所。主庭构出五羊仙携谷穗降临的意境，把全院的寓意体现得深远有趣。室内设计采用壁型山、散石、小池，字画陈设和玻璃隔断等广州传统技法，并饰以壁画、园雕、灰塑以至钢网架、塑料装修陈设等，为适应现代城市生活和善于吸收外来因素的岭南造园技艺提供了新鲜经验。

例如，在支柱层下用院门开辟入口，侧置"草堂"、用"茅顶"、"假葡萄架"覆饰顶棚；用假石山、假竹栏掩饰卫生间；用结合主题的浮雕、篆刻、楹联、纹式、灰塑等装饰墙柱；用吊盆点饰网架、美化庭院上空；用滩景、石景处理化粪池、管道口；用缩小比例的装饰亭来近设远眺景；用保留原树、利用施工模板构筑院子；用壁画、浮刻来安排墙面；用立卧不同的园林雕刻小品来点缀空间；用池、井、泉、等水型和矶碧、滩礁等岸来构设水局；用折墙设洞之法改旧更新用房；用古、新、土、洋皆有的各种陈设布置不同标准的厅室等，均取得了良好的效果。

该园于1981年底竣工，同期投入使用。

（本例图稿由华南工学院刘管平编绘 并摄影）

404

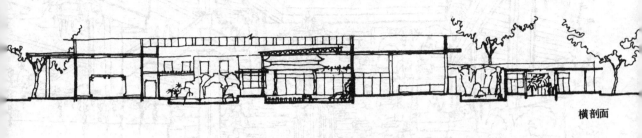

横剖面

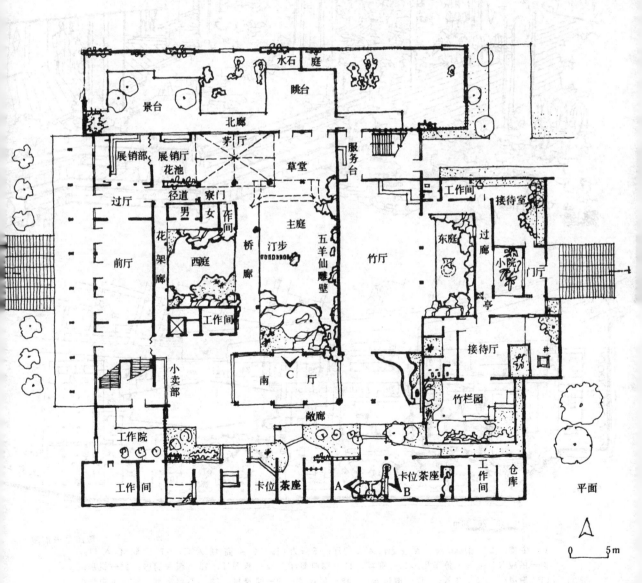

水石庭

眺台

景台

北廊

茅厅

展销部　展销厅

花池

草堂

服务台

径道

寨门

过厅

男　女　作间

主庭

工作间

花架廊

西庭

桥廊

汀步

五羊仙雕壁

竹厅

东庭

接待室

过廊

小院　门厅

接待厅

前厅

工作间

南　C　厅

敞廊

竹栏园

小卖部

工作院

工作间

卡位　茶座

A

卡位茶座

B

工作间

仓库

平面

0　　　5m

广州文化公园——园中院

405

中庭（A 视点）

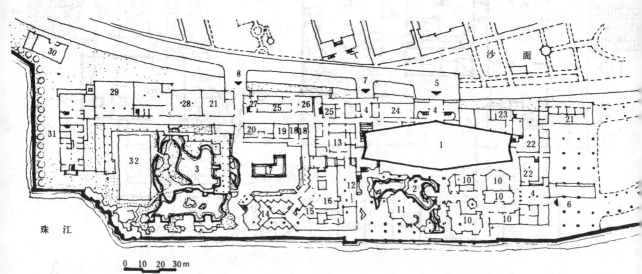

沙　面

珠　江

0　10　20　30m

珠江总平面图

1—主楼；2—中庭；3—后花园；4—门厅；5—北门；6—商场入口；7—职工入口；
8—供应入口；9—停车场；10—商场；11—咖啡餐厅；12—西餐厅；13—西餐厨房；14—机房；
15—厨房；16—午餐；17—游泳池；18—更衣室；19—健身房；20—桑那浴室；21—变电房；
22—空调机房；23—办公室；24—女更衣；25—仓库；26—冷库；27—垃圾间；28—水泵房；
29—锅炉房；30—油库；31—综合楼；32—草坪（网球场）33—粪便污水消毒间

白天鹅宾馆位于广州沙面岛南侧，筑堤填滩，背负沙面岛，面向白鹅潭，环境优雅开阔，是一所具有1000客房规模和国际一流标准的旅游宾馆。由广州市设计院白天鹅宾馆设计组设计，于1983年2月建成。

宾馆主楼建筑在填地的中段，其东段辟为公园，与沙面原有绿地连成一片；西段为宾馆的花园内景"鹅潭夜月"。宾馆内筑中庭，庭园绿化内外连成一片，并从下方延伸到二、三层各餐厅和顶层总统套间。南面透过巨大的玻璃帷幕，把瑰丽的珠江景色引入园中。

高三层占地2000余平方米的中庭是宾馆园林的高潮。宾馆的门厅、商场、休息厅和各类风味餐厅簇拥着这一个多层的园林空间。中庭四周采用敞廊形式，绕廊遍植垂萝，亭台桥榭，蹬道梯阶，前后参差，高低错落，起伏盘旋，构成一个多层次，空旷深邃的大空间。白天鹅宾馆的中庭以壁山、瀑布为组景焦点，气势磅礴而又富有岭南庭园风味。悬崖蹬道，金亭古木，崖壁题刻"故乡水"，等均体现了我国传统庭园空间突出意境的独特手法。

（本例图稿由华南工学院叶荣贵编绘，陈颂伟、江晓潮摄影）

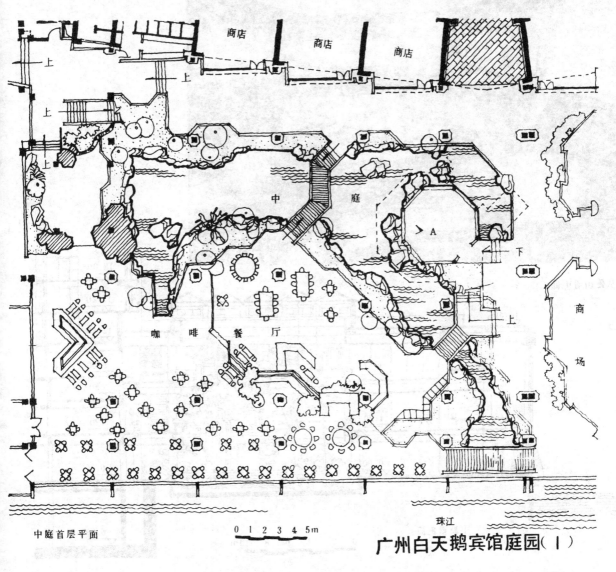

中庭首层平面

0 1 2 3 4 5m

珠江

广州白天鹅宾馆庭园（Ⅰ）

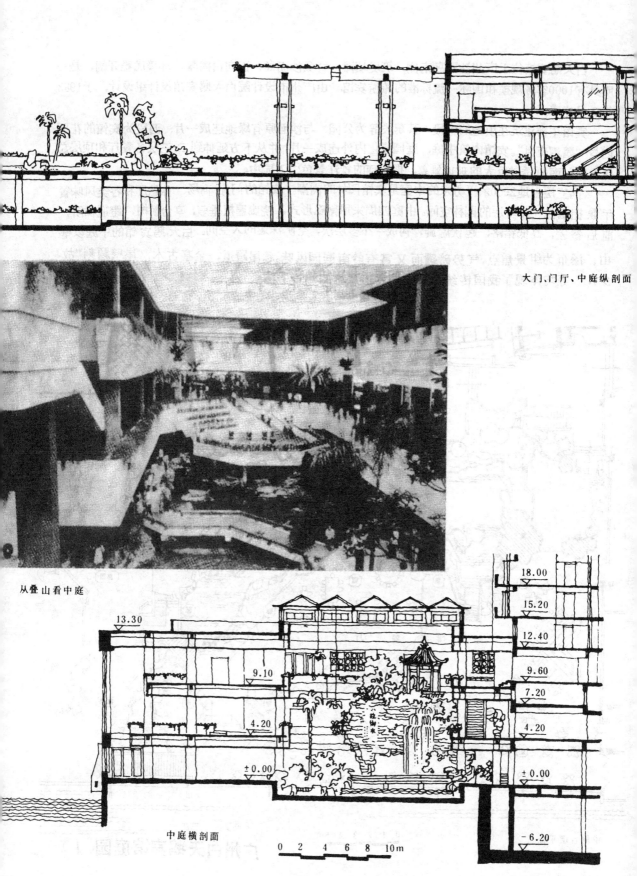

大门、门厅、中庭纵剖面

从叠山看中庭

13.30

9.10

4.20

±0.00

中庭横剖面

18.00
15.20
12.40
9.60
7.20
4.20
±0.00
−6.20

0 2 4 6 8 10m

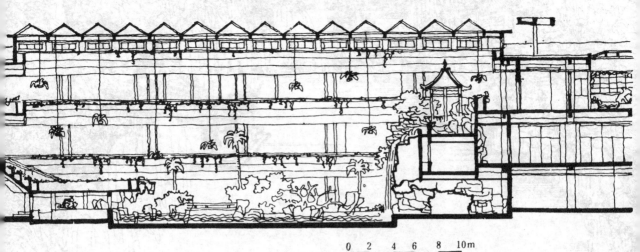

中庭—故乡水一角

0 2 4 6 8 10m

（后花园）

广州白天鹅宾馆庭园（2）

鸟瞰图

　　芳华园是我国参加1983年联邦德国慕尼黑国际艺展的一个富有优秀园林技艺传统的中国园，在这次国际艺展中荣获金质奖。该工程的设计和施工均系由广州市园林局完成。

　　该园占地540平方米，以中国传统的山水园林主题构出既有传统神韵又富于现代气息的小园。它以竹编的藤萝架为入口，配以照壁，借唐代白居易"风暖鸟声碎，日高花影重"的诗句（芳华园门门联），点出"入趣"（芳华园入口横匾）园幕。园中月台濒水、板桥横渡、泉壁隐歌及"碧临舫"的金碧洞罩，映影于波光湖面，绘得园景典雅可亲。牡丹台上的瑰丽花卉，和间植的梅、桂、紫薇、竹丛、石榴、银杏和罗汉松，形、色，香皆备，层层托景。越过小山岗，登上"酌泉漱玉"的梅亭，俯视亭下飞流击石　溅起一池漱珠，真有"丰榴泉声三径月，一亭诗镜满湖云"（梅亭对联）的诱人意境。

　　在建筑风格上，既吸收了京华园林的堂皇富丽，又有江南园林的玲珑剔透，尤其突出的是，它突破了以往程式，结合岭南地区特色，巧纱地采用岭南园林轻巧通敞、室内外空间浑

从入口看入趣门

从亭看碧临舫、入趣门

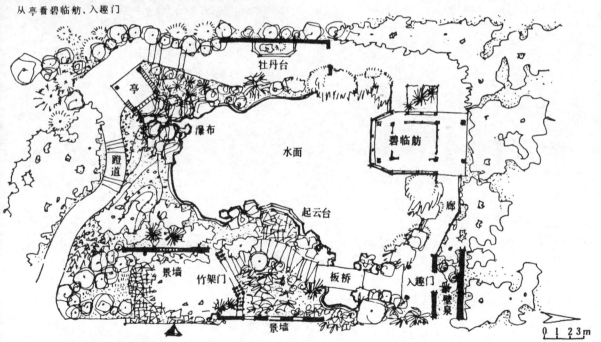

为一体的布局手法并结合广东出产的东莞砖刻、石湾陶瓷、潮州木雕、刻花玻璃、白水泥水磨技艺及新材料、新结构的合理运用，使全园表达得异常得体，为发展我国新园林提供了良好经验。

（本例图稿由华南工学院刘管平编绘，叶荣贵摄影）

广州芳华园（中国园）